MEDEIROS E ALBUQUERQUE
Da Academia Brasileira; da Academia de Ciências de Lisboa
e da Societé de Psychologie de París.

Prefácios dos Professores
MIGUEL COUTO e JULIANO MOREIRA

Faria e Silva Editora
Brasil – São Paulo – 2020

Copyright © 2020 Faria e Silva Editora

EDITOR
Rodrigo de Faria e Silva

REVISÃO
Faria e Silva Editora

PROJETO GRÁFICO E CAPA
Globaltec

DIAGRAMAÇÃO
Globaltec

Capa recriada pela Globaltec a partir
da capa da sétima edição de 1959

Dados Internacionais de Catalogação na Publicação (CIP)

A345h Albuquerque, Medeiros e
Hipnotismo /
Medeiros e Albuquerque, -- São Paulo:
Faria e Silva Edições, 2020
232p.

ISBN 978-65-991149-4-6

1.Psicoterapia
2. Doenças do sistema nervos e desordem mental
3. Ensaios brasileiros

CDD 616.8914
CDD 616.8
CDD B869-4

www.fariaesilva.com.br

Rua Oliveira Dias, 330 - CEP 01433-030
Jardim Paulista - São Paulo – SP

ÍNDICE

Prefácio à revelia 4

Prefácio do Autor
para a 1ª edição 5

Prefácio do Autor
para a 2ª edição 10

Prefácio do Autor
para a 3ª edição 13

Prefácio do Autor
para a 4ª edição 14

Prefácio do Dr. Miguel
Couto (1ª edição) 15

Prefácio do
Dr. Juliano Moreira 16

I. Histórico.
De Mesmer a 1875 18

II. A Escola da Salpêtriere 28

III. A Escola de Nancy 36

IV. O estado
de sugestibilidade 48

V. Processos hipnóticos 58

VI. Aplicações gerais
da sugestão hipnótica 101

VII. Aplicações
pedagógicas 135

VIII. O sono prolongado 144

IX. A terapêutica
da persuassão 149

X. O hipnotismo
em cirurgia 155

XI. A nova Escola
de Nancy 161

XII. O estado hipnoidal 173

XIII. Psicanálise 176

XIV. Aplicação clinica 188

Alcoolismo 188

Anemia e clorose 190

Asma 193

Dor 195

Enjoo 197

Frigidez
(absence of sex feeling) 198

Impotência 205

Insônia 209

Loucura 211

Morfinomania 214

Neurose homossexual 217

Obesidade 220

Prisão de ventre 225

Tiques 227

Timidez 229

PREFÁCIO À REVELIA

Os leitores desavisados dariam mais valor às palavras de médicos e estudiosos sobre o assunto em que a presente obra se debruça, do que à singeleza de um olhar menos viciado, e nem por isso menos vaidoso, com o entusiasmo argumentativo de um diletante e que, mesmo apresentado certas incoerências, torna sempre o conhecimento mais claro aos leigos.

Este livro se propõe a ser um panorama do hipnotismo até as primeiras décadas do século XX. Mas se torna também um belo libelo em sua defesa. Medeiros e Albuquerque nos apresenta os principais nomes, sejam eles defensores ou detratores (estes últimos sempre compelidos pela pena do entusiástico autor de defesa), um pouco das principais técnicas, benefícios, orientações éticas e normativas da hipnose.

Este trabalho está sob a responsabilidade de um escritor ficcional de renome, um dos patronos da Academia Brasileira de Letras, que numa leveza estilística conquista a atenção do leitor pela agradabilidade e agilidade da leitura, bem como pela clareza de suas explicações.

Vale somente mencionar algumas passagens, datadas e deterministas, oriundas de uma psicanálise – grande usuária do mesmo princípio de sugestão da hipnose – ainda em seus estertores, e que tratam sobre obesidade, sobre histeria e a maior sugestionabilidade das mulheres, ou ainda sobre a homossexualidade como uma neurose.

Não entendemos como preconceito tais simplificações, às quais foram incorporadas um milhão de outros fatores nos dias de hoje, tornando-as obsoletas, mas ainda curiosas como retrato do tempo e que valem a pena serem lidas e analisadas de forma distanciada e contextualizada.

Mas como, nem de longe, representam o tema principal do presente livro, tais trechos foram mantidos na presente edição, para que dessa forma se mantivesse como cópia integral – inclusive com alguns de seus erros tipográficos e estruturais – da sétima edição, publicada em 1959.

A revisão deste livro ainda se permitiu deixar alguns traços ortográficos e estilísticos do português da época, bem como marcas editoriais, tais como textos em francês sem notas com suas respectivas traduções, neste caso, aos interessados não francófonos restam os dicionários.

O EDITOR

PREFÁCIOS DO AUTOR

PARA A PRIMEIRA EDIÇÃO

Quando, por indicação de um médico amigo, o falecido editor Francisco Alves, pediu-me que escrevesse este livro, eu hesitei algum tempo. Parecia-me um tanto cômico, aparecer como autor de um trabalho de medicina, quando eu não sou, nem médico, nem mesmo curandeiro.

No entanto, penso ter lido o que há de importante em português, em francês, em italiano, em espanhol e em inglês, sobre esta questão.

De 1885 a 1898, fui íntimo amigo de um grupo de estudantes de medicina, em que figuravam Tito Lívio de Castro, Estelita Tapajoz, João Marcolino Fragoso, Oliveira Fausto e Márcio Nery. Estávamos juntos todos os dias, durante várias horas. Embora não frequentando as aulas da Faculdade, eu conhecia por eles o que aí se passava e quando esses amigos estudavam em comum qualquer assunto, eu assistia, interessado. Com eles fiz, entre outras coisas, um curso particular de História Natural, curso dado pelo professor Goeldi, que, antes de fundar no Pará o seu célebre museu, trabalhou no Rio de Janeiro no Museu Nacional.

Nessa época o hipnotismo estava em moda. Nós todos aprendemos a hipnotizar.

A princípio, eu tive por isso um entusiasmo excessivo. Só me faltava deter os transeuntes na rua para os adormecer. Interessavam-me, então, muito as experiências que se podiam prestar à elucidação de certas questões psicológicas. Nada há, por exemplo, mais eloquente, para mostrar a ilusão do livre arbítrio, do que dar a qualquer paciente uma sugestão hipnótica. Quando ele se dispõe a executá-la, pergunta-se porque o vai fazer e ele garante que é porque quer. Pergunta-se ainda se ele está certo de que poderia fazer outra coisa e de novo ele assegura que é o que ocorre. Desafia-se a que faça a outra coisa. Ele insiste em dizer que se sente perfeitamente capaz de executá-la, mas que não o quer. E, no entanto, toda a sua liberdade não é mais do que a passiva obediência a uma ordem do hipnotizador.

Isso prova admiravelmente como o famoso argumento espiritualista não vale nada.

Passada essa fase de intensa experimentação – intensa e imprudente – eu nunca deixei de ter perto de mim parentes ou conhecidos que não hipnotizasse. Durante esse longo período de mais de trinta anos, não observei milhares de casos, mas observei muitas dezenas. É curioso registrar que alguns deles eu segui durante muitos anos, com um carinho que não poderia ter qualquer médico, ainda dos mais eminentes, lidando apenas de tempos em tempos com o doente. Fiz mesmo aplicações hipnóticas a circunstâncias da vida nas quais elas não são geralmente empregadas.

Certa vez, em Paris, eu conheci uma mocinha extremamente nervosa e tímida. Muito inteligente, mas muito impressionável, Tendo dado queixa-crime contra certa senhora, de quem não lhe faltavam agravos, receava, entretanto, no dia do julgamento, atrapalhar-se diante das investidas do advogado da parte contrária.

Referindo-me isso, eu a hipnotizei e sugeri-lhe que geria uma calma imperturbável, fossem quais fossem os ataques do advogado que lhe era adverso ou as ciladas que ele lhe armasse. No dia do julgamento, eu a levei hipnotizada, no carro, até à porta da tribuna.

O julgamento correu admiravelmente. A minha paciente revelou mais do que calma: um extraordinário sangue-frio irônico. Nada a perturbou.

Quando chegou a ocasião do advogado da defesa, ele começou insinuando que a veemência da acusação do promotor talvez se pudesse explicar por ligações íntimas com a acusadora.

Era uma torpeza. O advogado figurava, porém, entre os príncipes da tribuna francesa e o procurador era pouco conhecido. O grande causídico podia, portanto, ter essas impertinências.

Mas da sua cadeira, fitando-o com um sorriso de ironia, a minha paciente teve esta simples frase:

- Je crois, Maitre, que la fréquentation de votre cliente vous fait croire qu'il n'y a plus de femmes honnêtes ...

O promotor, que não ousara protestar, cobrou coragem e disse com força, em voz bem alta:

-Très bien, Mademoiselle.

E por toda a sala correu um sussurro de aplauso, enquanto o juiz que presidia murmurava sem convicção: - Attention! Attention! O advogado ilustre ficou roxo de cólera. Perdeu, de todo, as estribeiras. Meteu literalmente os pés pelas mãos, cada vez mais irritado com o pequeno sorriso de mofa da minha paciente. Embrulhou-se lamentavelmente na argumentação e indispôs contra a sua cliente, todos os juízes. Ela foi, aliás, condenada.

Este episódio, eu só o refiro, não porque tenha nada de extraordinário, mas pelo que teve de pitoresco. Aqui mesmo no Brasil, em 1892 ou 1899, eu dei também a uma aluna que ia fazer exame no Instituto de Música, a calma que em geral lhe faltava. Disse-lhe apenas que responderia sem se perturbar a tudo que conhecesse e confessaria francamente a sua ignorância, quando lhe perguntassem o que não sabia.

O interessante é que os membros da mesa examinadora, todos eles meus amigos, estavam informados do que eu fizera. Apertaram a examinanda - aliás muito medíocre - e procurando atrapalhá-la, mostraram-se irritados. Nada a perturbou. O pouco que sabia ela disse, serenamente. Aprovaram-na, sem nenhuma injustiça.

Nenhum desses casos é de medicina. Destes não me faltaram – sempre, é inútil dizer, no circulo das minhas relações íntimas. Certa vez, por exemplo, vi que meus filhos brincavam frequentemente com um menino que sofria de um torticolis. O pequeno contava então 14 anos e estava com o torticolis desde os 9. Tinha tentado todos os tratamentos possíveis, sem resultado.

Em cinco minutos o mal desapareceu. Como, porém, o pobrezinho, estava já viciado pela posição defeituosa, dei-lhe durante um mês um torticolis sugestivo muito forte para o lado oposto, a fim de contrabalançar um pouco os vícios de atitude com que estava.

Mais tarde, inteiramente bom, quando ele me via, agitava a cabeça torcendo-a para os dois lados. Era o seu modo de cumprimentar-me.

Nada disto é sublime. Qualquer hipnotizador pode obter esses e melhores, resultados. Mas o espantoso é que, quando se pergunta à maioria, dos que passam pelas faculdades de medicina, se já viram alguém hipnotizado ou se sabem hipnotizar, respondem quase sempre pela negativa.

Ora, que restrinjam como quiserem a aplicação do hipnotismo, quando ele não sirva senão para curar uma moléstia qualquer, ou mesmo suprimir um sintoma doloroso de qualquer moléstia, convém conhecê-lo. De fato, porém, o campo das aplicações hipnóticas é extraordinário.

O descaso pelo hipnotismo tem, entretanto, explicação.

Em primeiro lugar, ele é, em geral, estudado em obras que não são escritas por especialistas. Quando se quer aprender o tratamento de qualquer moléstia, quando se procuram regras para julgar de quaisquer medicações, recorre-se sempre aos que delas fizeram o assunto principal das suas cogitações. Ninguém, por exemplo, irá estudar moléstias do ouvido em referências acidentais que possa haver a elas em livros de obstetrícia... Com o hipnotismo faz-se, no entanto, uma coisa parecida com isso.

Os autores, quase se diria os "empreiteiros" dessas grandes enciclopédias médicas, em que há um volume para cada especialidade, consagram, às vezes, um deles à psicoterapia. À psicoterapia "em grosso", se assim se pode dizer. O hipnotismo figura ai em meia dúzia de linhas ou, quando muito, em um capítulo, tudo isso escrito, mais por compilação, que por observação pessoal e, às vezes, com uma incompetência admirável.

Por que, entretanto, os médicos recorrem tão pouco a um instrumento de cura tão admirável?

Porque ele tem certas dificuldades de aplicação e aprendizagem. Vários médicos me têm confessado os insucessos, que os levaram a abandonar as tentativas a esse recurso.

Em geral, nos livros dos grandes hipnólogos dá-se a produção do sono hipnótico como uma coisa facílima: basta o médico mandar o doente dormir e ele cai em sonambulismo profundo.

Esses grandes especialistas esquecem que operam, em geral, em hospitais, em clínicas coletivas, onde o exemplo é meio caminho andado. É mesmo, às vezes, o caminho inteiro. Quando, diante de alguém se tem hipnotizado dezenas de pessoas, esse alguém já recebe uma sugestão tão forte que raramente resiste.

Um jovem médico, que tenta aplicar esses processos muito sumários na clínica particular, só a só com o doente, hesitando, não tendo muita confiança em si mesmo, chega facilmente a insucessos, que o desanimam.

Por outro lado, na clínica particular encontram-se casos rebeldes, que necessitam sessões repetidas. O médico, para vencer a resistência, precisaria instituir essas sessões um grande número de vezes. E fá-lo-ia sem saber se chegaria ou não a resultados apreciáveis. Ora, se alguém fosse a um consultório jogar o sério, dez ou vinte vezes, com um médico, sem nenhum êxito, poderia bem supor que o médico o estava explorando. O médico seria o primeiro a sentir-se vexado.

O número dos que precisam dessas aplicações repetidas não é grande. Mas, seja como for, é o suficiente para que muitos médicos hesitem na aplicação de um recurso, que os pode deixar em uma posição constrangedora.

Depois, há a consideração de tempo. Por mais rápida que seja uma sessão de hipnotismo, muito mais rápido é tomar a pena e escrever uma receita... cheia embora dos mais violentos medicamentos, que a sugestão dispensaria. Esses medicamentos nem sempre são inocentes: curam em um ponto e fazem mal em outros...

Tudo isso torna difícil a difusão do hipnotismo.

Evidentemente eu não tenho a ridícula pretensão de remover esses inconvenientes. Por mais grotesco que pareça, penso, entretanto, que a minha prática pode ter algum valor.

Exatamente porque ela tem sido ao mesmo tempo, se assim se pode dizer, contínua e esporádica, durante trinta longos anos, aqui e no estrangeiro, eu me tenho achado, de cada vez, nas condições de um médico, que começasse a hipnotizar, Casos isolados, esparsos, em que uns não conhecem os outros; casos de pessoas, que me pedem para hipnotiza-las sabendo que eu não tenho a mínima pretensão de ser médico ou curandeiro – tudo isso são contraindicações, são embaraços para alcançar bom êxito. E, no entanto, eu o tenho obtido muitas vezes.

Disso posso falar com serenidade, porque não estou fazendo anúncio e nunca tirei do hipnotismo o menor proveito material. Por outro lado, sempre que consigo qualquer coisa, o que logo me acode é o resultado muito melhor que poderia tirar dessas mesmas práticas qualquer grande médico, desses que as ignoram ou desdenham, quando eu – menos que curandeiro – tanto tenho conseguido!

E é para esse fato que eu queria chamar a atenção de alguns grandes clínicos, deixando que eles me esmagassem sob o peso do seu desdém, mas tirassem disso uma lição, dizendo que se até eu – até eu! – podia obter bons resultados, muito melhores eles tirariam.

O que se vai encontrar neste livro não é um tratado de hipnotismo aplicado à medicina. Ser-me-ia fácil fazer uma compilação desse gênero; mas o que eu quis, foi, sobretudo, mostrar como é fácil hipnotizar. Juntei a isso um certo número de conselhos de ordem absolutamente geral.

O hipnotismo, se é um capítulo da medicina, também o é da psicologia. Foi principalmente por ali que ele, ao princípio, me interessou. Depois, quando conheci a psicanálise do professo Freud – médico que está tendo tão vasta difusão nos países de língua alemã e inglesa – achei que, mesmo assim, o hipnotismo guardava a sua superioridade como processo terapêutico.

A psicanálise, que tem mais extraordinárias pretensões, há de ser muito difícil de aclimatar-se entre nós, sobretudo na clínica civil. Ai do médico que nela fosse levantar as estranhas suspeitas sobre os fatos, a que o professor Freud alude a cada instante.

Em todo caso, da psicanálise eu creio que o hipnotismo pode tirar alguns ensinamentos úteis, E ainda pela psicanálise, se eu me interessei, foi por causa do lado psicológico da questão, porque esse método é o que pretende ir mais longe no que se pode chamar a sondagem do Inconsciente.

Escrevendo este livrinho sem importância, pensei em publicá-lo com um pseudônimo, porque vária vezes tive a impressão de que era ridículo ver o meu nome como autor de um trabalho que trata um pouco de coisas médicas.

Mas por outro lado essa se me afigurou uma solução sem coragem. Lembrei-me mesmo que não foram os médicos que primeiro observaram e demonstraram a utilidade do hipnotismo. O livrinho aí fica, sem valor; mas também sem pretensão. Não ensinará nada a ninguém. Pode, porém, servir para chamar a atenção sobre uma questão que me parece digna de interesse.

Para tornar convincente estas páginas, eu deveria talvez juntar um grande número de casos clínicos. Não me seria difícil fazer essa coletânea. Mas ainda aí o que me deteve foi o escrúpulo de parecer que invadia demais seara alheia.

É em livros de medicina que os médicos devem ir buscar esses casos. Mas em livros de medicina de médicos que estejam habituados a praticar o hipnotismo e que, portanto, saibam realmente bem o seu ofício. Os trabalhos melhores para esse fim são talvez o de Wetterstrand - L'Hypnotisme et ses applications a la médicine, o de Lloyde Tuckey - Treatment by hipnotism and suggestion e o de Milnee Bramwell - Hypnotism: its history, practice and theory.

Do penúltimo há uma tradução francesa; mas é da primeira edição inglesa, muito incompleta. A boa edição, atualmente (1919), é a sexta.

Manda a lealdade que chame a atenção para um fato: a observação final sobre aborto e vários trechos deste livro não estavam nele quando foi prefaciado por Miguel Couto e Juliano Moreira.

PARA A SEGUNDA EDIÇÃO

Em pouco mais de três anos, cinco mil exemplares deste livro se esgotaram. O caso podia encher-me de vaidade. Eu via, porém, claramente de onde se originava esse êxito. Por uma parte – a maior – vinha do prefácio do Dr. Miguel Couto. O simples fato de que uma obra médica merecera essa honra a indicava ao estudo, Por outra parte, o sucesso tinha por causa a curiosidade malsã, que se liga a tudo o que diz respeito a hipnotismo e magnetismo, que põem no mesmo plano do ocultismo e do espiritismo.

Assim, a aceitação deste livro não me envaideceu. Acontecia, de mais a mais, que a primeira edição, impressa logo após a guerra, era magrinha, chochinha, de uma aparência francamente antipática. Nunca eu detestei tanto nenhum dos meus livros! Abominava-o.

A edição atual tem uma aparência melhor.

Mas não é só isso, Procurei pô-la inteiramente a par dos últimos progressos científicos. A parte sobre os meios para conseguir o sono hipnótico, está consideravelmente aumentada. É realmente preciso que o médico seja um prodígio de incapacidade para, na variedade de processos que enumero, não achar o que convém. Nenhum tem esse direito.

Escrevi capítulos especiais sobre o estado hipnoidal, de Boris Sidis; sobre o sono prolongado; sobre a nova escola de Nancy, que está tendo, sobretudo nos países de língua inglesa, um êxito colossal; sobre a psicanálise de Freud; sobre o famoso Dr. Dubois, de Berna, que graças, em parte a Déjérine, é tomado tão a sério entre nós, enquanto não falta, fora daqui, quem o tenha considerado um charlatão. Tratei à parte a questão das aplicações do hipnotismo; cirurgia, quer para a execução de operações, o que deve ser raro, quer para o preparo ante e pós-operatório dos pacientes, preparo que devia fazer-se com grande frequência. Por fim, em apêndices, citei várias indicações do hipnotismo, em doenças correntes.

Os médicos que me perdoem o topete. Não há, porém, que temer a minha gratuita concorrência, porque o pouco que tenho feito de "curandeirismo" foi quase sempre por solicitação dos facultativos amigos e, em todo caso, tão raro e espaçadamente, que não causou, de certo, nenhum prejuízo à ilustre classe... E, de mais, tudo o que escrevi foi compilado de livros, não de escritores leigos como eu, ou fantasistas, mas de grandes cultores da ciência médica.

Como, porém, eu disse no prefácio da primeira edição, há na minha prática de hipnotismo alguma coisa de singular. Embora não tenha nunca sido muito extensa, é, em primeiro lugar muito longe, porque tem mais de 30 anos, e foi durante algum tempo, de um gênero, que é difícil expor ou mesmo imaginar. Passei, de fato, alguns anos ao lado de pessoas que hipnotizava todos os dias, nas circunstâncias mais singulares e imprevistas. Posso talvez dizer, em uma frase extravagante, que, nesse período, "vivi o hipnotismo", como talvez ninguém o tenha feito.

É bem de ver que não estou dando como modelo, o procedimento que então tive e foi, ao contrário, francamente reprovável. Mas ele me permitiu ver de perto certas possibilidades do hipnotismo, a que me causa admiração ouvir contestação. E isso tanto mais quanto estou certo de não possuir nenhum "dom", nenhuma "força" especial. Aplicava apenas uma técnica, que todos podem aprender e aplicar, pelo menos tão bem como eu.

Mas há, por exemplo, quem ache impossível hipnotizar sem ciência dela uma pessoa adormecida, passando-a do sono normal para o hipnótico. Ora, eu já fiz isso algumas dezenas de vezes. É tudo quanto há de mais simples!

Um dos casos desse gênero em que agi menos recomendavelmente, foi o de uma pessoa, que assim hipnotizei, uma primeira vez, e continuei hipnotizando, durante mais de seis meses, até mesmo em passeios de carro e em teatros, sem que ela jamais desconfiasse que era hipnotizada.

É bom acrescentar que se digo ter agido pouco recomendavelmente, não é porque tenha feito nada de mau à pessoa em questão, a quem frequentemente curei de pequenos incômodos e a quem só dei sugestões excelentes. O que houve de incorreto no meu procedimento, foi apenas não ter pedido licença à paciente, - que aliás, creio eu, me daria facilmente.

Pierre Janet, disse no seu grande livro sobre as "Meditações Psicológicas" que outrora o censuravam, por achar que o hipnotismo não podia tudo o que dele esperavam seus entusiastas. Hoje, o censuram por achar que o hipnotismo pode muito mais do que supõe a maioria dos médicos. No seu recentíssimo volume (1928) sobre a "Medicina Psicológica", ele volta a essa afirmação, garantindo que o eclipse do hipnotismo, é um fenômeno passageiro e dentro em breve a sugestão hipnótica readquirirá sua importância.

Exatamente porque o ilustre psicólogo e neurologista francês é dos que mais restrições infundadas criam a esse grande recurso médico, é bom que tal declaração parta de sua pena.

Aliás, basta observar, o que está acontecendo com voga formidável da Psicanalise e do método de Coué, sobretudo nos países de língua inglesa, para sentir que esse desenvolvimento intensíssimo da psicoterapia não pode deixar de se estender ao hipnotismo.

- A literatura do hipnotismo e do magnetismo é imensa. Infelizmente é também constituída em grande parte por livros de fancaria, feitos unicamente para exploração da credulidade pública. Por isso, como eu desejava fazer um livro de ciência, bom ou mau, mas honesto e sério, tive o cuidado de só citar autores científicos e pessoalmente acima de qualquer suspeita. Por isso também pedi aos Drs. Miguel Couto e Juliano Moreira, que me dessem a honra de prefaciar este volume. É bem claro que, com a responsabilidade científica que eles têm, não poderiam, em caso algum, aceder ao meu pedido, se não considerassem este volume um livro de ciência.

O Dr. Juliano Moreira, achou que eu tive frases um pouco ásperas a respeito de Charcot e (provavelmente era a ele a alusão) a respeito do Dr. Dubois, de Berna. Viciado pelo jornalismo político, habituado a polêmicas, eu não fui talvez tão sereno como devia. Mas a minha defesa está nas citações que multipliquei, mostrando como tantos médicos tiveram, para os Casos que analisei, frases ainda mais duras que as minhas...

Em todo caso, ficam aqui aos meus grandes padrinhos, os maiores agradecimentos.

PARA A TERCEIRA EDIÇÃO

A segunda edição deste livro esgotou-se em poucos meses. O nome do seu segundo padrinho, que juntou ao do primeiro o seu também altíssimo prestígio; as palavras benévolas com que a acolheram grandes autoridades no assunto, como, entre outros, o Dr. Franco da Rocha, que a recomendou aos seus alunos da Faculdade de S. Paulo; a opinião de várias revistas médicas, - tudo contribuiu para o êxito da segunda edição. Faltou-me, porém, durante muito tempo, lazer bastante para preparar esta. E isso, entre outros motivos, porque o favor do público dá ao autor a obrigação de ser cada vez mais consciencioso.

A consulta atenta ao Quartely Cumulative Index to Current Medical Literature permite a quem a pratica sistematicamente, mandando buscar todos os trabalhos aí indicados, manter-se a par do que aparece sobre qualquer assunto. Como é isso o que eu faço, creio que a presente edição está absolutamente a par do que se tem escrito sobre o hipnotismo, em todo ou quase todo o mundo.

Na edição atual há numerosos retoques. Escrevi de novo, mais sistematizadamente, o capítulo sobre processos de hipnotização. Insisti nos que empregam, em casos difíceis, meios químicos. É que eles me parecem representar uma grande vantagem. No dia em que for possível utilizar sempre, com segurança, um meio infalível de obter o estado hipnótico, o hipnotismo passará a ser muito mais empregado. Os médicos deixarão de levantar-lhe objeções, que, na minha opinião, traduzem somente, na maior parte dos casos, o medo que têm de fazer fiasco, diante da incerteza dos resultados, que há com os processos correntes.

Quanto a mim, acredito que isso já existe. Quem utilize o processo que o Dr. House emprega para os seus trabalhos de criminologia, creio que poderá dar sempre a sugestão inicial, depois da qual todas as outras não têm mais dificuldades. É mesmo de crer que haja uma larga, uma decisiva parte de sugestão nas curas psiquiátricas feitas ou com esse método, pelo Dr. P. R. Vessie e outros, ou pelo método da eterização dos Drs. Claude, Borel e Robin, ou pelo do onirismo barbitúrico do Dr. Emílio Mira.

Mas qualquer destes processos é sempre mais ou menos violento e só deve servir para casos excepcionais, de grandes refratários, em que é preciso agir mesmo contra a vontade do paciente, custe o que custar.

O necessário é achar processos tão bons como esses e, no entanto, mais brandos. Isso já se obtém quase sempre com outros medicamentos (o sonífeno per os, o medical, o alonal, etc.), dos quais alguns são eficazes e suaves, embora menos certos e que só têm a desvantagem de pedir algumas horas para dissipar os seus efeitos. O ideal seria poder dar um medicamento, que ponha a pessoa no estado mais próprio a poder passar para o sono hipnótico, mas medicamento de que seja possível suprimir instantaneamente todos os efeitos. Creio que já se está perto desse desiderato.

Os meios psicológicos, que são os de uso corrente, não têm nunca o mais leve, o mais pequeno inconveniente ou perigo.

PARA A QUARTA EDIÇÃO

Não me parece que este livro precise de novo prefácio. A apreciação que dele fizeram os Professores Miguel Couto, Juliano Moreira e Franco da Rocha foi tão lisonjeira, que eu só tenho motivos para me envaidecer. Sem dúvida, dois pelo menos desses grandes nomes eram de amigos meus. Todos sentem, porém, que eles não podiam comprometer a sua reputação profissional recomendando um livro charlatanesco e mau, como são frequentemente os que tratam deste assunto.

Para responder, entretanto, mesmo a esta extravagante hipótese, há a apreciação do Prof. Piéron, o grande sucessor de Alfredo Binet, em L'Année Psychologique e o artigo que o Prof. Emílio Mira publicou sobre ele na Revista Médica de Barcelona. Eu não conheço de modo algum o grande cientista espanhol.

Assim, entrego à apreciação do público a quarta edição, corrigida e aumentada.

MEDEIROS E ALBUQUERQUE

PREFÁCIO DO DR. MIGUEL COUTO
(DA PRIMEIRA EDIÇÃO)

Não somente agora, em que durante quase um lustro só houve em todo o mundo claridades para iluminarem a cena da grande tragédia, mas desde muito, vinha se apagando a chama outrora rutilante nos campos da medicina e da psicologia em torno do hipnotismo. No nosso meio ela teve o seu maior brilho, há cerca de três decênios, com Érico Coelho, Francisco Fajardo e poucos outros, para. se extinguir logo com a deserção do primeiro para a política e do segundo para o túmulo. Este livro procura reacendê-la. O seu autor já trazia uma longa prática da sugestão... jornalística. Nem sempre se percebem os passes de alta psicologia que emprega nos seus artigos, mas, infalivelmente o leitor talvez infenso ou incrédulo no começo, chega ao fim dominado ou pelo menos aturdido, como no palco ficavam os que a ele subiam para desafiar o famoso hipnotizador Onofroff.

Da sugestão na vigília para a sugestão no sono foi apenas um passo, da maior facilidade para o Sr. Medeiros e Albuquerque, vencedor no gênero mais difícil. Equivocar-se-iam, pois, os que se admirassem de deparar o seu nome no frontispício deste trabalho, e versando um assunto na aparência estranho às suas cogitações e competência; no hipnotismo e fenômenos conexos há menos um problema de medicina do que de psicologia e se a terapêutica se apoderou dele como um agente mais ou menos útil, contra certos estados mórbidos, o maior interesse científico está no estudo do mecanismo dá sua ação, encravado no domínio da psicologia; pelo mesmo motivo ninguém tem de se encher de espanto ao ver um professor de clínica apresentar o livro de um leigo, sobre medicina, porque é mais de psicologia aplicada que ele trata, do que propriamente de medicina. Neste terreno, as nos-sas divergências não são pequenas, e foi mesmo depois delas, suscitadas no curso de uma discussão, em amável palestra, que nasceu a ideia do convite para este prefácio. Amigo íntimo de Fajardo, tendo por influência, para não dizer por sugestão sua, empregado largamente o hipnotismo no começo da minha carreira, eu possuía uma farta messe de casos, que referi a Medeiros e Albuquerque. Entre outros, lembrei o de uma senhora sujeita a crises formidáveis de tique doloroso, só juguladas pelas sugestões; de uma feita em que não pude atendê-la, passei provisoriamente os meus poderes a Alberto de Oliveira, que teve de os exigir por escrito, se quis se sair da incumbência, como de fato se saiu, galhardamente. Mudando-se para São Paulo esta doente, tive muitas vezes, durante os paroxismos, de hipnotizá-la por telegrama; a ordem era dada de dormir imediatamente, após a leitura e de despertar curada no fim de um certo prazo.

Em matéria de terapêutica sugestiva, eu entendo que o âmbito do emprego do hipnotismo, é bem restrito, e que a sua eficácia se esgota rapidamente, no mesmo doente, para o mesmo mal, ao passo que Medeiros e Albuquerque escreve: "Quando se pergunta para que moléstias pode servir a sugestão hipnótica, há o desejo de responder: para todas", proposição, aliás atenuada na seguinte: "Evidentemente ninguém pensa em dizer que a sugestão hipnótica pode tudo curar".

Tirante este desacordo só elogios tenho para a obra. Toda ela é desenvolvida com aquela medida, e sobretudo aquela clareza que já celebrizaram a pena que a escreveu; a exposição e a crítica das doutrinas, traem a inteira segurança e profundeza dos conhecimentos; o histórico, que em outras se torna, enfadonho, é neste um dos seus encantos. Enfim, o livro do Sr. Medeiros e Albuquerque, pelo nome que o firma, pelo assunto que explana e pelo mérito do trabalho, despertará merecida curiosidade entre todos que se dedicam a estes estudos.

(1919)

MIGUEL COUTO

PREFÁCIO DO DR. JULIANO MOMEIRA
(DA SEGUNDA EDIÇÃO)

Medeiros e Albuquerque deliberou que a segunda edição do seu excelente manual de hipnotismo, devia ter, em seguida ao prefácio de Miguel Couto que tanto ornava a primeira edição, umas palavras minhas! A um sugestionador de tal força de vontade, é inútil tentar uma contra sugestão. Acedi, aliás sem constrangimento, não porque o livro precise de preconício e muito menos do meu que no assunto tenho experiência por certo muito aproveitável a monção para, muito por alto embora, relembrar alguns nomes a que devemos o ter sido no Brasil bem recebido e vulgarizado o método terapêutico em questão. Quer no Rio de Janeiro, quer nos outros Estados, temos tido especialistas de maior ou menor notoriedade que se dedicaram à aplicação do hipnotismo, no tratamento de diversas doenças nervosas ou de sintomas nervosos de outras doenças.

Érico Coelho, depois Fajardo, Henrique Baptista e Márcio Nery e mais recentemente Barcellos, Cunha Cruz e Maurício de Medeiros, aqui no Rio; Alfredo Brito Pai, Maia Bittencourt, Nina Rodrigues, Matheus dos Santos, Tillemont Fontes, Aristeo de Andrade, Pinto de Carvalho, Alfredo de Magalhães e Praguer, na Bahia, Jaguaribe, em São Paulo, foram entre os médicos os que mais se dedicaram ao uso da referida terapêutica. Teses várias têm sido escritas, preconizando o método. Os seus adeptos têm seguido, uns a corrente da Salpetriere, outros, a da velha escola de Nancy, que na Bahia conseguira maior número de prosélitos. Apesar de muito usado, em todos os recantos do país além das teses de Aristeo de Andrade, Alfredo Magalhães, Fábio Luz e Barreto Praguer, só possuíamos em estudo de conjunto o livro de F. Fajardo, até o aparecimento da primeira edição do de Medeiros e Albuquerque.

Sua condição de cultor convicto da pedagogia moderna, cada vez melhor orientada, no sentido psicológico, levou Medeiros e Albuquerque ao estudo consciencioso de todas as questões de psicologia. É assim que em um dos primeiros números dos Arquivos Brasileiros de Psiquiatria e Neurologia, há bons 18 anos, lá tivemos uma excelente revista critica sobre – Que é uma emoção? – na qual as ideias de James e Lange, são estudadas com evidente superioridade de vistas.

Passaram-se os anos e avultando os trabalhos sobre as ideias de Freud, referentes à psicanálise, Medeiros que pelo assunto tomava um grande interesse como o fizeram pedagogos suíços, alemães, ingleses e norte-americanos, deu-nos sob o patrocínio da Sociedade Brasileira de Neurologia, Psiquiatria e Medicina Legal, uma excelente síntese da doutrina do egrégio professor vienense, concorrendo assim para vulgarizá-la tanto quanto a monografia de Franco da Rocha e a tese de Genésio Pinto.

Dados esses precedentes de Medeiros e Albuquerque, impulsionado pelas tendências antigas e irresistíveis de seu espírito para as coisas médicas e paramédicas, não lhe foi de nenhum modo difícil fazer uma revisão mui clara do assunto do presente livro e o fez tanto mais facilmente, quanto uma experiência de muitos anos aqui e até fora daqui, lhe havia avultado a autoridade naquele particular. Suas fontes bibliográficas são, além disso, da melhor escolha. Isso lhe permitiu enriquecer a edição atual, com uns capítulos novos e bem feitos sobre a nova escola de Nancy, sobre o estado hipnoidal de Boris Sidis, sobre a psicanálise, etc.

Tudo isto e mais a revisão de todo o assunto, faz do presente volume, um livro quase completamente novo, confrontando com a edição anterior.

Convencido que estou das vantagens da psicoterapia, em suas modalidades, testemunha que tenho sido dos resultados do hipnotismo, quando conscientemente aplicado, faço votos para que o novo livro de Medeiros e Albuquerque se espalhe no país com tamanha rapidez, que não venha longe uma nova edição, da qual espero desaparecerá a pequena jaça da presente: algumas palavras um tanto ásperas, referentes a Charcot e outros neurólogos, cujos serviços à neuriatria são tantos que as absolvem dos erros em que hajam por acaso incorrido.

(1928)

JULIANO MOREIRA

CAPÍTULO I

HISTÓRICO, DE MESMER A 1875

A prática dos fenômenos, hoje qualificados de magnéticos e hipnóticos, vem da mais remota antiguidade. Expor aqui os vestígios que deles se encontram nas diversas literaturas, seria tarefa de erudição fácil, depois da publicação de tantos trabalhos copiosos de informações. Não parece, porém, que ela pagasse o muito que podia ter de fastidiosa com um pouco ao menos de rigor científico na sua interpretação.

E é fácil compreender porque.

Nas questões que vamos estudar, nada existe de definitivo em teoria. Há meia dúzia de fatos universalmente aceitos, outros que estão começando a penetrar na ciência, outros de que apenas raros pesquisadores se atrevem a confessar a existência. Tudo isto, porém, se acha desconexo e solto, sem uma doutrina qualquer suficientemente sólida, que una e explique o conjunto . Assim, com que critério se pode entrar pela História e pelas Religiões, destacando narrações para interpretá-las arbitrariamente?

A lei da gravidade está achada. Onde quer que encontremos a menção de um corpo que caiu, podemos afoitamente explicar como, e em virtude de que se deu essa queda. Poder-se-á, porém, fazer o mesmo com os fenômenos da hipnose? Não. E a prova é que para Charcot, e seus discípulos, as sibilas, as pitonisas, os religiosos e religiosas, adorados como santos, por estranhos feitos miraculosos, não passavam todos de histéricos. A histeria era o daltonismo especial dos discípulos da Salpetrière, fauna médica de que ainda restam alguns exemplares. Assim como os ictéricos veem tudo amarelo, os seguidores do ilustre neurologista francês viam histéricos em tudo e todos. Já, porém, o mesmo não acontecia à Escola de Nancy, que tinha a sua obsessão especial: a sugestão. Por seu turno, os velhos magnetizadores encaravam as coisas de outro modo: se o Cristo curou um certo possesso, esta cura parecia-lhe devida à quantidade de fluídos, que certamente, Jesus lograva emitir das suas mãos, - explicação na qual Charcot só vê de exato, que o possesso era um hístero-epilético, diagnóstico médico retroativo que precisamente é o que mais desinteressa Bernheim, porque distingue apenas no caso um exemplo do poder sugestivo, tão eficaz num neurótico como no mais rude e sadio pastor dos campos da Betânia!

Rever a História, para chegar a este resultado, não vale a pena, É impossível examinar os fatos no seu meio exato, com os infinitos pormenores que nos faltam e que são necessários para qualquer julgamento realmente científico. O melhor é, pois, aludir a essas narrações de velhos livros com extremo critério, unicamente para demonstrar a continuidade da tradição e dar mais um apoio à desconsolada filosofia do Eclesiastes: - *Nihil sub sole novum.*[1]

Quando uma teoria ressaltar, enfim, da esmagadora evidência dos fatos, ela bastará amplamente para satisfazer o desejo, aliás, natural, de explicar tudo. Até lá, confessemos singelamente, humildemente, a nossa ignorância e façamos obra só com os fenômenos observados hoje, nos nossos laboratórios, nos nossos hospitais, com a técnica minuciosa da ciência moderna e que, apesar de tudo, ainda estão longe de conduzir-nos a um resultado teórico, de valor decisivo.

O hipnotismo moderno, deriva diretamente de Mesmer, Foi ele, no fim do século XVIII, quem agitou o problema, quem o impôs à atenção pública, fazendo adeptos, suscitando exames acadêmicos e expondo, com ademanes um pouco charlatanescos, fatos e teorias de uma extravagância, que não podia deixar de impressionar os ânimos.

Mesmer, era doutor pela Universidade de Viena. Sua tese, para obter o grau, versara sobre "a influência dos astros, na cura das moléstias". A ideia era esta: um fluido sutil, que existe por todo o universo, liga os corpos entre si, fazendo com que uns atuem sobre os outros. Assim, a ação preponderante exercida sobre os homens, é a dos astros e nomeadamente a do sol e da lua. O fluído que deles se escapa, deve, pela sua analogia, com as propriedades do ímã, ter o nome de magnetismo animal.

A teoria, desenvolvida num livro bizarro e místico, não tinha novidade alguma. Já no século XV, se falava na simpatia magnética, designando um sistema perfeitamente análogo, nas suas bases essenciais, ao que tinha sido formulado por Paracelso, - um dos homens mais eminentes na história da ciência humana, um daqueles a quem a medicina moderna deve dois, entre os três ou quatro específicos de valor, que constituem o melhor da sua força real.

O livro de Mesmer não teve grande sucesso. Mas, por esse tempo, veio-lhe ao conhecimento, a existência de um processo de placas imantadoras, condutoras e condensadoras do tal fluído magnético.

Por suas experiências, foi levado a acreditar que, de fato, podiam fabricar-se e preparar-se tais placas. E começou a praticar o novo sistema, com êxito, que logo se tornou ruidoso. Algumas curas operadas em personagens importantes, chamaram vivamente a atenção pública, superexcitada. Só, apesar dos muito ape-

---

[1] Nada de novo sob o sol.

los de Mesmer, os corpos científicos se mantiveram na sua habitual hostilidade às inovações, recusando até mesmo qualquer exame do assunto.

Mesmer, porém, homem ativo e empreendedor, não desanimava. Ao cabo de algum tempo, convenceu-se de que as placas eram um intermediário inútil, e que, o corpo humano, sendo um reservatório natural do fluído magnético, ninguém melhor do que ele para agir sobre os outros corpos. E, em 1779, publicou, desenvolvendo esta nova modificação da sua tese primitiva, uma memória sobre o magnetismo animal.

Nela, este fluído e suas propriedades estavam mais bem definidos. "Ele é, dizia Mesmer, o meio de uma influência mútua, entre os corpos celestes, a terra e os corpos animados". Enche tudo, todo o Cosmos, sem um vazio, sem uma interrupção. "É capaz de receber, propagar e comunicar todas as impressões do movimento". "O Corpo animal experimenta os efeitos deste agente; e é insinuando-se na substância dos nervos que ele os afeta imediatamente. Reconhecem-se em particular, no corpo humano, propriedades análogas às do ímã; nele se distinguem igualmente polos diversos e opostos. A ação e a virtude do magnetismo animal se exercem de uns a outros corpos animados e inanimados; esta ação tem lugar à distância, sem necessitar intermediários. Pode ser refletida pelos espelhos, comunicada, concentrada ou transportada. Embora este fluído seja universal nem todos os corpos são igualmente suscetíveis de possuí-lo. Alguns há – ainda que em pequeníssimo número – que têm uma propriedade tão oposta, que sua simples presença basta para destruir todos os efeitos dele, nos outros corpos". As moléstias são apenas ou falta ou desequilíbrio na distribuição do magnetismo pelo corpo. Assim, a ação do magnetizador, será apenas fornecer o fluído necessário ao órgão afetado, favorecendo uma re-repartição mais harmônica das forças orgânicas. A influência benéfica de semelhante ação, traduz-se pela cura imediata das moléstias nervosas e mediatas de todas as outras .

Era esta, em resumo, a teoria desenvolvida em vinte e sete proposições ou aforismos. E foi com semelhante bagagem científica que Mesmer, tendo abandonado Viena, veio instalar-se em Paris.

Aí o sucesso foi indescritível. O número de clientes chegou a extremos nunca vistos até então. O médico não bastava. Adestrou um criado nas práticas necessárias para ajudá-lo, mas nem assim pôde satisfazer à clientela, cada vez mais numerosa. E teve de recorrer a um aparelho, que o dispensava de intervir pessoalmente. Esse aparelho foi o célebre *baquet*.

Era uma caixa larga e circular de madeira, cheia de limalha de ferro, sobre que repousavam garrafas cheias de água magnetizada, todas elas comunicando-se entre si. Da caixa, por orifícios, saíam hastes de ferro móveis, que os doentes, sentados em torno, em várias fileiras, aplicavam sobre a parte enferma. Demais, para formarem corrente, uma corda passada em volta da cintura, unia-os a todos e davam-se as mãos para fortificarem a ação do fluído.

Ou por imaginação, ou por outro meio – o certo é que as curas se faziam. As moléstias nervosas, as paralisias nervosas, as paralisias, as contraturas, cediam milagrosamente. Os doentes não caiam em sono. Chegavam, tomavam lugar em torno do *baquet*, e ou se sentiam logo perfeitamente bons, ou entravam em convulsões: verdadeiros ataques de que frequentemente saíam curados. Estas convulsões eram as crises, crises que se consideravam salutares. O fluído, penetrando no organismo em desequilíbrio, produzia todo aquele abalo, mas acabava por fazer o seu efeito curativo. Apenas, como o número dos crisíacos, de grande violência era crescido, foi necessário preparar-lhe um aposento especial, todo acolchoado, onde pudessem debater-se à vontade; este aposento tornou-se célebre, sob o nome de *inferno das convulsões*.

O efeito do *baquet*, que como se deve ter notado, tinha a função de um condensador de força magnética, era reforçado pela música que tocava em uma sala próxima, harmonias que, por sua vez, também concorriam para melhor distribuição do fluído magnético.

Em torno do *baquet*, cabiam cento e trinta pessoas. Este número renovava-se algumas vezes por dia. Compreende-se, portanto, que a casa do médico vienense era um ponto de romaria constante, que não podia deixar de chamar a atenção – e a atenção bem hostil – dos médicos oficiais. Mesmer conseguira convencer um deles, um dos mais importantes facultativos da casa real, Deslon.

O rei acabou interessando-se pela questão. E nomeou duas comissões, uma da Academia de Ciências e outra da Sociedade Real de Medicina. Na primeira, o homem de mais valor era o grande Lavoisier; na segunda, o ilustre naturalista Jussieu. Ambos os relatórios apresentados, embora dissessem com bastante razão, que a maioria das curas era devida à imaginação, concluíam com afirmativa muito precipitada, que nada mais havia além disso. Apenas Jussieu recusou-se a assinar o parecer dos seus colegas, convencido de que a imaginação, por si, não bastava para explicar alguns efeitos.

Até certo ponto, independentemente das competições de oficiais do mesmo ofício, havia razão para que os outros médicos não tomassem muito a sério as práticas do célebre magnetizador.

O aspecto da sua clínica, se assim se lhe pode chamar, não era muito edificante. Mesmer circulava pelo meio dos grupos daquela multidão, vestido de uma casaca de seda lilás e em uns e outros doentes, fitando os olhos, de quando em quando, tocava-os ou com as mãos aplicando-as nos hipocôndrios e nas regiões do baixo ventre, ou com a varinha que trazia habitualmente consigo.

Nas magnetizações individuais, o seu processo era o seguinte: sentava-se em face do indivíduo, os pés juntos e os joelhos unidos sobre os hipocôndrios e fazia os passes: movimentos, extremamente vagarosos diante do corpo, com ou sem contato, de mãos abertas e dedos levemente afastados. Das pontas dos dedos entendia ele que se escapava o fluído. Quando Mesmer procedia às magnetizações a grandes correntes, para produzir efeitos mais enérgicos, passava as mãos, com os dedos em pirâmide, sobre todo o corpo do doente, da cabeça aos pés; e, isto repetidas vezes, pela frente e pelas costas, até saturá-lo do fluído reparador.

Fossem quais fossem as práticas, absurdas ou não, o certo é que o sucesso era monstruoso. Mesmer teve de alugar um palácio, extremamente mais vasto, de construir outros *baquets* e, afinal, de magnetizar até uma árvore da rua, para uso do público. Foi um delírio. Apenas as sociedades científicas se mantinham cada vez mais hostis.

Quando Deslon, que era professor e um dos regentes da Faculdade de Medicina, se animou, uma vez, na Academia, a propor um exame científico dos fatos, isso lhe valeu uma reprimenda severíssima.

A prova, que o médico propunha, entre outras experiências, incluída esta: de vinte e quatro doentes escolhidos pela Academia, tirar-se-iam, à sorte, doze, que seriam tratados pelos médicos adversários, e doze por ele Deslon. Era uma prova grosseira, que, afinal, não daria margem a nenhuma conclusão definitiva; mas que, em todo o caso, ao lado de outras, podia adquirir valor. O oficialismo, porém, do corpo acadêmico, rejeitou *in limine* qualquer exame. E a resposta foi a seguinte, dada pelo reitor da Faculdade:

"1° - Intimação ao sr. Deslon, para ser de ora em diante mais circunspecto;

2° - Suspensão, durante um ano, de voto deliberativo nas assembleias da Faculdade;

3° - Expulsão, no fim de um ano, do quadro dos lentes, se não tiver, até essa época, abjurado as suas observações sobre o magnetismo;

4° - Rejeição das propostas do sr. Mesmer".

Triunfo do misoneísmo estúpido! Documento da afirmação de que as assembleias, mesmo de sábios, são inferiores, na sua resultante, à maioria dos seus membros, considerados individualmente!

Mesmer, não podendo fazer reconhecer a verdade da sua descoberta, foi forçado a abandonar Paris. E apesar da constância de Deslon, apesar dos grupos entusiastas que se formaram em sociedades "de harmonia" para, sob este nome místico, estudarem a nova descoberta, não houve durante muito tempo nada de verdadeiramente importante a registrar, senão a descoberta do sonambulismo, pelo marquês de Puységur, em 1787. O mais, foram escaramuças contra o pirronismo acadêmico, negando-se, obstinadamente, não só a aceitar, como até mesmo a examinar lealmente a questão, chegando ao extremo de furtar à publicidade, o único parecer honestamente elaborado, o de Husson, que durante anos estudou, examinou, coligiu dados, documentos e provas.

A descoberta de Puységur foi casual. Certa vez que ele magnetizava um camponês, viu-o de súbito adormecer e, dormindo, adquirir uma lucidez de inteligência, maior do que a habitual. Nesse estranho sono, o camponês indicava o estado de sua moléstia, os remédios de que necessitava; obedecia a todas as ordens do operador, mesmo quando elas eram apenas formuladas mentalmente... Coisas, em suma, verdadeiramente diversas do que mostrava Mesmer, que, entretanto, parece ter conhecido esta fase, mas que, ou não ligou a ela a necessária importância, por falta de melhor estudo, ou não quis ensiná-la aos seus discípulos.

Puységur tinha têmpera bem diversa da do médico austríaco. O que ele queria do magnetismo, eram as suas propriedades curativas, para exercitá-las em bem da humanidade, numa febre de filantropia, realmente desinteressada e altruísta.

Em Mesmer, havia muito de charlatão: precisava do barulho das cidades, do espalhafato espetaculoso; da clínica, da grande orquestra, feita a casaca de seda, entre damas românticas e vaporosas – ao passo que o simples e honesto marquês, se magnetizara uma árvore da sua fazenda de Busancy, fora para socorrer os pobres e rudes camponeses dos arredores, que constituíam sua clientela habitual.

E, assim, a descoberta do sonambulismo exaltou-o.

Já não eram as crises, embora benéficas, mas convulsivas e agitadas. Era um sono plácido, no qual o próprio doente indicava o remédio que devia tomar e subia a uma agudeza intelectual notável!

Positivamente, estava-se no caminho do Maravilhoso. E por ele embarafustaram todos os adeptos, perdendo o terreno dos fatos de humildes e simples observações, para pesquisarem, no novo estado, somente os fenômenos que lhes pareceram mais sublimes, mais vizinhos do sobrenatural.

E apareceram sonâmbulos que liam através dos corpos opacos; sonâmbulos que, postos em contato com uma pessoa doente, não só viam os órgãos internos enfermos, como ainda refletiam simpaticamente os mesmos sintomas mórbidos; sonâmbulos que viam com a barriga, tinham, em suma, o que então se chamava "a transposição dos sentidos"; sonâmbulos que observavam as coisas que se passavam à distância ...

O misticismo soltou asas. O magnetismo deixou de ser um processo curativo e passou a ser uma porta aberta para o Sobrenatural.

Este foi um dos motivos de sua perdição no conceito de muitos homens sensatos. Não porque todos esses fenômenos de aparência estranha fossem mentirosos, mas porque a ideia de sonambulismo parecia estar indissoluvelmente associada a esses casos, que são sempre excepcionais e raros. Ora, como na maioria das vezes não se podiam alcançar as maravilhas anunciadas, os incrédulos supunham, sempre que lhes sucedia assistir a decepções, que tudo o mais era apenas embuste e charlatanismo.

O relatório de Husson, feito em nome de uma comissão da Academia, em 1831, deu, entretanto, por verificados alguns fenômenos. Mas, a Academia – tal foi a sua surpresa ao ouvir semelhante leitura – recusou-se a imprimi-lo. E, quando, poucos anos depois, outro magnetizador, Berna, propôs o exame de novos fatos, igualmente maravilhosos e raros, a Academia nomeou a comissão dentre aqueles que se tinham mostrado mais hostis ao relatório de Husson. E saiu o recado ao sabor da encomenda. Dubois (d'Amiens), o relator, em experiências conduzidas com a mais absoluta má-fé, chegou a conclusões diametralmente opostas às de Husson. Negou tudo quanto este tinha afirmado.

Husson, visado, pessoalmente, respondeu-lhe. Toda a gente interessou-se pelo debate. Sentia-se que, apesar de a Academia ter votado pelas conclusões de Dubois, a questão não estava resolvida: pairava ainda duvidosa na maioria dos espíritos. Para dar-lhe fim, Burdin, que era também um dos acadêmicos, lembrou-se de uma solução; estabeleceu um prêmio de 3000 francos a quem apresentasse um sonâmbulo que lesse através de um corpo opaco, o prêmio chamou alguns concorrentes, mas ninguém obteve resultado. E em vista disso, solenemente, a Academia de Medicina declarou que não se ocuparia mais, dali para o futuro, com o magnetismo, pela mesma razão por que não se ocupa com a quadratura do círculo e o movimento perpétuo. Era, portanto, assimilar o magnetismo ao que se considera mais absurdo.

Para provar quanto essa declaração era profundamente inepta, não é preciso lembrar o que ocorreu depois, em nossos dias: basta ver que a posição do problema estava falseada. A vista através dos corpos opacos e outros fenômenos igualmente maravilhosos, não constituem a essência do magnetismo, que era antes de tudo um método terapêutico e não um processo de cultura de faculdades novas, sobrenaturais.

O que havia a indagar, era: - pelo lado prático, se os processos de que Mesmer e Puységur se serviam produziam efetivamente curas de moléstias: - pelo lado teórico, se essas curas eram devidas à existência de algum fluído. A base estava nisso; o mais, eram fenômenos esporádicos e bizarros.

O voto da Academia, documento precioso para a história da ciência, não provou nada, nem contra o próprio fato da visão através de corpos opacos, porque, quando tivesse falhado mil experiências, restava provar que uma milésima primeira, por tentar, não daria bom resultado. E isto não se consegue nunca.

Não há demonstrações negativas absolutas, para coisa alguma. Em boa ciência, pode-se apenas dizer que tal ou qual afirmação não está por ora provada; nunca, porém, que ela não o será jamais. Pasteur fez experiências memoráveis para demonstrar a impossibilidade da geração espontânea. O que ele conseguiu, foi apenas provar que, nas condições em que até então se supunha haver geração espontânea, ela não existe. - Só nessas condições.

Mas, todo o seu trabalho, aliás concludente, não prova que a Natureza, operando em outras condições, não tenha chegado e não chegue ainda àquele resultado. A prova negativa absoluta da não existência da geração espontânea é impossível como impossíveis são, em geral, as provas negativas absolutas para todos os outros casos.

Para aqueles, entretanto, que vivem acarneirados atrás dos oficialismos científicos, a sentença acadêmica contra Mesmer bastou. Mas, apesar disto, os convencidos não desanimaram. E, entre os experimentadores notáveis dessa época, dois principalmente avultam: o barão Du Potet, que multiplicou livros e experiências e o magnetizador suíço Charles La Fontaine. Nenhum dos dois era médico; ambos davam repetidos espetáculos públicos para exibirem os curiosos fenômenos, que sabiam produzir com extrema perícia, conseguindo assim numerosas conversões à desdenhada e perseguida verdade.

O mais extraordinário discípulo de Puységur foi o padre português Faria. Ele começou adotando, todas as teorias de Mesmer e de Puységur. Pouco a pouco, no entanto, libertou-se de tudo isso e chegou a afirmar nitidamente que o essencial era a sugestão. Disse claramente que todos os fenômenos do hipnotismo dependiam unicamente do paciente. Escreveu este período característico: "Eu não posso conceber como a espécie humana foi procurar a causa deste fenômeno à tina de Mesmer, a uma vontade externa ou a mil outras extravagâncias ridículas deste gênero".

Liébeault protestou contra o nome de *braidismo*, que foi dado ao hipnotismo. Disse que, se algum nome cabia à hipótese sugestiva, devia ser o de *fariismo* . Mas Faria era na França um estrangeiro pobre, que acabou ridicularizado e na mais absoluta pobreza.[2]

Em novembro de 1841, o médico inglês Braid, assistiu a uma sessão de La Fontaine. Tinha entrado com a profunda convicção de que tudo aquilo era charlatanismo e comédia, nada mais. Saiu, porém, um pouco abalado. Alguns fenômenos, aliás muito simples, como, por exemplo, a impossibilidade de abrir os olhos, pareceram-lhe exatos. E decidiu-se a fazer experiências.

---

2 Ver o livro magnífico do Dr. Egas Montz, lente de neurologia da Faculdade de Medicina de Lisboa: O Padre Faria, na História do Hipnotismo.

Esperando conseguir alguns resultados pela fadiga da vista, começou as suas tentativas, mandando várias pessoas, entre as quais sua própria esposa, fixarem um ponto luminoso, colocado em tal altura que, pela convergência forçada dos olhos, trouxesse mais rapidamente o cansaço. E assim produziu o sono.

No correr das suas experiências veio, mais tarde, a conseguir ainda os fenômenos de catalepsia, de letargia e principalmente os de sugestão oral no sono e na vigília, de que mais adiante teremos de tratar. Mas para temperar a coisa com a indispensável quantidade de maravilhoso, que sempre se introduz nestes estudos, propôs uma aplicação bizarra dos resultados obtidos à frenologia! Excitando tais ou quais circunvoluções das marcadas por Gall e Spurzheim, esperava Braid dar-lhes um desenvolvimento superior ao normal.

Em todo o caso, o livro publicado por Braid era quase todo muito sensato. Ele viu bem o lado prático das vantagens terapêuticas e teve – coisa extremamente rara! – a prudência das negações. Assim foi que escreveu:

"Durante muito tempo acreditei na identidade dos fenômenos produzidos pelo meu modo de operar e pelo dos partidários do mesmerismo; segundo verificações atuais, creio ainda, pelo menos, na analogia das ações exercidas sobre o sistema nervoso. Todavia, a julgar pelo que os magnetizadores declaram produzir em certos casos, parece haver bastante diferença para considerar o hipnotismo como dois agentes distintos." - Isto é cauteloso e científico.

Pois bem! embora tivesse esta sensatez, embora se limitasse a apresentar um pequeno número de fatos, sem nada de estranho, mas com bastante interesse, apesar de tudo, o livro de Braid não teve sucesso. Aconteceu mesmo uma coisa muito significativa. Na reunião anual da *British Association*, reunião que devia ter lugar em Manchester, Braid quis ler um trabalho relatando suas experiências. Recusaram-lhe este direito. O tempo que lhe tinha sido destinado foi concedido a um sujeito, que fez uma comunicação sobre o meio de distinguir as aranhas velhas das novas pelo exame dos respectivos palpos!

Houve um médico o Dr. Squire Ward, que comunicou à *Royal Medico Chirurgical Society of London* uma amputação que tinha feito em um indivíduo hipnotizado, amputação que fora inteiramente sem dor. Um dos sócios levantou-se e disse que a explicação do fato era simples: o paciente tinha sido treinado para não sentir dores! A sociedade votou então que se suprimisse da ata a menção do fato.[3]

Aqui e ali, trabalhadores entusiastas e independentes continuaram, entretanto, os seus estudos, tentando em vão provocar o exame sério dos graves sábios acadêmicos. Fora da França, foram aparecendo os trabalhos de Carpenter, de Grimes, do barão Reichenbach, que com o nome de força odica, estudou o fluído

---

3 Yellowlees - A manual of psychotherapy - pág. 82.

magnético. Na França, o dr. Philips (Durant de Gros). apresentou a teoria do electrodinamismo vital, que, bem interpretada, não está longe de Wundt e outros autores modernos. Publicou-se no Dicionário de Medicina, de Nyston, um artigo de Ch. Robin e Littré, sobre o livro de Braid; apareceu uma nota do grande antropologista Broca, sobre a possibilidade de aproveitar a anestesia hipnótica na prática de operações cirúrgicas. Vieram também as primeiras observações de Azam, sobre um caso de desdobramento de personalidade. Foram publicados os livros de Gigot-Suart e Liébeault e um artigo de Lasegue, sobre a catalepsia provocada nas histéricas e outros mais trabalhos de autores de pouca nota e a cuja divulgação o misoneísmo opôs toda sorte de empecilhos.

Em 1874, Matias Duval inseriu no Dicionário de Medicina, de Jaccour, um artigo, aceitando quase todos os fatos do Braidismo, e, finalmente, em 1875, apareceu um artigo notável de Charles Richet, no *Journal d'Anatomie et de Physiologie*.

Charles Richet é um nome que deve ficar aqui bem salientemente registrado, Professor na Universidade de Paris, o eminente fisiologista é homem que alia à mais alta severidade científica uma inteligência aberta a todos os tentames de valor. Assim, quer no hipnotismo, quer nas mais anojadas experiências que se tem intentado em tudo quanto diz respeito à fisiologia, à psicologia e mesmo à terapêutica, esteve sempre no papel de precursor. É uma sentinela avançada da ciência, sem entusiasmos excessivos, nem resistências misoneicas às ideias novas. Examina-as com o escrúpulo de um verdadeiro sábio, por métodos seguros, e expõe com lealdade os resultados a que chega. Esta virtude é infinitamente mais rara do que parece, embora devesse ser corrente entre os mais medíocres estudiosos. Também a humildade é virtude cristã por excelência e, todavia, nenhuma existe que seja menos comum entre cristãos, ainda os rotulados com a mais severa ortodoxia.

O trabalho de Richet chamou vivamente a atenção geral e parece ter sido, graças principalmente a ele, que Charcot deliberou estudar o hipnotismo, examinando alguns fatos a que assistira e cuja realidade era impossível contestar.

Charcot teve ocasião de passar, por simples acaso, em uma enfermaria onde Richet estava hipnotizando um paciente. Interessado pelo fato, demorou-se, observando-o, e daí começaram os seus estudos.

Richet obteve quase todos os fenômenos do sonambulismo provocado, e fez algumas experiências, entre as quais a da "objetivação dos tipos", que ficaram clássicas.

CAPÍTULO II

A ESCOLA DA SALPÊTRIÈRE

Foi em 1878, que o professor Charcot fez sobre o hipnotismo conferências notáveis no Hospital da Salpêtrière. Essas experiências marcaram época neste estudo. Não que elas revelassem fatos novos; mas a situação oficial do grande neurologista francês e mesmo as suas lições um pouco espetaculosas forçaram a atenção com êxito maior do que o poderiam fazer estudos mais profundos, porém menos bem patrocinados. E foi o que se deu.

Parece que houve até uma certa fatalidade nesta reabilitação do magnetismo, feita por um acadêmico, depois de a Academia ter declarado a questão morta, afirmado que não mais se ocuparia com ela, assimilando-a ao moto contínuo e à quadratura do círculo. Mas a prevenção era tão grande, que, para fazer o magnetismo entrar na ciência oficial, foi necessário crismá-lo. Deixou de ter o condenado nome de magnetismo, passou a adotar o de hipnotismo, que já Braid lhe havia dado. - Sutilezas da hipocrisia humana, que até na ciência conseguem penetrar!

Hoje, estes dois termos têm acepção diversa. No Congresso de Psicologia Fisiológica, reunido em Paris, em 1889, procurou-se firmar uma tecnologia apropriada dos fenômenos que aqui vamos estudar. E deliberou-se que a designação magnetismo animal fosse reservada aos fenômenos que se atribuem à existência do fluido magnético, ao passo que o de hipnotismo deve ser reservada aos que se explicam ou pela sugestão ou pelas reações análogas do próprio paciente. Em suma: o magnetismo atribui os seus efeitos a uma ação do magnetizador, influindo por meio de um agente especial; o hipnotismo diz que os seus fenômenos dependem exclusivamente da constituição do magnetizado. Esta distinção, porém, que é hoje mais nítida, não o era ainda no tempo em que Charcot fez as suas preleções memoráveis ; nem mesmo os seus discípulos a podiam aceitar com muito rigor, porquanto entre os ensinamentos da escola, havia alguns, que não cabiam nela, como, por exemplo, a transferência (transfer), o simpatismo e outros. Os únicos experimentadores, que devem reivindicar escrupulosamente esta separação, são os da escola de Nancy, que explicam tudo pela sugestão. Das páginas posteriores há de ressaltar esta verdade com toda a clareza.

As primeiras experiências de Charcot foram feitas na Salpêtrière, onde ele tinha a seu cargo um serviço de histéricas. O ilustre professor sentiu que para vencer a prevenção geral tornava-se necessário mais do que a autoridade do seu nome. Precisava apresentar fenômenos, cuja realidade fosse, por assim dizer, brutalmente clara e pudesse excluir toda ideia de simulação. Para tal fim, deixou na sombra os fenômenos psíquicos mais complexos e por isso mesmo menos suscetíveis de pronta verificação, e dedicou-se principalmente ao estudo das modificações da motilidade, registráveis até por instrumentos.

Sem dúvida, semelhantes cautelas foram previdentes e sábias. Mas, por um lado, o seu exagero e, por outro lado, o erro de principiar as experiências sobre uma classe especial de doentes, os histéricos, deram lugar a afirmações precipitadas, embora esse mesmo defeito, permitindo criar uma classificação ideal, muito nítida de fases marcadas com extrema precisão, tenha servido, pela sua feição dogmática, para contentar o oficialismo acadêmico, que não gosta de encontrar fenômenos indóceis, resistentes a uma arrumação metódica em regras e leis muito claramente formuladas.

Charcot serviu-lhes o hipnotismo, já preparado em um quadro rigoroso. Não era mais a selva inculta dos fatos desconexos apresentados por Mesmer e Puységur; era um jardim, talhado por Le Nôtre, com os seus canteiros regulares, as suas árvores aparadas, tudo geométrico, tudo direitinho.

Charcot ensinava então que o hipnotismo era uma nevrose experimental com três fases características: a catalepsia, a letargia e o sonambulismo, cuja ordem lógica é realmente a da nossa enumeração, mas que às vezes pode ser alterada, aparecendo em primeiro lugar a letargia ou o sonambulismo.

A catalepsia obtém-se pela fixação de um foco luminoso intenso (lâmpada Bourbouze, luz Drumond ou de magnésio), ou pela produção súbita de um som forte e vibrante (tã-tã, gong, diapasão). Os sintomas são estes:

"Os olhos arregalados; anestesia total e absoluta; aptidão dos membros e das diversas partes do corpo para conservarem a situação em que são colocados; pouca ou nenhuma rigidez muscular; impossibilidade de fazer contrair os músculos por excitação mecânica".

Mais explicadamente o que há, portanto, é o seguinte: - o paciente fica completamente insensível; os olhos conservam-se abertos com absoluta fixidez das pálpebras, de sorte que ao fim de algum tempo as lágrimas começam a rolar pelas faces. Quando se põe o corpo inteiro ou algum dos membros em determinada posição, ele assim se conserva por largo espaço.

Todos sabem, por exemplo, quanto é difícil manter um braço em posição horizontal por cinco minutos ou ainda menos. Quando se tenta a experiência, de vez em vez, nota-se que ele está descendo e é preciso um novo movimento de vontade para reerguê-lo. Já não acontece isto com um cataléptico: o braço chega a manter-se imóvel durante vinte minutos, meia hora e mesmo mais. Aos poucos, quando a força se vai esgotando, a descida é suavíssima e contínua, não tem o menor estremecimento, lembra o movimento de um ponteiro de relógio descrevendo uma curva perfeitamente regular. Em compensação, quando se imprime ou ao corpo ou aos membros um movimento uniforme, como, por exemplo, o de rolar as duas mãos fechadas uma em torno da outra, a ação continua indefinidamente, até ir cessando com a mesma diminuição progressiva e lenta de força.

Há um automatismo quase absoluto. Se se articula diante do paciente qualquer frase com toda nitidez, ele copia fielmente os movimentos dos lábios, repete como um eco os mesmos sons. É o que sucede com todos os outros gestos: o paciente torna-se um espelho - imita simplesmente o que vê.

Outras vezes, porém, o automatismo toma forma diversa. Mete-se na mão algum objeto muito familiar, como, por exemplo, uma escova. Imediatamente o paciente começa a escovar qualquer coisa, com uma constância obstinada e infatigável, repetindo monotonamente os mesmos movimentos.

Um fenômeno curioso é a harmonia que se estabelece entre as atitudes em que se coloca o indivíduo e a sua fisionomia: basta fechar-lhe os punhos e dar aos braços uma atitude de agressão, para que o rosto exprima cólera e ferocidade; basta ajoelhá-lo, fazendo-o unir as mãos, para que todos os traços assumam um caráter de grave unção piedosa. Quando se levanta um membro, ele não oferece a mínima resistência; parece aéreo, vaporoso; obedece ao impulso e onde o imobilizam, imóvel fica. Não é, portanto, como o braço inerte de uma pessoa que está dormindo o sono natural ou que já passou para a fase da letargia e que antes se assemelha a uma massa pesada e morta, que, abandonada, cai brutalmente. Tem-se a sensação de que nos membros do cataléptico não há carne e ossos; há apenas alguma coisa de muito leve, como se fosse algodão. Todavia, a conservação das posições impostas é tal que permite fazer a sorte habitual dos magnetizadores de teatro; estender uma pessoa horizontalmente, com a cabeça no encosto de uma cadeira, os pés na outra e o corpo suspenso por esses únicos dois pontos, rijo e imóvel como uma tábua .

O cataléptico é anestésico: pode ser picado ou até queimado sem sentir coisa alguma.

Para passar da catalepsia à letargia há vários processos: o mais simples é fechar os olhos do paciente. Se, porém, ainda em frente dos olhos dele está o foco de luz que o hipnotizou, basta apagá-lo bruscamente.

A letargia apresenta os seguintes sintomas: "Olhos fechados ou semiabertos; frêmitos persistentes das pálpebras superiores; convulsão dos globos oculares; anestesia total e absoluta; hiperexcitabilidade muscular; os membros, em resolução, não conservam a situação que se lhes dá, além daquela que lhes pode imprimir a contratura provocada".

É, pois, um sono pesado e inerte. A cabeça pende ou para a frente ou para um dos ombros. Quando se levantam as pálpebras superiores, animadas de um estremecimento constante, vê-se que os olhos estão voltados para cima, convulsionados. A insensibilidade, que já se encontra na catalepsia, parece ainda mais profunda. Os braços ou as pernas, se alguém os ergue, caem pesadamente, como se fossem de um defunto. Nem repetição de gestos, nem continuação de movimentos, nem expressões de fisionomia em relação com a atitude. Nada: um sono brutal e profundo.

O único fenômeno notável, sobre o qual a escola da Salpêtrière não se cansa de insistir na letargia, é a hiperexcitação neuromuscular. Quando, por exemplo, se comprime com o dedo o nervo cubital, que passa pela goteira da face interna e posterior do cotovelo, a mão se contrai para dentro, ao mesmo tempo que os dedos anular e mínimo, se dobram e todos os outros se estendem. É o que Charcot chama a garra cubital (*griffe cubitale*). Em suma: sempre que se calca um nervo motor, os músculos que ele serve tendem a contraturar-se. A contratura permanece. No caso da mão, que citamos, a mão ficará assim, como se fosse aleijada, enquanto não se recorrer a um destes dois expedientes: ou excitar os músculos antagonistas daqueles que estão agindo na contratura, ou acordar o paciente. Empregando-se a força, o fenômeno, longe de ceder, agrava-se mais.

Compreende-se, em parte, que Charcot fizesse grande cabedal deste fato. Foi um daqueles que mais lhe serviram para provar à evidência, que não havia simulação. A circunstância da contratura ceder apenas com a excitação dos músculos antagonistas, que às vezes se acham em particular região do membro, que só com um certo conhecimento de anatomia se pode indicar, provava que os pacientes não fingiam coisa alguma; a menos que o fingimento não envolvesse consigo maravilhosa intuição de ciência infusa, permitindo a uma ignorante mulher do povo adivinhar, num momento, onde se acham músculos e nervos, cujo trajeto a quase totalidade dos próprios médicos esquece. O absurdo da hipótese era visível, mormente nessa época, em que não se dava o valor devido à sugestão onímoda e quase onipotente.

Esses dois estados típicos na classificação da Salpêtrière podem ainda combinar-se por uma forma nova, obtendo-se que o mesmo indivíduo esteja com metade do corpo em catalepsia e outra em letargia. Para isto, basta manter um dos olhos abertos e o outro fechado: o lado correspondente ao primeiro apresenta tão nitidamente os fenômenos cataléticos, como o segundo os da letargia, todos já descritos.

A terceira fase do hipnotismo é o sonambulismo, que se pode provocar de vários modos, ou diretamente, ou sucedendo a qualquer das duas anteriores. Neste caso, é bastante simples pressão ou leve fricção no alto da cabeça. Os fenômenos que se observam nesta fase são variadíssimos e abrangem todas as formas da atividade humana. A escola da Salpêtrière, sempre com a preocupação de estudar de preferência fenômenos objetivos, de verificação mais fácil, deixou de margem os da sugestão, exame dos de motilidade, indicando a relação que existe entre este terceiro estado e os dois outros:

"Os olhos ficam fechados ou semicerrados; as pálpebras se mostram em geral agitadas por estremecimentos. Abandonado a si mesmo, o paciente parece adormecido. Mesmo, porém, nesse caso, a resolução dos membros não é tão pronunciada como no estado letárgico".

A hiperexcitabilidade perde a sua forma neuromuscular e passa a ser cutâneo-muscular. Este terceiro caráter somático "consiste em que, sob a influência de excitações superficiais muito leves, como um simples roçar, o sopro bucal ou o da mão agitada à distância, produzindo uma leve corrente de ar, provoca-se uma contratura dos músculos submetidos a tal ação".

Essa contratura difere da letargia por vários caracteres.

Em primeiro lugar, como se viu, não é provocada por uma pressão ou malaxação profunda: basta um tenuíssimo abalo à flor da pele.

Em segundo lugar, ela não se resolve por ação análoga sobre os músculos antagonistas; uma excitação, igual à que fez, desfaz. Se por um sopro for obtida, por um sopro se resolve.

Em terceiro lugar, ao contrário do que acontece na letargia, o fato de o paciente acordar, nada influi: a contratura permanece e tende, se não é desfeita pelo mesmo processo empregado para produzi-la, a conservar-se e perdurar.

No estado de sonambulismo, há muitos outros fenômenos psíquicos, que são os mais interessantes. Todo o domínio – não infinito, mas ainda indefinido – da sugestão cabe principalmente nele. Mas os estudos especiais de Charcot relegaram-nos para plano inferior e secundário. Isto lhe valeu poder simplificar os fenômenos do hipnotismo, poder metê-los na ordenação estreita e limitada, com demarcações muito especiais, que nós acabamos de percorrer.

Em 1878, a objeção maior contra o magnetismo era esta: os experimentadores de boa-fé são ingênuos, que se deixam lograr; os pacientes são simuladores. Charcot teve o mérito de destruir essas alegações, exibindo certas experiências exatas e metódicas, que excluíam a hipótese de simulação, forçando assim os incrédulos a confessar a evidência.

O seu erro foi apressar-se em tirar do pequeno estudo de alguns meses, em condições especiais, regras e leis, que logo pretendeu generalizar, com um empenho muito pouco científico.

Hoje, de toda esta classificação, que resta?

Nada. Henri Piéron diz formalmente:

"Há em todo caso uma coisa certa: é que as divisões do trabalho hipnótico são o resultado de uma verdadeira domesticação (dressage). O fato está atualmente confirmado de um modo indiscutível".[4]

Até mesmo se alguma coisa se quisesse guardar dela seria preciso inverter-lhe as fases.

Experimentando com animais, por meio da aplicação de correntes elétricas, Stephane Leduc chegou a resultados muito curiosos. Obteve, primeiro, a letargia, depois a catalepsia e, por último, o sonambulismo.[5]

Essas experiências têm grande valor porque o sábio que as fez é um homem de alto mérito e depois ainda, porque os animais submetidos a elas não estavam sendo sugestionados. Isso parece indicar que, na escala de desagregação crescente da personalidade, a letargia precede a catalepsia e a catalepsia o sonambulismo.

O tiro de honra na importância de Charcot foi dado por Pierre Janet no seu livro – Les médications psychologiques.

Janet praticava na Salpêtrière ao tempo em que Charcot aí fez as suas experiências memoráveis. Convivia com alunos e internos do Hospital, nos seus mais pequenos pormenores.

Ora, ele revela que Charcot nunca hipnotizou ninguém. Ninguém! "Os pacientes que lhe traziam tinham já sido hipnotizados cem vezes por outras pessoas e estavam já adestrados por estas a mudar de estado assim que o professor fizesse um sinal. Charcot limitava-se a fazer o sinal e, quando o paciente parecia estar a obedecer-lhe, estava na realidade sob a dependência de outra pessoa que era o verdadeiro e único hipnotizador. É assim que os primeiros pacientes apresentados a Charcot em estado de hipnose tinham já sido estudados e, por conseguinte, modificados moralmente por vários médicos... Charcot, que na realidade nunca foi psiquiatra, mas anatomista e neurologista, não fazia uma ideia exata de todo o inconveniente que havia nesse modo de proceder, não tinha nenhuma ideia do que deve ser o estado mental de um indivíduo".

Janet que não tem nenhum entusiasmo pela Escola de Nancy, diz, entretanto, lealmente, que na sua pugna com a de Paris, ela é que estava com a razão. O hipnotismo da Salpêtrière era um hipnotismo de cultura.

Por muito que Charcot tenha sido um grande neurologista, é impossível tomá-lo sequer a sério, depois da revelação de Janet.

---

4 *Le Problème Physiologique du Sommeil* – pág. 229.

5 Ver mais adiante no capítulo sobre os processos hipnóticos as experiências de Stepbane Leduc, narradas nos seus dois livros: *Biologie Synthetique e L'energétique de la vie*.

De um lado, homens como Liébeault, como Bernheim, como Forel, como Lloyd Tuckey, como Milne-Bramwell, com dezenas de anos de prática e milhares e milhares de casos, por eles observados; do outro lado, Charcot, não tendo nunca hipnotizado ninguém, mas tendo formulado categoricamente leis soleníssimas, apoiado em doze casos, preparados e quase, por assim dizer, cozinhados por um grupo de internos e estudantes, longe das vistas do professor, nas enfermarias da Salpêtrière.

Para se ver bem como Charcot desconhecia a importância da sugestão, é curioso citar um fato contado pelo grande naturalista inglês Sir Ray Lankester.

No tempo em que a cena ocorreu, Charcot admitia que o ímã podia produzir contrações em histéricas.

Cercado de numerosos alunos e visitas, com a teatralidade que ele gostava de dar às suas lições, o grande médico estava um dia exibindo uma de suas pacientes. Davam a tocar a esta uma barra de ferro e a doente nada sentia; quando, porém, a barra era ligada a uma pilha que a imantava, produziam-se na paciente violentas contrações e ficava insensível, a ponto de nela se enterrarem longas agulhas sem que reagisse de qualquer modo.

A experiência era, entretanto, muito mal feita, porque, depois de ter sido mostrado que a barra não imantada nada fazia, havia uma pausa, todos ficavam em atitude de expectativa e, no silêncio geral, ouvia-se a voz de Charcot comandando a ligação da barra à pilha. Feito isso, ele anunciava o que ia acontecer – e acontecia de fato.

Sir Ray Lankester, que tinha assistido uma primeira vez a toda essa encenação, permaneceu de outra feita no laboratório de Charcot e, aproveitando a ausência de terceiras pessoas, esvaziou a pilha e encheu-a de água, sem contudo nada dizer a ninguém. Deixou, portanto, de haver corrente elétrica.

Não obstante, quando as experiências recomeçaram, as contraturas e a insensibilidade se reproduziram, provando, portanto, que o fato era meramente sugerido por Charcot e pela assistência.

Só depois que esta se dispersou, foi que Sir Ray Lankester referiu a Charcot o que tinha feito.[6]

O Dr. Axel Munthe, grande médico sueco, que estudou em Paris, foi não só discípulo muito distinto, como interno escreveu no seu famosíssimo livro de memórias, publicado em 1930: "As teorias de Charcot, sobre o hipnotismo, impostas pelo grande peso de sua autoridade a uma inteira geração de médicos, caíram em descrédito, depois de ter retardado nosso conhecimento sobre a ver-

---

6 Sir Ray Lankester – Great and small things - pág. 154.

dadeira natureza desses fenômenos por mais de vinte anos. Uma por uma, quase todas as teorias de Charcot sobre o hipnotismo provaram ser falsas".[7]

E ainda: "O valor terapêutico do hipnotismo em medicina e cirurgia não é despiciendo como Charcot disse. Pelo contrário, é imenso nas mãos de médicos competentes com cabeças claras, mãos limpas e um conhecimento da técnica cuidadosamente adquirida".[8]

---

7 Pág. 314 - o livro do Dr. Axel Munthe, The Story of San Michele, teve nos Estados-Unidos algumas centenas de edições durante o ano de 1930.

8 Op. Cit., pág. 315.

CAPÍTULO III

A ESCOLA DE NANCY

Em torno das conferências de Charcot fez-se, como era natural, grande ruído. A verdade dita por um acadêmico de fama e crismada com um nome menos malsoante pareceu mais digna de atenção. E formaram-se logo grupos de estudiosos. Entre estes o mais notável foi o de Nancy; - notável principalmente porque, longe de aceitar como ponto de fé os ensinamentos do célebre professor parisiense, encarou o problema da hipnose por outra face mais larga e resolveu-o por outra forma.

Por mais que se diga que o nosso tempo repeliu o argumento do "magister dixit"[9], como supremo critério científico, é forçoso confessar que nenhum outro predomina tanto, mesmo nas classes cultas. A discussão entre as escolas de Paris e Nancy serve, neste caso, de magnífico exemplo. Foi unicamente o nome, o prestígio pessoal de Charcot, que logrou sustentar por algum tempo as asserções fundamentalmente errôneas da Salpêtrière, hoje afinal despidas de qualquer valor.

Certo, o nome de qualquer grande experimentador deve valer pelos seus precedentes científicos, como o nome de qualquer homem de bem, honesto e sério, vale em coisa de honra também pelos seus precedentes. Mas o que serve para cortar as discussões científicas, deve ser a Experiência. Ela, como método impessoal, sobrepuja todos os critérios individuais, ainda os mais habitualmente seguros.

Na questão das duas escolas de Nancy e da Salpêtrière, o que havia era isto: - de um lado Charcot, que nunca por si hipnotizou pessoa alguma, tendo estudado a questão apenas durante meses, em três ou quatro pacientes todos atacados de histeria e tirando logo leis e conclusões absolutas; - do outro lado, o dr. Liébeault, que a estudava havia vinte anos, que publicara em 1889 um livro notável sobre o assunto e que desde antes de 1860 praticava diariamente o hipnotismo na sua clínica, tendo, portanto, lidado já com milhares de pacientes.

O paralelo era esmagador, postas de parte as considerações espetaculosas do oficialismo.

---

9 *O mestre o disse*. Expressão em Latim utilizada para colocar fim a uma questão.

De mais, Liébeault não era um charlatão como Mesmer, nem um entusiasta de pouca ciência como Puységur. Era um homem modesto e retraído; mas de segura intuição científica. Como médico, fora tentado a experimentar o braidismo. A prática convenceu-o da sua veracidade. E, desde então, sem bulha nem espalhafato, adotou-o na sua clínica. Todos os dias passavam por ela homens e mulheres do povo, gente de todas as classes sociais. Não havia o *baquet* nem a casaca de seda cor de lilás de Mesmer. E como nesse tempo o hipnotismo não era bem visto, o dr. Liébeault passava aos olhos de muitos dos seus colegas por um inofensivo maníaco.

Mas essa mania – que era a da Verdade – levou-o a observar minuciosamente os fenômenos que todos os dias desfilavam diante dos seu solhas. E, ao cabo de oito anos de estudo, publicou afinal um livro criterioso, cheio de asseverações fundamentadas e justas, em que expunha o seu modo de ver, muito aproximado do de Braid, porém, mais ao corrente dos fenômenos, que ele experimentara melhor que o médico inglês.

É interessante saber quantos exemplares se tinham vendido desse livro até 1878: - Um! - Depois, ele já mereceu numerosas edições, está traduzido em várias línguas, e afinal fez-se justiça ao laborioso e modesto sábio.

Em torno de Liébeault se agrupou a chamada escola de Nancy, da qual o mais eloquente vulgarizador foi o professor Bernheim.

Bernheim tinha sido levado a estudar o hipnotismo por causa de um fato de sua clínica. Um doente, que sofria de uma ciática rebelde, foi procurá-lo. Ele o tratou durante seis meses. Esgotou para isso todos os recursos terapêuticos. No entanto, não obteve resultado algum.

Desiludido, o doente, algum tempo depois, foi consultar Liébeault. No dia seguinte; apareceu a Bernheim, perfeitamente bom. Este, como era natural, ficou surpreendido e quis frequentar a clínica do seu velho e modesto colega. Os fatos a que aí assistiu o converteram. Se para os experimentadores da Salpêtrière o hipnotismo era uma nevrose peculiar aos histéricos e com três fases nítidas e características, para os de Nancy nem o hipnotismo é uma nevrose, nem é peculiar aos histéricos, nem apresenta as três fases tão miudamente descritas por Charcot.

Para eles a única coisa que há em todo esse conjunto de fenômenos é a Sugestão. Os fenômenos e os processos para a sua obtenção derivam apenas dessa única.

E que é a sugestão? Os adeptos de Nancy respondiam: "O ato pelo qual se faz aceitar pelo cérebro uma ideia qualquer". Quando esta ideia chega a uma certa intensidade, ela tende a realizar-se. Assim, se nós pensamos em agitar o braço, se pensamos nisso sem cogitar nem dos inconvenientes que tal ato possa ter, nem de nada, absolutamente nada mais, - o movimento efetua-se. No hipnotismo, se o sono vem, é porque a ideia de sono é a única que em dado momento enche o cérebro com exclusão de qualquer outra.

Há um certo estado fisiológico em que, na absoluta inércia intelectual, toda ideia que aparece, toma logo extraordinário vulto, adquire uma força estranha e irresistível. Esse estado, provocado artificialmente, constitui o hipnotismo, que, portanto, no dizer dos estudiosos de Nancy, aproxima-se mais do sono normal do que de qualquer estado patológico.

A analogia com o sono é patente. Nele também as nossas ideias são por tal modo vivas e acentuadas, que se convertem em alucinações.

No estado de vigília, quando nós pensamos em qualquer pessoa, o seu nome não a evoca diante de nós tão nítida e precisamente, que a possamos confundir com um indivíduo que esteja realmente em nossa presença. O mesmo não sucede, porém, nos sonhos; aquilo que nos passa pelo cérebro, passa como um desdobramento de cenas reais, nítidas, vividas; são verdadeiras alucinações. Apenas o que há é que no sono esses pensamentos, essas imagens, essas alucinações partem espontaneamente ao próprio indivíduo e como se não obedecessem nem a regra, nem a método, com interrupções, que parecem extravagantes e bruscas, embora se subordinem a certas leis naturais. No hipnotismo, as ideias do indivíduo são sugeridas pelo operador. É ele quem as provoca, é ele quem desperta a inércia intelectual do paciente, lançando-lhe, por assim dizer, o germe das suas alucinações, das suas ideias, quase que se diria: dos seus sonhos.

Como se faz essa sugestão.

De mil modos, consciente e inconscientemente. Basta que a ideia chegue ao cérebro do indivíduo e que este a aceite para tudo estar feito.

É claro que o melhor processo é a voz. Se o operador diz ao paciente que este vai dormir, que os olhos se lhe estão cerrando, que as pálpebras já não se podem abrir, ele lhe vai sugerindo o sono.

Mas a voz não é indispensável. Quando, por exemplo, a um hipnotizado se levanta o braço, mantendo-o em posição horizontal por algum tempo, o que surge no cérebro do paciente é a ideia de que, se o operador colocou o braço assim é porque quer que ele permaneça desse modo. E o braço aí fica, obtendo--se um dos fenômenos que Charcot considera somático da catalepsia e que para Bernheim entra na grande categoria dos fenômenos sugestivos, não servindo, portanto, como característico de uma fase qualquer.

O hipnotismo provocado pela fixação de um ponto luminoso é ainda explicável pela sugestão. De fato, com a fixação, os olhos se cansam, as pálpebras tendem a fechar-se pelo cansaço dos músculos orbiculares e, como esse é um dos sintomas de sono, a ideia associada encadeia-se e aparece.

As vezes, em frente de um hipnotizado, o operador faz certos gestos ou atos que o paciente interpreta a seu modo e executa de acordo com a interpretação que lhes deu: e o operador, não compreendendo a associação de ideias que os produziu, julga-os espontâneos.

Se, por exemplo, se trata de limpar a boca do paciente e se se utiliza para isso de um lenço onde haja um perfume qualquer, o aroma pode provocar a alucinação de uma flor, de um jardim. Assim, do mais vago indício o paciente tira, por vezes, conclusões pessoais inesperadas. O que ele, porém, quase sempre procura é satisfazer o operador. Neste empenho consegue, por vezes, fatos maravilhosos, que parecem de admirável adivinhação.

Por isso os hipnotizados, mormente quando servem habitualmente com o mesmo operador, chegam a uma perspicácia inacreditável na decifração das suas menos expressas intenções. Uma palavra sussurrada em voz baixa, a grande distância, um movimento, qualquer coisa em suma, tudo lhes é bastante para penetrarem o pensamento do operador e executarem-no.

Para se arredar das experiências de hipnotismo a influência oníimoda da Sugestão é preciso ter as cautelas, que se têm em medicina, com os micróbios: estabelecer uma espécie de assepsia psíquica.

Assim como os cirurgiões manifestam um certo terror pelo Micróbio, entidade quase fantástica e intangível, onipresente nas mãos, nas roupas do médico e do doente, na água e no ar, em tudo enfim, - assim, se deve prever sempre a influência sugestiva, no operador, nos circunstantes, em todas as condições e ocorrências cambiantes.

O símile é perfeitamente exato.

E foi, todavia, contra essa sugestão, tão difícil e tão poderosa, que Charcot não soube ao princípio acautelar-se.

Bastava, entretanto, tendo obtido determinados fenômenos sobre um paciente, que ele manifestasse diante de outro a esperança de ver reproduzirem-se os mesmos fatos, para que esses fatos, independentemente de qualquer característico da hipnose, só pela sugestão, se realizassem.

E foi, muito naturalmente, o que ocorreu.

Hoje os experimentadores já sabem levar em conta essa influência. No tempo, porém, em que o ilustre neurologista francês fez os seus primeiros estudos, não se dava importância quase nenhuma a esse fator. Compreende-se, portanto, que num hospital, onde tudo se vê, se sabe e se comenta, os primeiros fatos fossem logo conhecidos e, uma vez obtidos certos fenômenos, tendessem, por simples imitação, a reproduzir-se.

Os que nunca praticaram o hipnotismo, não calculam, não podem avaliar como esse contágio do exemplo é quase fulminante. Que um paciente faça tal ou qual coisa diante de dez outros, logo esses todos a copiarão exatamente, sem precisar aliás nova solicitação da parte do operador: tudo parece espontâneo e natural.

Pois bem, Charcot não soube guardar-se desse contágio, sobre o qual a escola de Nancy teve o mérito de chamar a atenção, de um modo decisivo. Esse foi um dos grandes erros da Salpêtrière, erro até certo ponto desculpável, porque se tratava de fenômenos pouco estudados e cuja técnica experimental não podia ainda estar firmada.

Mas outro houve que tem menos desculpa.

Por uma circunstância especial, Charcot estava à frente de uma clínica exclusivamente reservada a moléstias nervosas em geral e em especial a histeria. Tendo de estudar fatos novos que desconhecia quase completamente, estudou-os só em histéricas.

Como e porque concluir daí para generalizar? Evidentemente não foi científico esse processo. Seria necessário observar não só em histéricas como em indivíduos sãos e atacados de outras moléstias. E, se ficasse demonstrado que só as histéricas eram hipnotizáveis, muito bem! esse princípio ressaltaria triunfante. Ao invés disso, o grande médico estudou os novos fenômenos unicamente em histéricas e como muito naturalmente os fenômenos peculiares ao hipnotismo vieram confundidos com os caracteres da histeria. Charcot também os confundiu e pretendeu firmar como lei que só os histéricos eram capazes de manifestar o hipnotismo em toda a sua pureza clássica! E chamou ao seu o Grande Hipnotismo!

Calcule-se o diretor de um hospital de diabéticos que tivesse a intenção de escrever uma patologia das úlceras. Ora, as úlceras nos diabéticos são geralmente mortais; oferecem, portanto, uma gravidade bem maior do que na generalidade dos outros casos. O digno diretor indicaria com toda a precisão as fases dessas úlceras, terminando pela morte. E concluiria que esse era o tipo das úlceras. Naturalmente lhe objetariam que as úlceras em todos os outros indivíduos, que não são diabéticos, oferecem caracteres diversos, diversa marcha, fins muito vários e diferentes. Admite-se que esse sábio objetivasse que as suas eram as "Grandes úlceras" e todas as outras eram formas truncadas e insignificantes? Compreende-se que, forçado a mencionar a imensa maioria de casos que não cabiam na sua classificação arbitrária, ele chegasse a dizer que todo indivíduo que tem uma úlcera é mais ou menos diabético?

Pois bem; tudo isto, que é absurdo, tudo isto a Escola da Salpêtrière fez.

Quando ela declarou que só os histéricos eram hipnotizáveis, Liébeault garantiu que ele, que há vinte anos praticava diária e correntemente o hipnotismo, o tinha aplicado a milhares de indivíduos absolutamente isentos de qualquer tara histérica: homens do povo, rudes, robustos, sadios, mulheres sem o menor indício de sofrimento nervoso, gente de todas as classes, de todos os temperamentos, fortes e fracos, anêmicos e sanguíneos. Nunca notara a exclusiva possibilidade de influenciar os histéricos.

A isto objetaram os discípulos da Salpêtrière que todos esses que ele tinha hipnotizado eram mais ou menos histéricos: os que ainda o não haviam revelado, revelariam mais tarde; tinham predisposição para isso... Portanto, ou eram, ou iam ser, ou – quando de todo era difícil achar a proteiforme histeria – tinham, pelo menos, tentativas de intenção de vir a tornar-se histéricos!

Cuidar-se-á talvez que neste livro se está resumindo levianamente um debate sério, em que se envolve o nome de um sábio. Não é assim. Os argumentos apresentados não têm nada de mais sério do que aí ficou dito. É a obstinação infeliz de uma vaidade, que, por ser natural nos outros homens, nem por isso deixa de existir mesmo nos sábios, os quais, pelo contrário, dão dela, infelizmente, frequentes provas. A história da ciência está cheia de fatos assim.

As afirmações da Salpêtrière sobre a só hipnotizabilidade dos histéricos estão desmentidas em toda parte. "Fora de Paris – escreveu o ilustre professor belga Delboeuf – o conflito já está julgado. A Escola de Salpêtrière está morta". Ela fez ainda na sessão da Sociedade de Hipnologia, de 20 de janeiro de 1891, um simulacro de defesa por intermédio do dr. Babinski. Este viu-se obrigado a sustentar que 72 doentes que se achavam no mesmo dia na clínica do Professor Bernheim eram todos histéricos, pois que o professor Bernheim a todos tinha hipnotizado! No Congresso de Psicologia Fisiológica, em 1889, o professor suíço Forel, que dirigia um importante asilo de alienados em Zurich, pronunciou numa discussão a tal respeito as seguintes palavras:

"Sou obrigado a protestar contra a proposição do dr. Janet que quer levar o hipnotismo para a histeria. É absolutamente inexato. Para não falar dos drs. Liébeault e Bernheim, de Nancy, eu quero lembrar que Wetterstrand hipnotizou 4.000 pessoas em Stockolmo, no espaço de três anos, e os refratários constituíram rara exceção. Os enfermeiros e enfermeiras do meu asilo de Zurich são quase todos muito sugestionáveis, mesmo no estado de vigília, alucináveis. E o sr. Janet há de concordar que eu não vou escolher histéricos para enfermeiros de um asilo de alienados".

Na Alemanha, na Inglaterra, na Suécia, na Holanda, em toda parte onde se pratica ativamente o hipnotismo, os experimentadores, seja qual for a doutrina que apregoem, são concordes em negar as afirmações da Salpêtrière. Nem Forel, nem Moll, nem von Rentherghem, nem von Eeden, nem Lloyd Tuckey, nem Milne Bramwell nem Wetterstrand descobriram as célebres fases, produzidas espontaneamente sem sugestão. A soma das experiências de todos esses médicos, eleva-se a dezenas de milhares de casos. Em contraste, é curioso saber quantas histéricas durante um período de dez anos, conseguiram apresentá-los na própria Salpêtrière, onde certamente se emprega toda a boa vontade em descobri-las. Doze!

Pitres, um dos grandes discípulos de Charcot, tendo também às suas ordens, em Bordeaux, uma numerosa clínica, foi ainda mais infeliz: confessou que nunca achara ninguém com sintomas exatos do hipnotismo clássico.

Neste caso, a questão de número tem uma grande importância. É a média dos exemplos de tal ou qual fenômeno, que constitui a sua forma clássica. Assim, em face desta monstruosa desproporção, as afirmações da Salpêtrière, que só podiam ser exatas para as histéricas, - nem para elas o são!

Para concluir a exposição desta polêmica, convém dizer, por que motivo foi necessário insistir na sua exposição. Em primeiro lugar, porque no histórico do hipnotismo ela ocupa uma parte proeminente; todos os volumes escritos sobre o assunto discutem-na com largueza. Em segundo lugar, porque as conclusões teóricas e práticas do debate têm um largo alcance.

Pelo lado teórico, a Sugestão oferece uma base fisiológica clara e definida (Heidenheim, Brown-Séquard, Liébeault, Wundt, etc.), ao passo que o hipnotismo histérico, o hipnotismo nevrose, não se entende, não explica coisa alguma.

Para a Escola da Salpêtrière o hipnotismo é uma nevrose provocada análoga à histeria, da qual constitui uma das manifestações.

Ora, apesar do estudo da histeria já estar bastante adiantado, força é confessar que ela ainda se acha muitíssimo longe de ser profundamente conhecida nas suas causas e na sua marcha, tão incertas, que afinal não se sabe onde começa e onde acaba, afora uns casos clássicos, também estudados por Charcot e também contestados como um histerismo de cultura. De que adianta, pois, juntar a inexplicada hipnose à inexplicada histeria? É juntar um cego a outro para que procurem melhor o seu caminho! É complicar inutilmente as coisas, fingindo explicá-las.

Assim, do ponto de vista teórico, é manifesta a inferioridade da Escola da Salpêtrière.[10] Do ponto de vista prático – não o é menos. Se, de fato, a hipnose não passasse de um fenômeno histérico, é claro que ela não poderia entrar na clínica, como um método terapêutico de uso geral e constante para uma infinidade de moléstias perfeitamente alheias a qualquer fundo neurótico. Isto, porém,

10 Um autor Inglês, aliás a muitos respeitos excelentes, William Brown – (*Talks on Psychotherapy*, pág. 29) é um dos raros que ainda hoje se dizem partidários da escola da Salpêtrière, de acordo com Pierre Janet. Mas essa declaração chega (1923) quando o próprio Janet já confessou que a escola de Salpêtrière foi vencida... Para aderir a ela o dr. William Brown deverá começar ressuscitando-a...

está largamente desmentido. O exemplo dos trinta e tantos anos de clínica do dr. Liébeault, os livros de Bernheim, de Fontan et Ségard, de Cullerre, de Lloyd Tuckey, onde as aplicações práticas abrangem quase todo o campo da patologia interna e até externa; os milhares de doentes hipnotizados por Wetterstrand, em Stockolmo; a clínica de psicoterapia sugestiva de von Renterghem e von Eeden, em Amsterdã; a do dr. Jong, na Holanda, que em 2000 casos só teve três refratários; tudo isto prova o absurdo dos teoristas de Salpêtrière, que chegam a assimilar peremptoriamente histeria e hipnotismo. Se assim fosse, no caso, por exemplo, do dr. Jong, era forçoso confessar que de dois mil doentes, afetados de todas as moléstias imagináveis, 1997 eram histéricos. A conclusão é monstruosa; equivale a dizer que toda a gente é histérica e o termo histeria perde assim toda a possível significação científica, tanto mais quanto a proporção do dr. Jong é muito menor nos outros experimentadores, pois que Liébeault dá uma proporção de 93 por cento de indivíduos influenciáveis e outros médicos não andam longe dela. O fato, portanto, ocorre em toda a parte: é em Nancy, na Suécia, na Holanda... Será o universo inteiro uma vasta Salpêtrière?

Mas uma conclusão curiosa se depreende dos trabalhos de quase todos: é que os histéricos não são os melhores pacientes. Pelo contrário, são às vezes, os que resistem mais à influência hipnótica.

Forel, cujo testemunho, por valioso e competente, tantas vezes temos invocado aqui, analisa o caso com perfeita lucidez: "É com o cérebro que se opera para realizar fenômenos hipnóticos e os cérebros são tanto mais fáceis de impressionar quanto são mais sadios". Os cérebros dos histéricos, agitados e volúveis, cheios de caprichos, repelem às vezes as sugestões, ao passo que o mesmo não acontece em geral com os indivíduos não neuróticos, que pensam com lucidez, com clareza, sem complicações bizarras, sem as verdadeiras depravações intelectuais dos neuróticos em geral.

Compreende-se, mesmo a priori, depois de exposta a teoria da sugestão, que assim deve ser. Todo o segredo dela está em fazer o paciente concentrar todo o seu esforço intelectual sobre uma ideia. Se, porém, o paciente é incapaz disto, se o seu espírito não consegue repousar por momentos, firmando a atenção num ponto, evidentemente torna-se difícil ou impossível hipnotizá-lo. Por isto, salvo em casos insignificantemente restritos, o hipnotismo não parece muito aplicável aos loucos, cuja mobilidade de pensamento é quase impossível dominar. A não ser estas exceções, pode formular-se como regra que toda gente é mais ou menos hipnotizável, assim como toda gente, mais ou menos, pode hipnotizar.

Não há nisto exagero; o hipnotismo é um conjunto de processos relativamente fáceis e ao alcance de todos. Conseguir a maioria dos seus fenômenos, qualquer pessoa pode. A dificuldade está em aplicá-los com perícia e em não curar um mal, causando outros maiores ainda. Para isto, não é, entretanto, necessária toda a ciência médica. Um certo conhecimento de fisiologia e psicologia, aplicado com critério, é muito bastante, ao menos para as sugestões gerais, necessárias na maioria dos casos.

Raramente, porém, se consegue obter todos os fenômenos numa primeira hipnotização. Em geral, eles se vão desenvolvendo pouco a pouco, por uma cultura gradual.

Quais os que aparecem primeiro? Não há nisto regularidade alguma. Há indivíduos fáceis de alucinar e que, entretanto, não perdem facilmente a memória. Há outros que, apesar de um sono profundo e de perderem a memória, não aceitam certas sugestões; há, em suma, a mesma complicação que os indivíduos sãos oferecem no estado normal. Através de toda ela, podem, porém, estabelecer-se classificações mais ou menos arbitrárias, só para metodizar o estudo.

Como é natural, há diversas. A de Charcot nós já vimos; mas essa tem a pretensão de não ser um simples processo metódico. Tirado ao hipnotismo o seu caráter de neurose histérica, ela perde toda a importância. A classificação da Salpêtrière está para as demais, como a classificação das ciências de Augusto Comte está também para as outras, pois que, sem se admitir a irredutibilidade dos fenômenos das sete categorias estatuídas pelo Positivismo, ela passa a ser uma simples ordenação lógica feita sob o critério da complexidade crescente, critério bem escolhido, mas arbitrário.

Entre as classificações apresentadas quase portanto, que se pode tomar ao acaso: são todas mais ou menos boas; sistematizam um pouco os fenômenos apresentados, sem nada de fixo e dogmático. Entre cada grau e o seguinte há pontos intermediários. Para citar algumas dessas classificações vamos traduzir a que apresenta o professor Bernheim que é, aliás, a que o professor Grasset considera "clinicamente a melhor":

"Primeiro grau: - O paciente não apresenta nem catalepsia, nem alucinabilidade, nem sono propriamente dito. Ele diz ou que não dormiu ou que sentiu apenas um torpor mais ou menos pronunciado. Pode-se, entretanto, obter uma certa sugestibilidade: consegue-se provocar, por exemplo, uma sensação de calor em determinada região do corpo; obtém-se a desaparição de certas dores e determinam-se efeitos terapêuticos manifestos.

Segundo grau: - Mesma aparência que no seu anterior; mas já o paciente não pode abrir os olhos espontaneamente, quando alguém o desafia a fazer isso. Neste grau, a influência é manifesta.

Terceiro grau: - O paciente fica na posição lembrada ou sugerida pela palavra, até que o hipnotizador o provoque a que saia dela . Dada a provocação ele faz um grande esforço sobre si mesmo e consegue sair. A atitude passiva se mantém por inércia, enquanto não se faz apelo à vontade entorpecida. Entorpecida, mas não impotente.

Quarto grau: - Bem definido pelo seu nome: catalepsia sugestiva irresistível, como impossibilidade para o paciente de sair da posição provocada. Pode-se forçar o paciente a reconhecer essa impossibilidade.

A essa catalepsia sugestiva se acrescenta às vezes a possibilidade de imprimir, principalmente aos membros superiores, um movimento rotatório automático, que continua por muito tempo ou mesmo indefinidamente. Esse movimento se consegue ou por sugestão verbal ou por um primeiro impulso mecânico.

Quinto grau: - Além dos sinais precedentes, possibilidade de contraturas por sugestão. Desafia-se o paciente a que dobre o braço, abra a mão, abra a boca – ele não consegue.

Sexto grau: - Obediência automática. Enquanto não se lhe diz nada, o paciente conserva-se inerte e passivo. É por sugestão que se faz que ele se levante, ande, pare e fique como que pregado no chão, quando se diz que não pode mais adiantar-se.

Nos graus seguintes a influência hipnótica é muito mais evidente; há amnésia ao despertar, amnésia que pode ser mais ou menos completa.

Sétimo grau: - Amnésia ao despertar, com ou sem os sintomas dos graus inferiores; mas com ausência de alucinabilidade.

Oitavo grau: - Mesmos caracteres que no anterior, porém havendo a mais a possibilidade de se sugerirem alucinações durante o sono. Só durante o sono.

Nono grau: - Idêntico ao anterior, mas com a possibilidade de se sugerirem alucinações para depois que a pessoa acordou (pós-hipnóticas).

Estas alucinações são mais ou menos completas, mais ou menos nítidas. Às vezes se conseguem para certos sentidos, como, por exemplo, o olfato e o ouvido, e não para outros, como a vista. Em muitas pessoas todas as alucinações, mesmo as mais complexas, são realizadas com perfeição. Também neste particular seria possível estabelecer numerosos graus, conforme o poder de representação mental de cada pessoa que evoca as imagens tom maior ou menor nitidez e brilho. Bernheim acrescenta este último reparo de ordem geral: "anestesia ou analgesia sugestiva mais ou menos completa pode encontrar-se em todos os graus de hipnose: ela é em geral mais frequente e acentuada nos pacientes dos últimos graus, os do sonambulismo profundo, que são muito alucináveis."

Como se vê, a diferença é enorme entre esta classificação e a da Salpêtrière. Mas resta uma dúvida: no correr de toda ela não se falou nos sintomas da hiperexcitabilidade neuro e cutano-muscular. Acaso não existirão?

Existem.

Por mais que Charcot e os seus discípulos se pudessem enganar, quanto à interpretação do conjunto dos fenômenos, não é possível acreditar que descrevessem tão minuciosamente coisas que não existiam. E é por isso mesmo que, batidos em toda a linha, apegaram-se a este derradeiro esteio, mostrando que, por sugestão, não se consegue obter a hiperexcitabilidade muscular, de que, tanto cabedal fazem. Daí partiram para esta conclusão, evidentemente despropositada: se o hipnotismo obtido por sugestão em indivíduos que não são hístero-epiléticos não consegue reproduzir certos fenômenos, é porque esse não é o Grande Hipnotismo, não apresenta o tipo perfeito da hipnose; é uma forma frustrada e incompleta!

Só uma aberração de raciocínio podia levar a semelhante afirmativa. A resposta já está incluída na esdrúxula proposição. Que o hipnotismo de certos hístero-epiléticos difira do hipnotismo dos indivíduos normais nada há nisso de extraordinário; mesmo sem hipnotismo, eles já diferem profundamente. Pode-se, portanto, dizer que o apregoado sintoma é, no hipnotismo, um fenômeno intercorrente da histeria; mais nada.

Retomando a nossa comparação do princípio deste capítulo, podemos dizer: se as úlceras são mortais nos diabéticos não é porque essas úlceras sejam típicas. Pelo contrário: isso mostra que elas constituem a exceção, tanto que ocasionam um resultado que raramente se dá nos indivíduos normais e ocorre apenas quando coincidem com uma moléstia perfeitamente distinta, que nesse caso lhes empresta estranha gravidade.

Babunski, outro dos mais ferrentes discípulos de Charcot, fez ainda uma objeção: como se pode reconhecer a simulação, na hipnose sugestiva, mormente nos graus mais leves e inferiores?

É uma pergunta que nos atira sessenta anos atrás, e cuja razão de ser não se compreende, formulada por um médico.

Antes de tudo, é preciso ter sempre no espírito esta verdade: o hipnotismo deve ser empregado essencialmente como um processo curativo, que acidentalmente pode servir para fazer certos estudos psicológicos e experimentais: mas isto ao mesmo título que qualquer outro medicamento. Moreau (de Tours), por exemplo, fez experiências de gênero análogo com o haxixe, outros as têm feito com o álcool e com diversas substâncias, cujo fim principal não é, entretanto, esse. Assim, - a que vem esta questão de simulação com o uso de um medicamento?

Compreende-se que o hipnotismo quando foi um processo de formação de entes estranhos, proféticos, maravilhosos, devesse apresentar provas muito rigorosas da sua veracidade; compreende-se mesmo que, quando, menos vizinho do sobrenatural, mais ainda bastante estranho, ele não era geralmente admitido, essa necessidade subsistisse. Hoje, porém, isso passou. Ele entrou na prática médica como um elemento vulgar, como um simples e burguês medicamento, que não se assimila pelo estômago, mas que se toma pelo cérebro em sugestões, mais ou menos habilmente feitas e cuja realidade se aprende sem o menor embaraço.

Todos os anos aparecem novas propostas de medicamentos não usados ainda. As primeiras experiências fazem-se com desconfiança e cautela. Se, porém, a coisa prova bem, adota-se e ninguém mais cogita da simulação. O mesmo ocorreu com o hipnotismo. Hoje, se um indivíduo tem uma nevralgia e, ou se lhe dá um pouco de aspirina ou uma sugestão hipnótica, desde que ele garante que não sente mais nada, devemos supor que, de fato, assim é. Se não for, pior para ele, que está mentindo; mas isso não é um argumento: será apenas contra a boa-fé do paciente. E é com esta que sempre devemos supor lidar.

Em experiências acidentais, que constituem não o fim principal, mas uma aplicação excepcional do hipnotismo, será então ocasião de procurar meios também excepcionais de verificação da verdade. Disto não pode cogitar uma classificação de estudos normais, feita unicamente como uma base racional e metódica de estudo.

Todos sabem como, em geral, as classificações são arbitrárias e destituídas de importância. As dos estados hipnóticos estão bem nessas condições.

Cada paciente hipnótico é um caso à parte.

Deve-se sempre partir deste ponto de vista: o hipnotismo é um meio de ação sobre o cérebro. Consciente e Inconsciente – tudo pode ficar sob sua dependência. Acham-se doentes nos quais é facílimo agir sobre certas riamente [sic] à vontade e nos quais, entretanto, o hipnotizador nada consegue sobre a esfera emotiva. Acham-se outros em condições inteiramente opostas.

Um provérbio espanhol diz: "Cada hombre es un mundo". É o que sucede com os hipnotizados. Nunca, de antemão, ninguém sabe o que vai e o que não vai conseguir. Só se poderia obter uma classificação exata dos hipnóticos, se houvesse também uma classificação precisa, exata, objetiva, das funções cerebrais. Enquanto não se chegar lá, é preciso considerar as classificações hipnóticas simples arrumações teóricas dos fatos, para facilidade do estudo.

Os que acharem, por isso mesmo, que a de Bernheim, acima citada, é ainda assim muito complicada, podem ficar com a de Forel, que se limita a três graus:

1) Sonolência. A pessoa ligeiramente influenciada pode resistir à sugestão pelo exercício da sua energia e pode abrir os olhos.

2) Ligeiro sono, também chamado hipnotaxis ou "charme". Aqui a pessoa influenciada não pode mais abrir os olhos e é obrigada a obedecer a algumas ou a todas as sugestões, mas sem perda de memória. Ela não se torna amnésica.

3) Sono profundo ou sonambulismo. É caracterizado pela perda da memória ao despertar.[11]

---

11 Forel – Hipnotism – translated from the 5th. German edition – pág. 85.

CAPÍTULO IV

O ESTADO DE SUGESTIBILIDADE

O hipnotismo foi algum tempo uma questão de moda. Mas, como alguém já fez notar, as más companhias tanto prejudicam os indivíduos como as teorias científicas.[12] Foi assim que aplicações das melhores observações astronômicas e interpretações fantasistas sobre a adivinhação do futuro, conseguiram, durante séculos, desacreditar aquelas observações. Os exageros charlatanescos, não só dos mesmeristas como mesmo de muitos hipnotizadores, fizeram com que o hipnotismo fosse saindo da prática corrente. Por isto, hoje, apenas raros especialistas o empregam com grande frequência. Presta-se mais atenção à psicanálise do professor Freud.

Sem entrar aqui no paralelo entre o hipnotismo e a psicanálise, paralelo que faremos mais longe, em um capítulo à parte, basta assinalar apenas que constituem métodos de ação sobre o Inconsciente. E a este propósito vale a pena mostrar o que se tem atualmente como certo sobre o hipnotismo. O tempo permitiu joeirar o que havia de bom e de mau nas lições da Salpêtrière e de Nancy.

As nossas funções psicológicas podem dividir-se em duas categorias, uma alta, que Grasset chama o psiquismo superior e outra, menos elevada, que se chama o psiquismo inferior.

Alguns exemplos mostrarão melhor a distinção entre os dois.

Uma pessoa, que está lendo em voz alta, pode distrair-se, pensando em coisa inteiramente alheia ao assunto da leitura. Chegada ao fim desta, não saberá absolutamente nada do que acaba de dizer em voz alta. No entanto, a sua leitura se fez de um modo inteligente. Respeitou a pontuação, deu as inflexões necessárias às frases. Apesar disso, todo esse trabalho se executou inconscientemente, porque o centro da consciência estava cogitando de preocupação absolutamente estranha ao texto que os olhos percorriam.

É bom examinar de perto a complexidade imensa dos fenômenos que naquele exemplo se desenrolavam inconscientemente. Eram fenômenos de tato, pois a pessoa podia estar sustentando o livro ou jornal onde fazia a leitura. Eram

---

12 Joseph Jastrow – Fact and fable in psychology – pág. - 251.

fenômenos auditivos. Eram fenômenos intelectuais, de associação de ideias, pois que, só conhecendo e sabendo o que significavam as palavras, o leitor por aí modificava a inflexão da sua voz.

Tudo isso, entretanto, se passava no psiquismo inferior. As faculdades mais altas, desinteressadas de tal trabalho e ignorando-o, absorviam-se durante esse tempo em outra cogitação. Essas faculdades mais altas, é que constituem o psiquismo superior.

Pensem ainda em outro exemplo. Uma moça, tocando piano e cantando, fita o namorado, cujos olhares ela segue ciumentamente, porque o supõe entretido a cortejar outra mulher.

Pianista e cantora, deve seguir simultaneamente três pautas de música, nas quais os diferentes sinais mudam de valor a cada instante, com a clave, os sustenidos, os bemóis, os bequadros. Interpretando esses sinais, tem de comandar os movimentos dos pés, calcando ora o pedal, ora o abafador. Cantando, de acordo com a terceira pauta, precisa graduar a emissão de voz e dar a inflexão que pede a compressão do texto.

No entanto, durante todo esse tempo, pode estar apenas pensando conscientemente na possibilidade de perder o homem que ama, no desejo de vingar--se da mulher que detesta.

Estes exemplos mostram que todos os fenômenos intelectuais, mesmo os mais complexos, se podem executar sem o auxílio da consciência.

No caso citado da cantora e pianista, é bem evidente que ela só pôde chegar àquela inconsciência depois de uma longa aprendizagem consciente. Quando fazia os seus primeiros estudos de piano, não podia subdividir a atenção. Tinha necessidade de concentrá-la, guiando penosamente o movimento de cada um dos dedos. Mais tarde, quando quis cantar, teve também de voltar para essa operação toda a sua capacidade intelectual. Por fim, no entanto, chegou então ao automatismo psicológico, que lhe permitiu fazer inconscientemente todas as operações, enquanto o seu psiquismo superior se absorvia em preocupações de natureza muito diversa. É bom, porém, não supor que o psiquismo inferior só se possa ocupar com questões já por ele conhecidas e que tenha apenas de repetir automaticamente.

A história, não só das ciências, como da literatura e das belas-artes, refere numerosos casos de sábios e artistas, que se preocupavam inutilmente na pesquisa de certos resultados. De súbito, porém, a solução lhes aparece – perfeita e acabada. Toda uma elaboração pôde assim ser executada inconscientemente, sem que eles se apercebessem do que ia sendo levado a termo. Só quando este altíssimo trabalho de invenção estava completo; foi que a consciência teve dele noção.

E é por isso que a designação de "inferior", dada ao psiquismo que se passa fora da consciência, não deve ser tomada muito ao pé da letra.

O grande clínico francês, que foi também um psicólogo de valor, o Professor Grasset, fez aceitar um esquema, que pode servir para o estudo dessa questão.

Grasset supõe, no alto, um centro, o que chama *O*. É o centro da consciência, da vontade. Abaixo dele estão os centros da vista, da audição, da olfação, da gustação, do tato e da motilidade. A reunião destes constitui o que o Professor Grasset designa sob o nome de polígono.

Praticamente, no seu esquema, o centro *O* é como um cocheiro, que guiasse vários animais atrelados a um carro: das mãos do cocheiro partem as rédeas para os vários centros do polígono.

O polígono – isto é, todas as funções que se podem exercer automaticamente, sem a intervenção da consciência e da vontade, – constitui a seu ver, o psiquismo inferior. O centro *O* é o do psiquismo superior. É o que ocorre não só nos exemplos acima citados, como em numerosos outros que sobrevêm a cada instante, exemplos em que continuamos a praticar atos muito complexos, inconscientemente, - enquanto, conscientemente, pensamos em coisas inteiramente diversas daquela que fazemos.

São casos que se pode dizer que o cocheiro *O*, entretido, deixa as rédeas caírem e os animais puxam o carro para onde querem.

Grasset diz que no hipnotismo, isto é, no estado de sugestibilidade, o que se passa é que o centro *O* do operador toma conta do polígono do paciente hipnotizado. O paciente deixou a direção do seu carro. Um cocheiro estranho arrancou-lhe das mãos as rédeas e dirige tudo, à sua vontade.

Para os que admitem a existência da alma e lhe dão a direção do nosso organismo é como se a alma do hipnotizador tomasse, durante algum tempo, conta do corpo do paciente.

O Prof. Grasset assegura, entretanto, que o seu esquema corresponde a uma real divisão anatômica: que há de fato, não só as localizações cerebrais dos diferentes centros dos polígonos, como a localização do centro do psiquismo superior, - centro da consciência, centro da vontade. E, embora espiritualista, o Professor Grasset repele absolutamente a ideia de que tenha querido fazer do seu famoso centro *O* a sede da alma.

Para explicação dos fatos hipnóticos, em suas linhas gerais, o esquema do Prof. Grasset pode servir. Todos entendem, ou pelo menos todos supõem entender, quando se lhes diz que é como se a alma do hipnotizador tomasse a direção do corpo do paciente.

Por pouco que se analise a fundo a concepção do Professor Grasset, vê-se, entretanto, que ela não é bastante para tudo explicar. Num caso de distração, como o que acima expusemos falando da pianista e cantora que seguia, ciumentamente, os manejos de uma pessoa amada, o Prof. Grasset atribuiria ao centro

O o fato de ter ciúmes. O polígono para o Prof. Grasset é o conjunto dos centros dos diversos sentidos. Mas naquela hipótese é bom não esquecer que o ciúme não é uma entidade abstrata: é um sentimento que precisa, para se manifestar, do exercício de vários sentidos. A cantora necessitava também estar ocupando vários centros de sentidos para ver e talvez ouvir o que fazia o seu namorado, para analisar-lhe os movimentos e provavelmente para fazer projetos de vingança, que envolveriam também o uso de centros visuais, auditivos, etc.

Com que centros "poligonais" estava então o centro *O* fazendo tudo isso, se exatamente esses centros se achavam ocupados a interpretar as pautas da música e a comandar numerosos movimentos das mãos, dos pés, e das cordas vocais? O Professor Grasset não o diz.

Mas enfim esta discussão psicológica pouco importa para a prática. Para a prática, grosso modo, a concepção do médico ilustre de Montpellier serve perfeitamente.

Houve necessidade de expô-la um pouco longamente, porque é uma das mais seguidas.

A Escola de Nancy teve o mérito de mostrar que o essencial no hipnotismo é o estado de sugestibilidade. Quando, porém, se tratou de definir o que era, com justeza, uma sugestão, essa escola foi a um excesso condenável. Acabou por defini-la: "o ato pelo qual uma ideia é introduzida em um cérebro e por ele aceita".

Mas, nesse caso, uma lição, um discurso, uma dissertação não passam de sugestões. Bernheim aceita essa conclusão. Ele chega mesmo a falar em sugestões hereditárias!

Há nisso um alargamento tão abusivo da palavra sugestão, que ela acaba por perder toda significação precisa.

Ninguém negará, entretanto, diferenças evidentes entre uma ideia, que qualquer pessoa aceita, depois de examiná-la, perdê-la, discuti-la, e outra ideia, que o paciente hipnotizado aceita imediatamente, sem exame nem discussão, porque está hipnotizado.

A imensa maioria dos autores protestou contra aquela definição exageradamente ampla do termo sugestão, definição que chega a confundir sugestão com persuasão.

Seja como for, o hipnotismo consiste na criação de um estado de sugestibilidade, em que uma pessoa estranha toma a direção psíquica do organismo de um paciente, a quem faz aceitar sem crítica as ideias que lhe transmite.

Crichton-Miller diz muito bem que se pode chamar o hipnotismo "o anestésico da razão". A razão individual do paciente parece adormecida; ele está pronto a aceitar o que se lhe diz.

É bom afirmar, entretanto, que isso sofre restrições. A direção do paciente adormecido pelo hipnotizador não tem os mesmos limites da direção que o próprio paciente exerce sobre si, quando acordado e consciente.

Assim, o hipnotizador não fará aceitar a este uma ideia imoral, que lhe repugne fundamentalmente. Poderá consegui-lo, por meio de certos artifícios, mas não o vencerá, se assim se pode dizer, de frente. É isso o que torna difícil o aproveitamento do hipnotismo para a sugestão de crimes.

Mas, em compensação, o hipnotizador poderá obter certas ações sobre o organismo, que a própria pessoa, acordada, não conseguiria.

O célebre fisiologista Beaunis conseguiu retardar e apressar os batimentos do coração e produziu congestões cutâneas, em pontos determinados da pele, por sugestão hipnótica. O Dr. Toussaint Barthelemy confirmou e ampliou estas últimas experiências que não estão habitualmente sob o império da vontade.

O domínio do hipnotizador sobre o paciente, é, portanto, ao mesmo tempo maior e menor que o do próprio paciente sobre si mesmo, conscientemente.

Quando, porém, se tenha dito que o hipnotismo é criação de um estado de sugestibilidade no qual o hipnotizador toma a direção do organismo do paciente, falta ainda explicar em que consiste esse estado de sugestibilidade. Que alterações somáticas se produzem no paciente? Como se explicar que, persuadindo alguém que vai dormir e ficando com ele em comunicação, se chega ao estado de sugestibilidade?

O Prof. Grasset confessa modestamente: "o fundo de tudo isto continua a ser muito obscuro". Alfredo Binet dizia também que havia no hipnotismo um elemento "bastante misterioso".

Por sua vez, mais de 30 anos depois de Binet, o criador da Psicanálise, o Prof. Freud, que não tem nenhuma ternura pelo hipnotismo, mas o conhece perfeitamente bem, escreve a seu respeito: "O modo pelo qual é produzido e suas relações com o sono não são claras; e a maneira misteriosa graças à qual alguns são sujeitos a ele, enquanto outros resistem completamente, mostram que há algum fator ainda desconhecido".[13]

Munsterberg, o grande psicólogo alemão, cujos livros são modelos de clareza e penetração, já havia também escrito que "o hipnotismo não é mais em suma do que a sugestibilidade anormalmente exagerada, mas que, é difícil dizer como tal sugestibilidade pode ser explicada".[14]

É interessante juntar as declarações desses três cientistas, todos avessos a qualquer crença em coisas místicas e sobrenaturais e preocupados apenas com

---

13 Freud – Group psychology and the analysis of the Ego - pág. 178.

14 Munsterberg – Psychology and the teacher - pág. 178.

o aspecto científico da questão, mas que, depois de terem procurado explicar tudo o que há no hipnotismo, confessam lealmente que ainda fica um resíduo inexplicado.

Esse resíduo Freud e Munsterberg têm o mérito de assinalar: é o modo pelo qual se produz a hipersugestibilidade dos pacientes. Não se trata de mistérios transcendentes, de forças sobrenaturais. O que se quer saber é como certas pessoas resistem às sugestões e outras lhes obedecem cegamente; como em umas a sugestão vai extremamente longe e em outras não se conseguem quaisquer resultados. É esse mecanismo que ainda não está claro.

Não há muito que estranhar essa ignorância sobre o sono hipnótico, quando ainda não se chegou à certeza sobre as causas do sono natural.

Praticamente deve-se agir como se hipnotizar consistisse apenas em persuadir alguém que vai dormir.

Desde que o operador obtém esse resultado e mantém-se em comunicação com o paciente, assim criado o estado de sugestibilidade, com o qual é possível obter efeitos maravilhosos.

Por sua vez, o essencial no estado de sugestibilidade é o fato de "se desenvolverem certas ideias no espírito de um paciente predisposto a aceitá-las, impondo-as autoritariamente".[15]

Na convicção e na persuasão, nós agimos sobre outras pessoas, convidando-as a ver que estão em erro, apelando para o seu raciocínio e boa vontade. No estado de sugestibilidade o paciente obedece ao hipnotizador como se ele fosse uma autoridade, cujas ordens não podem ser discutidas.

É exatamente o que diz o grande psicólogo MacDougall, cuja opinião é a mais seguida por quase todos os autores ingleses. Ele define a sugestão como um processo de comunicação de pensamento de que resulta a convencida aceitação de qualquer proposição, independente da apreciação por parte do paciente de base lógica para aquela aceitação.[16]

A proposição pode, de fato, ser lógica e exata: mas o paciente, se a aceita, não é por isso. E não entra nesse exame. Aceita, porque lhe vem de uma fonte a que, no momento pelo menos em que isso acontece, obedece passivamente.

Um médico sueco, o dr. Paul Bjerre, cuja palavra não é para desprezar, pois que ele hipnotizou mais de 20.000 pessoas, apresentou uma teoria estranhíssima do hipnotismo.

---

15 Manquat – *Principes de Thérapeutique* - voI. II, pág. 549.

16 Mac-Dougall – *An Introduction to the social psychology*. pág. 97.

Acha ele, que além da sugestão, há um estado especial do organismo que equivale àquele "primitivo estado de descanso que existia durante a vida fetal"![17]

É impossível não colocar depois dessa afirmação o mais inevitável ponto de exclamação.

No entanto, a sua teoria foi adotada por outros autores, que como ele partiram de uma afirmação bizarra: asseguram que os hipnotizados experimentam em todo o corpo uma deliciosa sensação de pressão; como a que os fetos devem experimentar no útero materno.[18]

Francamente, acho que há em tudo isso, mau grado o valor dos escritores que pregam tais ideias, não pequena dose de fantasia...

Outro psicanalista, que também não recua diante das afirmações mais estranhas, teve, entretanto, uma explicação perfeitamente sensata e aceitável para a obediência dos pacientes às ordens dos hipnotizados. Parece-lhe que o hipnotizador, no estado mental em que fica a pessoa adormecida, ressuscita de algum modo a personalidade do pai. Do pai – ou enfim da pessoa que, na infância do hipnotizado, exercia sobre ele a autoridade suprema, à qual devia obedecer sem discutir. O hipnotizador, diz Ferenczi, "deve ser capaz de suscitar no paciente as mesmas sensações de amor ou medo, a mesma convicção de infalibilidade, que os pais lhe inspiravam quando ele era criança".[19]

Ferenczi e outros vão mesmo ao ponto de distinguir dois tipos de hipnotismo: aquele em que o paciente identifica de algum modo o hipnotizador com o pai e aquele em que o identifica com a mãe. O primeiro é o caso dos que obtêm a hipnose por processos de comando, impondo-se autoritariamente; o segundo o dos que a conseguem suavemente, persuasivamente, empregando métodos que lembram os empregados pelas mães, quando acalentam as crianças.[20]

O grande fisiologista russo Pavlov apresentou ao II Congresso Internacional de Fisiologia, que se reuniu em 1923, em Edimburgo, uma comunicação sobre o que, na sua opinião, constitui a essência do hipnotismo: "Inibição, sono ordinário e hipnose são um só e mesmo processo" –[21] diz ele categoricamente.

---

17 Paul Bjerre – *Theory and practice of psychanalysis*, pág. 112. Frugel – *The psycho-analytic study or the family*, pág. 67.

18 Tridon – Psychanalysis and behaviour. pág. 274.

19 Ferenczi - *Contribution to psycho-analysis*, pág. 60.

20 E. Jones – Papers on psycho-analysis - and edition, pág. 333. Baudouin - Études psychanalyse, pág. 91. Girlndraheker Bose, no seu livro Concept of Repression - (pág. 138 a 111) adota esse ponto de vista e o explica complicadamente.

21 Abstract of the proceedings of the XI International Physiological Congréss, held in Edimburgh, July 23-27, 1923. pág. 40.

Pavlov chegou a essa conclusão de um modo um pouco imprevisto, no curso das suas experiências sobre a fisiologia da digestão.

O fisiologista russo distingue os reflexos em *incondicionados* e *condicionados*.

Sempre, por exemplo, que um alimento chega ao estômago e entra em contato com as suas paredes internas provoca uma série de reflexos: movimentos diversos e secreção de suco gástrico. Trata-se, nesse caso, de reflexos inatos e incondicionados.

Quando, porém, pela vista ou pelo olfato o animal se habituou a conhecer um alimento, basta que o veja ou que ele sinta o cheiro, para que o estômago entre em atividade e segregue o suco gástrico. Segrega o suco gástrico apropriado àquela espécie de alimento, como se já o estivesse digerindo. Ao homem basta, às vezes, ouvir falar de certos alimentos para a secreção salivar e gástrica se produzir. É a isso que aludimos, quando falamos de coisas, que *nos fazem vir água à boca*. Trata-se, nesses casos, de reflexos condicionados.

Pavlov observou que, sempre que se provoca nos cachorros (o animal com que ele estudou) o reflexo condicionado e não se dá o seguimento lógico dessa provocação indireta, seguimento que deve ser a apresentação do objeto capaz de suscitar o reflexo incondicionado, o cérebro procede a uma operação de inibição. Se se repete a experiência um certo número de vezes a inibição se espalha e o animal adormece.

Pavlov estudando essa questão, chegou à sua vasta e inesperada conclusão: que a inibição, o sono e a hipnose são a mesma coisa. No exemplo acima citado, as coisas se passam como se, não tendo havido o seguimento lógico da provocação condicionada, a parte do cérebro, que a recebeu e que esperou em vão a provocação incondicionada, adormeceu. Esse sono se foi propagando e acabou por ganhar todo o cérebro.

Neste, a cada momento, há várias zonas inibidas, que é como se estivessem dormindo, e outras em plena atividade. O sono e a hipnose são inibições generalizadas.

Quando a inibição começa em um ponto do cérebro, como no exemplo acima descrito, se a causa persiste; a inibição tende a espalhar-se. "A inibição é um sono parcial, distribuindo em parte localizadas, circunscrito em limites estreitos; o verdadeiro sono é uma inibição difusa e contínua do conjunto dos hemisférios".[22] Por outras palavras: o sono, normal ou hipnotismo, é a inibição da conjunção do cérebro, a inibição é o sono de pequenos pontos deste.

Como alta especulação fisiológica, a teoria de Pavlov pode merecer menção, sobretudo pelo grande mérito de seu autor. Na prática, não revela, no entan-

---

22 Loco citado – pág. 41.

to, aplicação alguma. Só o que tem de interessante é afirmar de um modo formal a identidade de inibição, do sono normal e da hipnose.[23]

A teoria da sugestibilidade de McDougall é das que melhor se entendem. "Minha teoria, diz ele, deriva da observação de que entre os animais de espécies gregárias acham-se comumente relações de domínio e submissão; veem-se alguns membros de um rebanho submetendo-se, domesticados e quietinhos, à autoridade assumida por outros membros. Esta submissão nem sempre é, até se pode dizer, nem habitualmente implica um sentimento de medo. Ela é inquestionavelmente instintiva. Eu acho, portanto, que tal comportamento é a expressão de um instinto de submissão, distinto e específico: um instinto que pode ser evocado pelo comportamento agressivo ou autoritário de outros, especialmente dos maiores ou mais velhos membros do grupo, fazendo os mais fracos ou os mais moços submeterem-se à chefia dos outros, segui-los, dobrarem-se sem protesto, aceitar como fora de dúvida a decisão deles, sentirem-se pequenos e humildes em sua presença, tomando atitudes rastejantes e submissas. Minha teoria sustenta que é essa tendência, a tendência emocional conativa do instinto, o fator mais importante de verdadeira sugestão, tanto em estado de vigília como em estado hipnótico. Minha teoria faz ainda notar que nas sociedades humanas a reputação de um poder de qualquer espécie se torna um fator importantíssimo para evocar aquela tendência, aumentando e, na prática, chegando mesmo a suplantar a evidência física de poderes superiores, que, no plano animal, são os principais excitantes de tal impulso. Nessa reputação está a ausência de tudo o que nós chamamos prestígio, o poder de usar a sugestão, de forçar à obediência tanto corpórea como mental, sem, entretanto, apelar para o medo. A teoria sustenta que, se a espécie humana não fosse gregária e a sua constituição não possuísse também esse instinto especial submisso, os seres humanos não seriam sugestíveis e, portanto, a vida social do homem seria profundamente diversa do que é".[24]

Pode-se objetar que explicar a sugestibilidade por um instinto submissivo [sic] é quase o mesmo que dar a explicação do médico de Molière, dizendo que o ópio adormece *porque tem a virtude dormitiva.* "Toda a psicologia de McDougall é fundada em instintos e ele entende essa palavra, não para designar uma vaga tendência inata, mas num sentido técnico especial. É por isso que ele escreve acima tratar-se de "um instinto de submissão distinto e especial". Mas, sem levar a interpretação tão longe, o que se pode dizer é que em toda sociedade, em todo agrupamento de animais de qualquer espécie, é necessário que haja quem

---

23 No mesmo sentido ver também no livro de Pavlov – Les reflexes Continuels, mais tarde traduzido para o francês, os capítulos XXX e XXXII.

24. (1) Mc-Dougall - Freud's Group Theory and his Theory of Suggestion - In The British Journal of Medical Psychology - VoI. V, Part. I. pág. 19.

mande e quem obedeça, quem tome iniciativas, e quem siga essas iniciativas. Nos animais gregários inferiores ao homem o que os decide a imitar alguém é a força ou o tamanho: eles imitam ou obedecem aos mais fortes ou aos maiores. Com o homem se dá a mesma coisa: as sociedades humanas seriam impossíveis, se não houvesse quem comandasse e quem se submetesse – e isso, a maior parte das vezes, sem apelo à Razão. Na batalha da vida, como nas pugnas guerreiras, os generais não podem estar previamente justificando as suas ordens. Mesmo no domínio da Inteligência é uma tola presunção a dos que dizem que já se passou a época do *Magister dixit*. Mas cada um, se consente em submeter-se, também, por outro lado, quer submeter outros ao seu poder: nós herdamos em proporções desiguais, tanto a tendência ao comando, que faz os chefes, os iniciadores, os que dirigem e sugestionam, como a tendência à submissão, que faz os soldados, os prosélitos, os que obedecem e se deixam sugestionar.

Os animais gregários inferiores ao homem respeitam sobretudo os que manifestam exteriormente estas duas qualidades: tamanho e força, ou, o que é mais simples dizer, a força, porque o grande tamanho é uma presunção de força. O homem que, nas sociedades inferiores, também se deixa levar principalmente por aqueles argumentos físicos, visíveis e tangíveis, nas sociedades cultas é em maior parte dirigido pela palavra. A palavra pode ter o mesmo efeito para a sugestão do que a aparência de força ou poder.

Assim, sugestionar alguém é apelar para as suas hereditárias tendências à obediência sem exame nem discussão. As manobras hipnóticas o que fazem é pôr o indivíduo no estado físico em que tais tendências se manifestam mais facilmente.

Estas e outras teorias, muito interessantes do ponto de vista psicológico, importam pouco à prática.

CAPÍTULO V

PROCESSOS HIPNÓTICOS

Tendo de expor vários processos hipnóticos, vale a pena examinar diversas questões preliminares:

a) qualquer pessoa pode hipnotizar ou isso é um dom inato?

b) qualquer pessoa pode ser hipnotizada?

c) condições gerais a observar, sempre que se tem de hipnotizar alguém;

d) processos em que entram por grande parte meios físicos;

e) processos em que entram por grande parte meios químicos;

f) pode-se hipnotizar alguém contra a vontade?

g) pode-se tornar alguém imune ao hipnotismo?

★ ★ ★

Qualquer pessoa pode hipnotizar ou isso é um dom inato???

Dantes, quando se admitia correntemente a teoria do fluído magnético, admitia-se também, logicamente, que só os que o possuíam em grande quantidade podiam "magnetizar" alguém. Hoje, ninguém mais pensa isso.[25]

Daí muitos passaram ao extremo oposto e acham que o hipnotismo não deve constituir uma especialidade à parte: qualquer médico pode hipnotizar.

Sem dúvida, todos podem hipnotizar. Se, porém, se trata de um trabalho de habilidade e persuasão, compreende-se bem que nem todos o consigam fazer, não porque haja em uns e falte em outros qualquer fluido; mas simplesmente porque uns saberão prender a atenção, convencer, persuadir o paciente de que ele vai dormir e outros não terão essa habilidade.

---

25 Talvez seja um exagero dizer "ninguém". Ainda no 7º Congresso Internacional de Psicologia (1923), o médico Dr. Sydney Alrutz apresentou um trabalho muito interessante sobre The psychological importance of hypnotism, em que sustenta a existência do fluído magnético. Ver VIIth International Congress of Psychology -Proceedings and papers. - pág. 252.

Qualquer pessoa pode ser professor? Pode. Alguns, porém, terão uma facilidade inata para transmitir os conhecimentos, e outros não. É exatamente o que acontece com o hipnotismo.

Braid, o grande experimentador inglês não queria que o chamassem hipnotizador. O hipnotismo, a seu ver, devia ser um medicamento como qualquer outro, aplicável por qualquer pessoa. Por isso, embora receitasse o óleo de rícino a muitos dos seus doentes, não queria – segundo a sua frase – que o classificassem como um "óleo-de-ricinador".

A frase é engraçada, mas a analogia é falsa. Sempre se pede mais habilidade para hipnotizar do que para dar óleo de rícino.

Compreende-se, porém, que Braid procurasse afastar de si a designação de hipnotizador, porque, com os preconceitos da sua época, ainda mais fortes que os de hoje, ela lhe traria prejuízos incalculáveis.

O dr. Moll diz que nem todas as pessoas têm habilidade para bem hipnotizar e "para prevenir qualquer mal entendido" começa declarando que julga não ter tal habilidade.[26]

Um professor alemão, lente da Universidade de Heidelberg, diz que para bem hipnotizar "certa superioridade é sempre necessária e imprescindível" da parte do hipnotizador.[27]

O dr. Bertran Rubio vai um pouco mais longe, porque escreve que "a gente nasce hipnotizador como nasce colorista".[28] E para juntar um inglês a um alemão e a um espanhol, pode mencionar-se o que diz o dr. William Brown, asseverando que um psicoterapeuta, que tem sucesso, "nasce já com essa qualidade..."[29]

Deve-se, porém, repetir aqui que o caso não é de força magnética. É de graça, de simpatia ou de autoridade.

A prática aumenta esses dons. A pessoa habituada a hipnotizar, que já encontrou vários modos de resistência, está habituada a vencê-los.

As vezes, o paciente senta-se diante de nós sorrindo ou rindo. Um hipnotizador inábil ou se irrita ou se desconcerta. Um hipnotizador experimentado não desanima. Diz, ao contrário, à pessoa que pode rir à vontade, porque isso não a impedirá de ser hipnotizada. E tenta, a seguir, como se ensinará mais adiante, duas, três, quatro vezes, a operação. O paciente é que acaba de ficar desapontado, torna-se sério e adormece.

---

26 Moll - Hypnotism - pág. 327.

27 Hans Gruhle - La psiquiatria para el medico pratico - pág. 270.

28 Bertran Rubin - Hypnotismo y sugestion - pág. 140.

29 William Brown - Suggeation and mental analysis - pág. 170.

Se há um ramo de medicina em que a especialização se justifique é o hipnotismo, embora todos os médicos devam saber hipnotizar. Um cálice, um fósforo e um pedacinho de algodão, bastam para qualquer médico assentar uma ventosa. Quantos, porém, o sabem fazer com rapidez e perícia? Bem poucos .

É o mesmo caso para o hipnotismo. Todos devem saber aplicá-lo; mas aqueles que tiverem para isso uma habilidade especial e uma certa prática triunfarão onde outros sofrerão os mais lamentáveis fracassos.

O valor da prática é demonstrado por certas cifras . Assim, Bernheim, quando começou a hipnotizar, achava 25% de refratários. Poucos anos depois, só achava 20%. Forel, no primeiro ano de prática hipnótica, tinha 15% de insucessos. Depois, conseguiu baixar esse número a 5%. Liébeault, cuja prática superava a de todos os outros, só encontrava 3% de resistências.

Vê-se por aí, sempre, a prática aumentando o êxito.

Mas de um modo geral, quando alguém pergunta: "Acha que eu posso hipnotizar?" a resposta é simples: "A todos aqueles de quem puder fazer-se obedecer, pode". A questão ainda uma vez se repete, é puramente de habilidade psicológica. "A hipnotização é uma técnica que pode ser aprendida por qualquer pessoa".[30]

Segunda questão:

"Qualquer pessoa pode ser hipnotizada?"

A isso se responde geralmente que os hipnotizáveis são os nervosos. Mas é uma indicação inexata.

Wetterstrand, como Grasset, como muitos outros observadores, dizem de um modo expresso que os nervosos são os piores pacientes. Pessoas extremamente nervosas deixam-se influenciar menos facilmente do que as sadias rudes. A verdade é que não há quase razão de ser para qualquer distinção e as afirmações dos autores procedem de simples coincidências que encontraram no número de pessoas com que cada um deles experimentou. Charcot, que lidava com histéricas -o qual aliás por si mesmo nunca hipnotizou ninguém -achou que as histéricas eram as melhores pacientes; Voisin e Forel, diretores de hospícios de alienados, onde naturalmente abundam os dipso-maníacos e onanistas, deram a estes a primazia; Paul Joire garantiu que as mulheres louras deixam-se influenciar com maior facilidade; Charles Richet escreveu que é isso que acontece às morenas, de cabelos pretos e bastas sobrancelhas também pretas...

Esta enumeração indica bem a inconstância de tais afirmações, algumas das quais são fracamente contraditórias. Os ensaios mais sérios de determinação exata são os que podem provir de estatísticas conscienciosamente feitas. Foi o que tentou Liébeault, classificando os pacientes por idade, de acordo com a sua divisão de fases hipnóticas. Beaunis repartiu esse quadro por períodos septenares, que lhe parecem corresponder à evolução fisiológica dos indivíduos.

---

30 Prof. Paul Schilder and Dr. Otto Kanders - Hypnosis (1927) - pág. 94.

IDADE	SONAMBULISMO	SONO MUITO PROFUNDO	SONO PROFUNDO	SONO LEVE	SONOLÊNCIA	REFRATÁRIOS	TOTAL
7 -	6	1	3	12	1	0	23
7 A 14	36	5	15	9	0	0	65
14 A 12	22	5	39	5	7	9	87
21 A 28	13	5	36	18	17	9	98
28 A 36	19	5	29	15	11	5	84
36 A 42	9	10	30	24	5	7	85
42 A 49	23	5	31	24	10	13	106
49 A 56	5	10	24	19	7	3	68
56 A 63	5	6	26	13	9	10	69
63 ·	7	5	23	12	4	8	58
TOTAIS	145	57	256	151	71	62	743

Eis o resultado: Para se apreciar melhor as proporções entre os influenciados e refratários convém mais este novo quadro extraído do anterior:

IDADE	POR CENTO DOS INFLUENCIADORES	POR CENTO DOS REFRATÁRIOS
7 -	100	0
7 A 14	100	0
14 A 12	89,7	10,3
21 A 28	90,9	9,1
28 A 36	94,1	5,9
36 A 42	91,8	8,2
42 A 49	87,8	12,2
49 A 56	95,6	4,4
56 A 63	85,6	14,4
63 ·	86,5	14,5

Da inspeção de tais algarismos o que primeiro ressalta é a possibilidade de influenciar todos os indivíduos até os 14 anos e depois as fortes proporções dos 28 aos 35 (94 %) e dos 49 aos 56 (95 %); embora mesmo a mais baixa, a dos 56 aos 63 (85 %), não deixa de ser bastante avultada.

Por mais séria, entretanto, que seja a indicação que resulta desta estatística, ela tem um defeito: tende a apresentar como definitivos resultados que estão muito longe de o ser.

Se Liébeault, com o seu processo habitual, conseguiu essas proporções, é possível que, variando o modo de agir diminuísse ainda o número de refratários.

A única coisa que se pode admitir é a maior sugestibilidade feminina.

De fato, um psicólogo americano, Walter Brown, fez experiências sistemáticas, comparando a sugestibilidade entre os sexos. Essas experiências eram em estado de vigília. Por isso mesmo foram mais probantes.

De um modo indiscutível, sempre, todas as médias mostraram que as mulheres eram mais sugestíveis que os homens.

E é natural. Durante tantos séculos a mulher viveu sujeita, à autoridade, então indiscutível do homem que a sugestibilidade passou a ser o que a biologia chama "um caráter sexual secundário".

É só, portanto, o que se pode afirmar, com alto grau de certeza científica. A isso se pode juntar a informação do dr. Barnfaum.

Uma investigação internacional feita por Schrenck-Notzing entre vários autores da Alemanha, da França, da Inglaterra, da Suécia, da Argélia, do Canadá e da Suíça, mostrou que só havia 6% de refratários.[31]

Mac Dougall admite somente 10% de insucessos, achando que esse número pode ser reduzido.[32] O máximo desse número é dado por Obersteiner, que achou 1/3 de refratários e 1/3 de profundamente hipnotizáveis.[33]

É fato muito vulgar ver um indivíduo resistir obstinadamente a um método qualquer de hipnotização e, de súbito, com o emprego de outro, ceder imediatamente. Compreende-se, porém, que um médico que utiliza a hipnose como meio de tratamento em uma clínica numerosa e coletiva, não pode estar tentando, em cada novo doente processos vários para ver qual o que enfim produzirá resultados. Daí a falta de qualquer valor absoluto atribuível aos algoritmos fornecidos por qualquer observador. Isto prova, entretanto, que ainda as mais lisonjeiras estatísticas podiam diminuir o número de refratários, e que há grande número de boas razões para supor-se que todos são hipnotizáveis. Tudo está na descoberta do método mais próprio para cada um e na conveniente repetição das tentativas, reprimindo as maiores resistências por uma proporcionada educação.

Pode-se ter como certo que não há ninguém que não possa ser sugestionado. Tudo está em achar para isso o bom momento, o bom processo. Porque pràticamente o essencial na sugestão é pôr no Inconsciente uma razão de agir.

---

31 Moll Cap. cit. - pág. 56.

32 MacDougall é talvez atualmente o filósofo mais notável dos povos de língua inglesa. Depois de ter sido lente da Universidade de Oxford, na Inglaterra, foi disputado pela universidade mais célebre dos Estados Unidos, a de Harvard, onde atualmente (1925) leciona, A citação acima é do seu artigo sobre o hipnotismo na undécima edição da Enciclopédia Britânica.

33 Citado no livro clássico de Hans Gross – Criminal Investigation, traduzido e adaptado para o Inglês. Essa obra, famosa na sua especialidade, não vale nada no capítulo sobre o hipnotismo – pág. 121 e seguintes.

Quando se fornece a alguém uma causa consciente de ação, *convence-se, persuade-se a pessoa*. Quando se lhe insinua uma causa inconsciente da ação, *sugestiona-se*.

Às vezes, nós damos uma ordem a uma pessoa e ela parece obedecer a essa ordem conscientemente. De fato, porém, a obediência é devida a que a pessoa, inconscientemente, supõe que nós temos uma autoridade legal ou uma ciência ou uma superioridade, que tornam nossa ordem irresistível. Essa parte inconsciente é que dá, nesse caso, força à consciente. Na verdade nós amigos muito mais por motivos inconscientes do que por motivos conscientes.

Se, pois, essa é a regra geral, sem exceção alguma deve, por força, haver para cada um certos processos em que possamos pô-lo em estado de receber inconscientemente as sugestões que lhe demos. Esse estado, que é facílimo de achar para alguns, para outros é dificílimo, sobretudo nas condições em que se faz a clínica médica.

O que, entretanto, se procura correntemente são processos rápidos. Deseja-se em geral saber quais as pessoas prontamente influenciáveis.

A melhor indicação nesse sentido é a do Prof. Grasset, indicação de ordem psicológica: *os que mais facilmente se deixam hipnotizar são os que têm o hábito de obedecer*. Por isso, muitas vezes, uma mocinha nervosa e voluntariosa resiste e um carregador de fardos, sadio e forte, cai em sonambulismo à primeira tentativa. Por isso ainda, o paciente que não se deixar adormecer por pessoa que lhe é antipática, adormecerá facilmente pela sugestão de outra a que lhe seja agradável obedecer.

É preciso ter sempre em vista que a hipnose é uma questão de psicologia e que a sugestão se obterá, por conseguinte, tanto mais rapidamente quanto mais prontamente ela recorrer ao ponto fraco do caráter do indivíduo, aos meios que são sobre ele mais eficazes. A uns convém persuadir que vão dormir, a outros ordenar, a outros sugerir apenas, com nitidez, a ideia de sono; a alguns mesmo é o medo de dormir que leva à hipnose.

As experiências de Heideinhain com soldados alemães que tinham recebido ordem para não dormir, e, apesar disso, ou por isso mesmo, dormiram, é uma prova deste fato.

Um excelente autor inglês, muitas vezes aqui citado, Crichton-Miller, chegou, porém, a uma conclusão que surpreende um pouco. Diz ele que a sua experiência o leva a afirmar que, considerando as coisas, em grosso, do ponto de vista das profissões, os professores primários são os melhores pacientes. Só a seguir vêm os soldados.[34]

---

34. Crichton-Miller - Hypnotism and disease – pág. 161.

Por outro lado, o dr. Wingfield, que se formou na Universidade de Cambridge, declara que os seus melhores pacientes foram sempre aqueles dos seus colegas que mais se dedicavam aos esportes e eram tipos robustos, hercúleos.

Ainda uma vez isso prova que o hipnotismo é tanto menos difícil, quanto mais são é o paciente, quanto mais ele sabe raciocinar bem, embora sem requintes de autoanálise. Mais uma vez, portanto, se mostra o disparate dos que acham os histéricos o tipo dos hipnotizáveis. É justamente o contrário o que acontece.

Há muitos anos, Ochorowicz julgou ter achado um aparelho que indicava a possibilidade de qualquer pessoa ser hipnotizada. Chamou-o, por isso, hipnoscópio. Era um cilindro de metal imantado com 4 ou 5 centímetros de comprimento, no qual havia uma fenda longitudinal de um centímetro de largura. O paciente pendurava esse cilindro no dedo indicador, no sentido da fenda. Dizia-se-lhe que indicasse assim que começasse a sentir qualquer coisa. Muitas pessoas acusavam, de fato, uma sensação de formigueiro. No entanto, ela era puramente subjetiva. O ímã não produz sensação alguma.

Seria talvez possível aplicar a qualquer paciente algum dos testes de sugestibilidade, usado correntemente para o exame psicológico dos alunos de escolas. Whipple fala em um, que parece bom. Dar a alguém uma barra de metal, dentro da qual há uma fraca resistência elétrica. Fazer bem ostensivamente a ligação. Pedir à pessoa que anuncie, assim que começar a sentir calor. De relógio em punho, observar quando isso se produz e anunciar à pessoa, retirando a barra de suas mãos. Deixar passar alguns instantes e dar outra barra, de aparência igual à primeira mão sem resistência alguma. Simular que fez a ligação e esperar que a pessoa anuncie quando começa a sentir o imaginário calor. Se ela custa a ,acusar essa sensação, provocá-la, dizendo ser impossível que já não a esteja sentindo. Se, porém, de todo o paciente, resiste, não dizer que se tratou apenas, de uma experiência; murmurar: "Bem; não faz mal" e passar à hipnotização.

É claro que as pessoas muito sugestionáveis dirão logo que estão sentindo o calor. O que talvez não se possa afirmar é que não sejam sugestionáveis por outras influências as que nada sentirem.

Há, de fato, em psicologia um problema ainda não resolvido sobre a existência de uma faculdade a que se pode chamar de sugestibilidade geral. É, porém, mais de crer que ela não exista.[35]

O célebre padre Faria, continuador de Puységur, mas que, como já dissemos, foi talvez o primeiro a pôr em relevo o valor preponderante da sugestão, e isso muito antes de Braid, achava que as pessoas anêmicas eram as mais próprias a ser hipnotizadas. Um dos meios, portanto, que ele empregava para obter o sono

---

35 Whipple - Manual of Mental and Physic Tests - II. pág.22 a 252 – Cyril Burt - Mental and Scholastic Tests – pág.116.

dos pacientes rebeldes consistia precisamente em anemiá-los embora transitoriamente, com oportuna sangria.

Na época de Faria, a sangria era um recurso banal da medicina. Que, porém, a observação sobre os anêmicos seja exata é o que me parece. Faria achava que nesses casos o sangue ficava mais fluído.[36]

Concluindo este parágrafo, o que se pode afirmar em resumo é o seguinte:

a) é de crer que todos possam ser hipnotizados, embora uns com facilidade maior e outros mais dificilmente. Tudo está em experimentar o bastante até se achar o processo mais adequado a cada um;

b) os nervosos são pacientes que nada permitem prever, porque, ora se deixam hipnotizar com extraordinária facilidade, ora apresentam a dificuldade máxima. É inteiramente falso que os histéricos sejam mais hipnotizáveis que os mentalmente sadios;

c) de um modo geral, o indivíduo é tanto mais fácil de ser hipnotizado quanto é mais fácil de convencer. Daí a indicação justíssima de Grasset que os mais hipnotizáveis são os que mais têm o hábito de obedecer.

★ ★ ★

"Quais são as condições gerais que se devem observar em todas as tentativas de hipnotização?"

As primeiras são silêncio e atenção. Tanto o operador, como o paciente, principalmente este, devem estar absolutamente concentrados no que estão fazendo, sem ter em torno de si motivo algum de distração. Conversas, movimentos, ruídos – tudo que possa desviar o pensamento é um elemento grave de perturbação. Nada há pior do que o sussurro de duas vozes que cochicham, o passo sutil de alguém que anda nas pontas dos pés ou ainda o macio entreabrir de alguma porta. Irresistivelmente o ouvido quer distinguir com maior nitidez esses sons e, concentrando para aí a atenção, desvia-a do ponto essencial.

A hora das experiências é indiferente; nenhuma indicação exclusiva existe a tal respeito, que habilite a estabelecer preferências. A ideia de escolher a noite, que veio certamente pela analogia com o sono natural, além de pouco prática em geral, porque na maioria dos casos não possível, nada tem de melhor do que qualquer outra.

O que há, quanto à questão de tempo, até que o paciente se habitue a dormir, *é a indicação formal da repetição das primeiras sessões à mesma hora.*

---

36 Dr. Egas Monis – O Padre Faria na História do Hipnotismo, pág. 84. O curioso é que mesmo essa designação que em tal caso parece um pouco extravagante, de "fluidez do sangue", está certo, porque o sangue dos anêmicos tem menos viscosidade. Quem, entretanto, naquele tempo pensava em medir, como hoje se faz, a viscosidade do sangue?

Melhor é, entretanto, que não se façam as tentativas iniciais pela manhã. E ainda isso explica porque o hipnotismo é tão mal adaptado ao ensino médico, que, nos hospitais, em geral, se ministra às primeiras horas do dia.

Essa observação só não tem valor nos hospitais em que há grandes clínicas hipnóticas, - onde, pode dizer-se, se hipnotiza por atacado. A influência de contágio supera então todas as outras.

Nos casos individuais, quando se possa escolher a hora, e a noite seja muito incomoda, o meio do dia, entre 1 e 5 horas, se a pessoa não tomou nenhum excitante (chá, café, álcool), é uma boa ocasião. Quanto mais perto do almoço, melhor. Esse é o conselho formal de Fontan e Ségard.

Haverá quem o estranhe, achando que vem pouco a propósito fazer-se um grande esforço, logo após uma refeição. Mas é um engano. Exatamente o que se pede ao paciente é que ele não faça esforço nenhum: entregue-se, abandone-se, ceda à preguiça, não pense em nada. Não há, por conseguinte, hora mais propícia do que essa, em que se tem uma natural tendência à sonolência.

Gustavo Malutta, recomendando também muito que se façam as sessões sempre às mesmas horas, diz que, quando não é possível tornar diárias essas sessões, deve recomendar-se ao doente que, nos dias em que ele não vem, procure, à hora deles, deitar-se por algum tempo, buscando dormir. É um bom meio de criar o hábito.[37]

Aliás isso é só necessário por ocasião das primeiras tentativas para se obter o primeiro sono. Depois, tanto se alcançará resultado de manhã, como a qualquer outra hora.

É frequente que não se obtenha o sono logo da primeira vez, principalmente quando se procede isoladamente. Só no serviço de certos hospitais ou clínicas coletivas, onde o doente assiste antes da sua a dezenas de hipnotizadores é que, ao contrário, torna-se caso frequente a produção imediata da hipnose. O efeito do exemplo é maravilhoso e, sempre que for possível empregá-lo, nenhum operador o deve esquecer. Procedendo, porém, individualmente, as dificuldades são maiores. É muito habitual não se conseguir resultado algum, logo às primeiras sessões. Convém nesse caso insistir, em dias consecutivos. Se as experiências forem às mesmas horas, essa repetição como já o indicamos, é extremamente proveitosa. Quando, por isso, há possibilidade de se escolher o dia próprio para começar a hipnotização, melhor é principiar em uma segunda-feira, para ter a certeza de que não se interromperão as tentativas durante vários dias consecutivos.

---

37 Gustavo Malutta - Método de Suggestione Terapeutica. (Seconda edizione rifatta, 1928) - pág. 27.

Parece que vai havendo no organismo um processo latente de educação, processo, às vezes, lento, mas que acaba por produzir efeito. É assim que alguns pacientes que em sessões repetidas durante cinco, dez ou mais dias, não revelaram o menor sintoma, apresentam de súbito todos os fenômenos na sua maior complicação. A adaptação orgânica, prosseguida intimamente, chega enfim ao ponto necessário e patenteia-se completa, surpreendendo o próprio operador, que, não podendo acompanhar o seu trabalho oculto, não sabe calcular o adiantamento em que ela se acha.

Esta condição é considerada por alguns autores como a produção franca da hipnose; depois, é absolutamente desnecessária. Um paciente educado submete-se a qualquer hora, em qualquer lugar, à menor palavra.

Outra condição é o consentimento do indivíduo: torna-se necessário que o paciente não resista à ideia de sono e fique atento – ou sem pensar em nada, ou procurando concentrar-se na expectativa de que vai dormir.

Esta condição é considerada por alguns autores como indispensável; afirmam eles peremptoriamente, que quem não quer não pode ser hipnotizado. E assim é, de fato, em regra geral. Há, porém, exceções, que nós teremos ocasião de ver: processos para hipnotizar sem ciência do paciente ou até contra a sua expressa vontade. Eles constituem casos excepcionais, de emprego difícil e resultado mais incerto.

Há ainda um ponto importante: o operador deve demonstrar uma confiança inabalável no resultado. Não é preciso charlatanescamente garantir que o paciente vai cair imediatamente em sono profundo, porque, nesse caso, se falha da primeira vez, perde o prestígio. O que deve é assegurar ao paciente que ele dormirá.

Algumas pessoas sentam-se rindo e não podem durante algum tempo reprimir o riso. Que o operador não se irrite! Diga que isso é natural e não impedirá o êxito da hipnotização:

"Apesar de tudo, daqui a pouco, estará influenciado. Pode rir, à vontade". Isso desarma a pessoa. Diz-se-lhe com toda a paciência, que a questão é de tempo e continua-se até chegar o resultado. Para acordar o paciente, basta ordenar: "Dentro de poucos minutos, quando eu disser a palavra – 'acordar' – acordará imediatamente ... Seus olhos se abrirão, não terá peso na cabeça; estará bem, alegre, bem disposto... Daqui a pouco, vai acordar... Acorde!"

Para facilitar esse despertar, convém, quando se dá esta ordem, soprar os olhos do paciente. Um sôpro brusco e forte.

É preciso prever a hipótese do paciente não acordar logo. Nesse caso, convém não perder a calma. Torna-se indispensável que o operador não deixe perceber nem na sua atitude, nem no seu tom de voz, que receia não poder acordar o hipnotizado, porque isso é para este uma sugestão de que não pode acordar e torna o seu despertar mais difícil. Apesar de estar dormindo o paciente percebe inconscientemente a hesitação ou o temor do operador e aceita-os como uma sugestão – uma deplorável sugestão.

Nos casos em que tal sucede a operadores inábeis, tudo se resolve simplesmente, porque, ao cabo de algumas horas, o paciente, passa para o sono natural e acaba por acordar sem mal algum. Mas é um acidente desagradável, que se pode sempre evitar. Sempre!

O operador deve, diante da resistência, parecer que acha o fato perfeitamente regular. Se há alguém presente, impor com um, gesto, silêncio, e dizer em voz alta: "É mesmo assim! Durma um pouco mais. Durma bem tranquilamente". Depois, fazendo uma pausa: "Eu vou fazer diante de seu corpo, vinte passes para despertá-lo. Pouco a pouco, o sono se irá dissipando, o peso nos olhos cessará, irá ouvindo tudo o que se passa. Quando chegar ao vigésimo passe e eu lhe disser que acorde, acordará perfeitamente bem disposto".

Fazem-se os passes lentamente, de baixo para cima, muito devagar, contando em voz alta: um, dois, três... Quando se chega a cinco, começa-se a sugerir: "Já está mais desperto, já sente menos sono, as pálpebras principiam a descerrar-se..." E assim se vai de grau em grau, aumentando a intensidade das sugestões. Ao chegar ao 11º passe, vai-se anunciando: "Está quase a acordar... Já não tem mais sono... Vai acordar... E bruscamente, após o 20º passe: "Acorde!" e um sopro forte e rápido nos olhos.

Se a pessoa resiste, insista-se: Abras os olhos! Abra!

Que isto seja dito com energia, com autoridade; mas sem revelar medo algum de insucesso.

Um hipnotizador norte-americano, o Dr. Munro, a quem mais adiante aludiremos, diz, que, no caso de o paciente não querer acordar, poder-se-ia fazer-lhe uma injeção de apomorfina.

O Dr. Munro garante que nunca se serviu desse meio – e que é fácil de crer, porque, se o hipnotizador procede com calma e confiança, não tem nada a recear. Mas o recurso deve ser eficaz.

É bom estar certo de que não há receio algum de que o paciente não possa acordar, porque são numerosíssimas as pessoas que têm medo de tal ocorrência. E não há nada mais infundado. Na pior das hipóteses, como acima se disse, bastaria abandonar o paciente dormindo, para que o sono se convertesse em natural e terminasse por um despertar espontâneo.

Em resumo:

1º) Silêncio, isolamento; proibição absoluta de conversas, mesmo em voz muito baixa; proibição de entradas e saídas.

2°) Hora mais propícia: pouco depois das refeições. Quando houver necessidade de repetição de tentativas para se conseguir o sono, melhor é que as experiências sejam sempre às mesmas horas.

3°) Uma imensa, uma infinita paciência. Nunca manifestar desânimo.

★　★　★

Processos psicológicos de hipnotização

O hipnotismo é uma questão de psicologia – e assim todos os processos para consegui-lo são psicológicos. Há, porém, alguns em que se procede diretamente, quase sem intermediário algum.

É o que acontece quando se manda a pessoa dormir e ela obedece imediatamente. Bastou a palavra.

Em representações teatrais de magnetizadores outro não é o motivo do sucesso: o paciente está ou com a certeza ou com o medo de sucumbir. E tal estado de espírito o leva irresistivelmente a deixar-se vencer.

Um operador trazendo um copo de água pura, pode dizer a um paciente: "Isto é um narcótico poderosíssimo, embora não tenha gosto algum. Cinco minutos depois de V. bebê-lo, ficará dormindo". Desde que o paciente acredite, a ponto de dormir realmente, o operador terá empregado um processo hipnótico tão bom como o melhor que possa haver. Infelizmente, porém, não se anda geralmente assim tão depressa. A experiência têm demonstrado que as primeiras sessões são em geral as mais difíceis. Depois, sim; quando o organismo está educado, chega-se à produção instantânea da hipnose. Um gesto, uma palavra – e tudo está feito.

Um livro do Dr. Munro, *Handbook of Suggestive Therapeutics and Applied Hypnotism and Psychic Science*, grosso volume que, em 1918, estava na sua quarta edição, o autor, bem à americana, garante que a sua prática do hipnotismo "é maior que a de qualquer outro médico no mundo inteiro". Assegura ainda que já ensinou a hipnotizar 5000 médicos.

O processo que usa e com o qual jura ter tido apenas um por cento de insucessos é de uma simplicidade ideal. O Dr. Munro tem o merecimento de nos expor miudamente o seu modo de agir. Chegando o paciente, ele lhe diz:

"Sente-se nesta cadeira. Agora eu lhe explicarei o que estou fazendo e o que vou fazer. Está vendo este frasquinho de remédio? É uma amostra de um preparado que estou divulgando entre os médicos. Chama-se: Composição sono-analgésica. Sono é uma palavra que não precisa explicação, o senhor a conhece. Analgésica quer dizer: que alivia as dores. Assim, este medicamento serve para fazer dormir e eliminar qualquer sofrimento.

Emprega-se de modo simples: esfregando de leve na testa, como o senhor está vendo que eu faço na minha. E se na minha não causa mal algum, também na sua não causará. Eu tenho dito aos médicos que, para este remédio fazer efeito, precisa ser aplicado de certo modo pelo qual o aplicamos, que dá o resultado que vamos obter. Agora, o senhor vai sentar-se comodamente nesta cadeira, encostar a cabeça, pôr-se bem à vontade, fechar ligeiramente os olhos e respirar pela boca tal qual como faz quando vai adormecendo. Eu aplico então o remédio, o senhor vai ficando cada vez mais calmo, adormece de todo, profundamente, quando acordar estará melhor. Trate, porém, de não resistir ao efeito. Sente-se e deixe o remédio agir".

Isso é uma sugestão prévia. Feita ela, o hipnotizador senta o paciente, verifica que ele está comodamente, faz com que feche de leve os olhos, que respire pela boca e que pense no sono.

Começa então a esfregar-lhe o famoso remédio que é simplesmente água – muito de leve, e garante que o paciente está sentindo sono, sono, sono...

Embora o Dr. Munro tenha afirmações um pouco espetaculosas, nem por isso se pode duvidar das suas palavras. Sobre tudo em uma clínica coletiva, é natural que dê grandes resultados.

Ninguém sabe bem porque ele tanto insiste em que se respire pela boca, como se essa fosse a respiração normal de quem dorme. Mas, em todo caso, o meio a que recorre pode servir. O que convém é ir passando a mão na testa muito de leve e muito lentamente. Dentro de pouco tempo, os dedos mal devem tocar a pele. Depois, não devem tocar de todo, embora se continue a dizer ao paciente: durma, durma, durma...

O Dr. Munro longamente discute o seu processo, mostrando-lhe a legitimidade e as razões da sua eficácia.

Quanto à sua legitimidade, faz notar que não engana o doente sobre o resultado que deseja alcançar; é mesmo a primeira coisa que lhe diz.

Como, porém, a crença popular no efeito das drogas é muito maior que nos poderes psíquicos, aproveita essa crença asseverando que o frasco contém um remédio de grande eficácia.

Lidando com gente ignorante e de condição servil ou em grandes clínicas, é possível que semelhante processo possa ser correntemente aplicado. Não é de crer, porém, que fora desses casos o sucesso seja muito grande.

O processo que em geral emprego é o do Prof. Bernheim. Esse processo é aliás suscetível de muita elasticidade. Tudo está em uma questão de entonação da voz, que pode ir desde um modo de dizer, que pareça uma súplica, até uma ordem imperiosa.

Em primeiro lugar, tranquilizar o paciente e explicar-lhe o que vai sentir:

"Você vai dormir. Será um sono como o que dorme à noite, calmo, tranquilo. Vou fazer com que fite um objeto. Dentro de pouco tempo, suas pálpebras se cansarão. Sentirá necessidade de bater as pálpebras. Não resista a esse desejo: bata as pálpebras, abra-as e feche-as tanto quanto quiser. Quando vir que lhe custa manter os olhos abertos, deixe-os fechados. O sono há de vir. Adormecerá então profundamente".

Obter a tranquilidade do paciente é uma questão essencial. Se o operador sente que ele está receoso, apreensivo, é melhor adiar a sessão.

Convém notar que um fiasco na primeira tentativa importa uma sugestão negativa, uma sugestão de resistência, que, às vezes, depois, é muito difícil superar.

Por isso mesmo alguns médicos não hipnotizam nunca o doente da primeira vez em que o veem. Procuram ganhar-lhe a confiança, explicando o que lhe vai acontecer, durante várias visitas.

Há nisso um exagero. Às vezes o primeiro encontro é até muito propício a um bom resultado. Deve-se, porém, pôr o doente em um estado de espírito perfeitamente calmo.

Tranquilizado o paciente, sentá-lo comodamente em cadeira que tenha encosto. Se puder ser uma cadeira em que haja lugar pura estender as pernas, ficando semideitado, tanto melhor. Melhor ainda, se estiver deitado de todo.

Vale a pena verificar se o pescoço está bem à vontade. O colarinho dos homens não raro os incomoda. É indispensável que o paciente esteja com o máximo de comodidade.

Em geral, nos consultórios médicos, essas condições não se podem realizar. É certo que os hipnotizadores, que dão espetáculos públicos, fazem até os pacientes ficar de pé; mas as condições aqui expostas são as melhores. A posição semideitada, ou deitada de todo, já é uma sugestão de dormir.

Sentado o paciente, dou-lhe a fitar um objeto qualquer, mais ou menos a dez centímetros dos olhos, de tal modo que para vê-lo seja obrigado a envesgar os olhos. A cabeça precisa estar comodamente apoiada mas os olhos devem tomar tal direção que se fatiguem com facilidade.

Um bom objeto para dar a fitar é o reservatório de mercúrio do termômetro. Bom objeto, porque, em geral, todos os médicos o trazem consigo. Tratando-se com pessoas ignorantes, pode-se usar um pequeno artifício. Faz-se com que o paciente segure na mão por um ou dois minutos, o termômetro. Olha-se depois para o instrumento com grande seriedade, como se aí se estivesse lendo uma indicação preciosa, e, tomando uma atitude satisfeita, murmura-se: "Muito bem! Tudo mostra que vai dormir facilmente!"

Às vezes, o paciente pergunta com que temperatura está. Responde-se-lhe misteriosamente:

"A questão não é de temperatura; trata-se de coisa diversa..." E deixa-se o paciente impressionado com essas meias palavras sibilinas. Ainda uma vez cumpre observar que nada disso é indispensável. Em geral, as obras sobre hipnotismo, quando feitas por clínicos que operam por atacado – se assim se pode dizer – hipnotizando uns pacientes diante dos outros, não precisa recorrer a nenhum desses subterfúgios que parecem um pouco charlatanescos. Para aqueles médicos há a vantagem do exemplo, o contágio eficacíssimo da imitação.

Mas para o operador que têm de tratar de casos variados convém recorrer a certos meios auxiliares.

Como quer que seja, sentado o paciente à direita do operador, este vai seguindo pouco a pouco os sintomas do sono:

"Não pense em nada... Faça como quando vai dormir... Não se distraia... Seus olhos já se vão fatigando... Sente necessidade de bater as pálpebras... Pisque os olhos livremente, muito, muito... Dentro de pouco tempo, eles não se poderão abrir... Durma...

Durma..."

Em alguns casos – os mais frequentes – a operação pede muito tempo. É preciso paciência. Quando a pessoa ainda não deu sinal algum de cansaço dos olhos, é imprudente dizer-lhe que não os poderá abrir. Insiste-se então em sugerir-lhe que bata as pálpebras, que pisque os olhos. Quando esse abrir e fechar de olhos tende a tornar-se muito frequente, então se acentua que eles se vão fechar definitivamente, E sempre, como um estribilho, em voz baixa, surda, monótona, repete-se: "Durma! Durma!" Diz-se isso como um pedido, como uma ordem, ou como o anúncio de uma coisa que vai irresistivelmente suceder. Diz-se isso dez, cem, duzentas vezes, tantas quantas for preciso.

Os passes – lento mover dos braços, com as mãos voltadas para o paciente, de alto para baixo, a pequena distância, repetidas vezes, - têm frequentemente muita utilidade. Dantes, os magnetizadores os faziam, porque julgavam estar assim saturando de fluído o paciente.

Mesmo, porém, sem essa ideia os passes servem. Obrigam o paciente a fixar a atenção. Croce diz: "os passes agem sobre certos doentes muito mais depressa que a sugestão verbal ou a fixação de um objeto brilhante: eles impressionam a imaginação do paciente que julga estar sendo penetrado por um fluído particular. Os passes agem por sugestão inconsciente".[38]

---

38 Dr. Croce - L'hypnotisme et le Crime – pág. 34.

Se de todo, os olhos do paciente não se fecham, o operador pode baixar-lhes as pálpebras, continuando sempre a sua acalentadora ladainha: "Durma! Durma".

E sem muito verificar se o sono é realmente profundo, porque nessa verificação arrisca-se a acordar o paciente, que o operador lhe vá dizendo – dizendo e repetindo: "De outra vez, dormirá melhor. Dormirá imediatamente. Assim que eu lhe disser a palavra – "durma" – seus olhos se sentirão pesados e não poderão conservar-se abertos. Dormirá, esteja onde estiver, seja a que hora for. Durma! Durma! Só eu o posso fazer dormir. Caso outra pessoa o queira hipnotizar, em vez de dormir, ficará cada vez mais desperto. Durma! Durma! Só pode acordar quando eu mandar. Durma! Durma! Quando acordar fará tudo o que eu tiver dito, mas não se lembrará de nada do que eu disse, de nada do que se passou durante o sono. Durma! Durma!".

Fique bem nítida a declaração de que isto não é uma fórmula mágica de encantamento, cujas palavras devem ser repetidas *ipsis litteris*: é um exemplo do que se pode fazer. Há tantas diferenças entre as pessoas hipnotizadas, como, entre elas, em estado de vigília. Assim, não se pode afirmar que convém sempre agir deste ou daquele modo. Pessoalmente, eu sempre preferi a persuasão – persuasão, às vezes, temperada com um pouco de império, sobretudo, neste último caso, quando o operador lida com crianças ou com gente de condição servil, habituada à obediência.

É útil recomendar que a pessoa não poderá ser hipnotizada por outrem, porque se ela se convence de que todos a conseguirão adormecer, isso a pode expor a perigos diversos e dar ao próprio operador responsabilidades injustas.

Não é menos conveniente, de outro ponto de vista, recomendar o esquecimento do que se passou durante o sono hipnótico, porque assim se cria a personalidade segunda de um modo mais nítido, mais destacado da personalidade consciente.

Tudo prova que o domínio do Inconsciente e do Subconsciente é muito mais vasto e mais poderoso que o da Consciência. Convém que o trabalho da cura fique a cargo do Inconsciente: é aliás uma das funções deste.

Por sutis que pareçam estas razões, não são menos exatas. O hipnotismo dos que, acordados, se recordam do que fizeram durante o sono, é, em regra, superficial e menos eficaz.

Depois do que acima se disse, se houver sugestões terapêuticas a fazer -fazer logo as de ordem geral: "que vai sentir-se melhor, mais forte, certo de que se restabelecerá".

Se há sugestões antipáticas ao paciente, convém não as fazer, enquanto não se tem certeza da profundeza do seu sono, para que de outra vez, não resista. Trata-se de captar-lhe a confiança.

O objeto que se dá a fitar ao paciente é útil, mas não têm influência direta sobre o resultado. Em todo caso, obrigando-o a dirigir os olhos em uma direção, obtém-se que não se distraia tanto como o faria, se pudesse estar com eles a errar pela sala, em todas as direções ou mesmo a fitar o hipnotizador e examinar-lhe o rosto. É um pequeno ajutório muito útil.

Charles Richet descrevia assim o seu método de hipnotização:

"Faço sentar o paciente numa cadeira defronte de mim; tomo cada um dos seus polegares em uma das mãos e aperto-os fortemente, mas de uma maneira uniforme. Esta manobra é prolongada durante três ou quatro minutos. Em geral, as pessoas nervosas sentem logo uma espécie de peso nos braços, nos cotovelos e principalmente nas pálpebras.

Os passes consistem em movimentos uniformes, de alto para baixo, em frente dos olhos, como se, abaixando as mãos, se pudesse fazer fechar as pálpebras. No princípio das minhas tentativas, eu pensava que fosse necessário mandar fixar um objeto qualquer pelo paciente; vi mais tarde que era uma complicação inútil. A fixação do olhar tem talvez alguma influência, mas não é indispensável.

Entre um e outro operador havia sempre diferenças no modo de proceder, diferenças que não vale a pena expor aqui longamente. Tratava-se de projetar o fluído magnético no corpo do paciente. Isto se fazia em maior ou menor quantidade, ou carregando o corpo inteiro, ou especialmente quer o tronco, quer a cabeça, quer alguns dos membros, conforme os fenômenos que se tratava de obter, ou a sede da moléstia. O que havia geralmente de comum eram os passes. Por eles se fazia a transmissão. Esses passes eram sempre de cima para baixo e sempre muito lentos, quando se tratava de magnetizar. Ao contrário, para desfazer o sono, eram feitos com grande rapidez, no sentido das mãos, dos pés, ou transversalmente no tronco, como se se tratasse de vazar por aí rapidamente o fluido acumulado".

Hoje, o processo dos passes é pouco seguido, salvo pelos raros que ainda admitem as teorias fluidistas. Todavia, mesmo os partidários da sugestão empregam-no, às vezes, embora explicando a produção do sono de outro modo.

Qual seja essa explicação já vimos no capítulo anterior. Trata-se apenas de fazer o paciente concentrar toda a sua atenção na expectativa do sono; de convence-lo, persuadi-lo, ordenar-lhe ou amedrontá-lo. Assim, todos os vários métodos usados, são meios de evitar que o indivíduo se distraia ou mesmo de pelo cansaço de algum dos sentidos, juntar à sugestão expressa, a sugestão, tácita e inconsciente do sono, pela necessidade de repouso, subsequente a qualquer grande desperdício de forças.

Assim, resumindo este parágrafo, pode dizer-se que os processos psicológicos de hipnotização consistem em convencer o paciente que vai dormir e isto ou sem nenhum preparativo ou com um mínimo de manobras (fixação do olhar ou passes) que não têm nenhum efeito por si mesmas.

Quais são os processos, em que entram por grande parte os meios físicos?

Há que distinguir dois casos.

Quando, por exemplo, se dá a fitar a qualquer pessoa um ponto, brilhante ou não, procurando simultaneamente convencê-la que vai dormir, a fixação do olhar sobre o ponto indicado pode ser um simples recurso acessório, sem nenhuma importância por si mesmo. O olhar nem chega a fatigar-se.

Em outros casos, porém, a fixação do olhar é o essencial. Assim, por exemplo, o Dr. Louys obrigava as pacientes a fitar espelhos rotativos, usados na caça das cotovias e que, por isso, os franceses chamam *miroirs aux alouettes*. Voisin prendia loucos em camisolas de força, punha assistentes forçando-os a ter as pálpebras abertas e fazia convergir para os olhos dos pacientes, durante duas a três horas a fio, a luz de lâmpadas de magnésio!

O Dr. Herrero, da Faculdade de Medicina de Madrid, procedia igualmente, amarrando a cabeça do paciente, mantendo-lhe as pálpebras abertas com blefarostatos e obrigando-os a fitar fortes lâmpadas elétricas.

Não nos dizem os que narram tais experiências, como ficavam os olhos desses desgraçados... Mas aí, incontestavelmente, o cansaço nervoso, a extenuação, a necessidade de dormir vinham do recurso físico empregado.

Sem ir tão longe, só pela demorada fixação de qualquer ponto, luminoso ou não, o efeito físico pode ter uma alta importância. De mais, quando o objeto a fitar é posto ao alto, a pequena distância dos olhos e estes para o verem precisam envesgar-se, em estrabismo convergente, o cansaço ainda é mais rápido.

Em vez de procurar o cansaço visual, pode procurar-se o auditivo, com a repetição, sempre a mesma, de um som monótono. Instrumento bom para isso: um metrônomo.

O Dr. Bernard Hollender emprega um motor que produz o som da intensidade que se deseja.[39]

O tipo do recurso físico, que talvez venha a ser empregado de futuro é o uso da eletricidade.

Tanto o médico espanhol Dr. Bertran Rubio, como o Dr. Ash, diretor de London Nerve Clinic,[40] empregaram a eletricidade estática. Ambos o fizeram por meio de longas efluviações sobre a cabeça.

---

39 Bernard Hollender -Hypnosis und Self-Hypnosis - pág. 68.

40 Ash - How to treat by suggestion - págs. 25 e 33.

Para quem tenha uma boa máquina de eletricidade estática é um recurso simples e absolutamente sem perigo.

Embora nunca o tenha empregado para fazer dormir ninguém, já o senti, experimentado em mim, para fazer cessar uma cefalalgia rebelde que a tudo mais, durante muitos dias, tinha resistido. Vi, portanto, como é poderoso o seu efeito sedativo.

Os inconvenientes desse recurso são o fato de não ser muito frequente em consultórios médicos a presença de máquinas de eletricidade estática e de em alguns, onde elas existem, estarem em lugares em que é difícil dar ao paciente o recolhimento necessário. Por último, convém notar que muitas dessas máquinas são excessivamente ruidosas.

Outra aplicação de eletricidade é a que foi feita pelo professor Stephane Leduc. Diz ele:

"Aplicada ao cérebro, em pacientes intatos, a corrente alternativa é uma modificadora poderosa do psiquismo. Fazendo, com uma força de 110 volts, passar duas ou três vezes consecutivas, durante dez a vinte segundos, a corrente alternativa, de baixo para cima da coluna vertebral, produz-se um estado de letargia, seguido de um estado de catalepsia..."[41]

Saído deste estado, o animal (porque as experiências foram feitas com cães) entra em estado de sonambulismo.[42]

Stephane Leduc fez aplicar em si mesmos essas correntes elétricas para produzir a narcose, que só não chegou a ser completa, porque os operadores tiveram medo de ir mais longe.

As experiências do professor da Faculdade de Medicina de Nantes, experiências que não podem, ao menos por ora, entrar na prática, são curiosas, porque mostram a possibilidade de se obter o sonambulismo por um meio puramente físico: a aplicação de uma certa forma de corrente elétrica, em determinada direção, por tal ou qual espaço de tempo.

O que há de interessante nesta aplicação é ver um estado, que parecia só poder ser alcançado por meios psíquicos, obtido também por um processo puramente físico.

Mas a única forma pela qual, presentemente ao menos, se pode fazer com que a eletricidade contribua para a produção do hipnotismo, é a forma estática; nada mais fácil, nem mais simples.

Pode-se ainda notar uma particularidade nas aplicações feitas por Stephane Leduc: é que, ao contrário do que sempre faziam com os passes os antigos magnetizadores, ele aplica as correntes de baixo para cima.

---

41 Stephane Leduc - La biologie Synthétique – pág. 195.

42 Stephane Leduc - L'energétique de la vie – pág. 194.

Uma aplicação também possível de eletricidade é a das correntes de Araya.

Araya foi um médico chileno, que inventou um aparelho modificador da corrente farádica. Aplicado a pessoas doentes, sobretudo de moléstias nervosas, ele produz o sono.

É mesmo curioso saber que, enquanto as pessoas estão doentes, adormecem. Ao passo que a cura vai progredindo, precisa-se de uma corrente cada vez mais forte para obter o sono. Por fim, a corrente passa facilmente e não há mais sono.[43]

Por último pode citar-se um processo que foi, de certo, o empregado por certos hipnotizadores charlatanescos, que se exibiam em espetáculos públicos. Tem uma aparência violenta e não me consta que tenha sido aplicado por nenhum médico para esse fim, mas é provável que seja muito mais simples do que parece, pois que o grande clínico Trousseau o recomendava nas convulsões infantis. Se ele o considerava uma coisa até aplicável em crianças da primeira idade, não deve ser temível para os adultos. Trata-se de compressão das carótidas.

Trousseau diz:

"Les carotides, ce sont deux gros vaisseaux qui montent, parallement, de chaque côté du cou, et vont porter au cerveau le sang artériel. Elles sont flanquées des veines jugulaires qui en remenent le sang veineux. En comproment celles-là, on comprime iuévitablement celles-ci. Qu'est-ce qui agit? Est-ce la pénurie momentanée de sang artériel, et, partant, l'anémie cérébrale? Est-ce la stagnation du sang veineux et la congestion passive de l'encephale? Faut-il tenir compte de la compression simultanée que subissent, dans les mêmes parages, le nerf pneumogastrique ou le sympatique cervical? Ne nous attardons pas aux discussions physiologiques. Ne considérons que les faits.

Le rebouteur javanais place ses mains vers l'angle le chaque mâchoire inférieure, chez son sujet. A droite et à gauche, il enfonce sou index et son médius à la recherche d'un gros vaisseau animé de battemeut. L'ayant trouvé, il le comprime, d'un effort lent, soutenu, prolongé. La respiration du patient s'accélère, devient plus profonde. Celui-ci laisse alieI' la tête en ardere et prend l'attitude d'une personne endormie. Telle est la narcose dite jamanaise. On l'appelle, là-bas, *tarik urat tidor*, ce qui, parait-il, signifie: compression du vaisseau soporifique. Or, notez que, dans l'ancienne anatomie, l'artére carotide portait de nom *d'arteria soporifera*. Les Russes disent encore: *sonnaia artéria*".

Assim os que ousem aplicar esse processo, (o que não me parece recomendável) desde que o paciente chegue à narcose pela compressão dos grossos vasos que irrigam a cabeça devem dar logo a sugestão e relaxar o paciente, que – deste modo passa de um sono por anemia cerebral para o sono hipnótico.

---

43 Plerron -L'Inhibition Electrique - pág. 37.

Nunca empreguei e nunca soube de nenhum médico que empregasse esse recurso, ao menos na aparência tão violento, mas acredito que ele será eficaz e em todo caso talvez melhor que os de Luys e Henri.

Assim, resumindo, pode dizer-se que todo meio de fatigar qualquer dos sentidos é suscetível de contribuir como poderoso adjuvante da sugestão hipnótica: o mais usado é a longa fixação de um ponto qualquer, posto ao alto, a pequena distância dos olhos, de modo a obrigá-los a tomar uma posição de estrabismo convergente.

Há, além disso, a eletricidade estática, que pode sem inconveniente algum ser empregada em longas efluviações sobre a cabeça.

As experiências do professor Leduc, com a eletricidade dinâmica, em correntes alternativas, não passam, por ora, de uma curiosidade.

★ ★ ★

Quais os processos em que entram por grande parte os meios químicos?

Os meios químicos até agora empregados para obter o hipnotismo têm sido diversos. Para começar, a *cannabis indica*.

A primeira droga, que se usou para obter o hipnotismo, foi de fato essa. Ela está citada em uma das obras de Braid; mas não partiu dele a iniciativa do seu emprego. Foi do Dr. O'Schaugnessy, de Calcutá. A observação se fez por puro acaso: "As duas horas da tarde, deu-se a um paciente reumático um grão (O gr.648) de resina de uma espécie de canabis (*hemp*, que é a *cannabis sativa*). As 4 horas, ele estava excessivamente tagarela: cantou, pediu em voz muito alta mais comida e declarou achar-se de perfeita saúde. As 6 horas, estava dormindo. As 8, encontraram-no insensível, mas respirando com perfeita regularidade, pulso e pele em estado normal e as pupilas livremente contraindo-se à aproximação da luz. Tendo, por acaso, levantado seu braço – facilmente se imaginará qual foi o meu espanto quando vi que ele ficava na posição em que eu o colocava. O paciente tinha ficado cataléptico. Nós o sentamos e pusemos seus braços e suas pernas em todas as posições imagináveis. Uma figura de cera não seria mais plástica. Ele continuou assim até 1hora da madrugada, quando a consciência e o movimento voluntário voltaram prontamente".[44]

Experiências com outro paciente tiveram igual resultado.

O Dr. von Schrenck-Notzing, de Munich, acha também que a *cannabis indica* facilita muito a produção da hipnose, se se tem o cuidado de ministrar doses em que a condição tóxica não seja muito pronunciada. As sugestões que se

---

44 Citado por Milne Brawell - Hypnotism - 3rd edition - pág. 4.

dão quando o paciente está sob a ação da cannabis, são perfeitamente executadas. Ele cita o seguinte caso:

"O paciente, com 22 anos de idade, perfeitamente sadio, nunca tinha sido hipnotizado. As 6 horas da tarde, tomou cerca de 1 grão e meio (O gr.097) de extrato de *cannabis indica*. As 7 horas, ele se sentia embriagado e o rosto estava congestionado. Pulso 104. As 8 horas, sucumbindo de cansaço, foi obrigado a deitar-se e não podia manter os olhos abertos. Schrenck-Notzing colocou então a mão na testa do paciente e sugeriu-lhe com pleno sucesso rigidez cataléptica de um braço, analgesia e hiperestesia do outro, alucinações da vista, do ouvido e do tato, mudança de personalidade. Por fim deu-lhe uma sugestão post-hipnótica, que foi executada no dia seguinte".

O cloral era usado pelo grande hipnotizador alemão Dr. Albert Moll.

A morfina tem sido empregada por diversos. Tem mesmo sido empregada para hipnotizar certos pacientes contra a vontade. A ela recorreu o Dr. Crichton-Miller. A ela recorreu igualmente o Dr. Quackenbos, que escreve:

"A experiência do autor, no que se refere ao hipnotismo compulsório, com pacientes automaticamente refratários ou propositalmente desconfiados, é de natureza a merecer uma menção neste volume.

Quando um caso destes aparece e o médico tem ou a objetiva permissão do doente ou a autoridade para agir contra a vontade dele, vou à casa do enfermo à hora em que este habitualmente se deita, injeto-lhe a dose necessária de morfina para garantir o meu domínio sobre ele e mando-o deitar-se. Assim que ele entra na cama, uma sensação agradável se espalha pelo seu corpo. As vezes, é uma espécie de fraqueza, mas muito agradável. Segue-se um período de estimulação do coração em que o cérebro se torna extremamente ativo. Mas dentro de 15 minutos a meia hora, se a quantidade de morfina foi cuidadosamente dosada, o pulso diminui de frequência, a respiração torna-se mais lenta e mais superficial, os olhos, que estão fixos no ponto que o operador marcou, começam a fechar-se e o paciente cai num sono extremamente apto ao que se deseja. A resistência desaparece e eu me sinto capaz de, com toda a liberdade, metodicamente, limpar-lhe a alma. A fusão de indescritível calma e vivacidade, graças ao efeito hipnótico acrescentado ao da morfina, leva ao mais alto grau de receptividade e de sugestibilidade. O que então o operador diz, no intervalo entre a Sonolência e o sono, com toda a firmeza e convicção, desde que seja na direção de uma exaltação mental e moral, é inquestionavelmente aceito".[45]

Há uma substância facilmente achada em todas as farmácias – o Sedol – que pode servir a qualquer médico.

---

45 John Dunean Quackenbos - Hypnotism in mental and moral culture - pág. 253.

É um meio corrente de aplicar a morfina, que aliás, nesse caso, está associada à scopolamina.

Talvez melhor ainda seja o Somnifene Roche, que pode ser dado dor via gástrica e é atualmente considerado por muitos o melhor dos hipnóticos.[46]

Em quase todas as ocasiões em que se empregam drogas para obter o sono é melhor não dizer ao doente o dia em que elas são empregadas. Num exemplo como o de Quackembos, mais valeria ir uma primeira vez à casa do doente, dar-lhe uma injeção qualquer, inócua, ficar à beira do seu leito dando-lhe conselhos e retirar-se pouco depois. Voltar no dia seguinte, fazer crer que vai dar a mesma injeção da véspera e injetar então a droga.

Normalmente, pode-se contar com vinte a trinta minutos para o efeito se produzir. Mas, se o doente está na expectativa desse efeito ou se está com o desejo, ora aparente, ora oculto de ver a experiência fracassar, o efeito do remédio é muito demorado e às vezes, para se produzir, precisa de doses superiores às normais.

Três vezes tive ocasião de observar esse fato. Da primeira o doente sabia o que eu ia fazer e tomou a dose de narcótico que o seu médico, por cujo pedido eu agia, lhe prescrevera. Nem eu conhecia qual fosse o remédio.

Da segunda, o doente tomara uma dose de pantopon. Médico, ele mesmo fizera em si a injeção. O sono não veio. Involuntariamente embora, ele não podia deixar de analisar-se e isso o impedia de adormecer.

Voltou, porém, à carga e tomou em outro dia 15 centigramas de morfina. Levou ainda assim mais de uma hora para adormecer.

É bom não esquecer que os doentes que mais custam a dormir são os "nervosos" e que um grande número de doentes de moléstias nervosas, embora julgue e diga o contrário de muito boa-fé, não quer, de fato, curar-se. Para vencer essa resistência do Inconsciente é preciso, não só a carga do medicamento, aplicado na dose inteira necessária para agir por si só, mas também a do hipnotismo. Éste último pode não bastar para suprir a deficiência daquele, porque o doente que não adormece sem narcótico está quase sempre em um estado psicológico de desafio, querendo ver (mas um "querendo ver" hostil) se o remédio basta para quebrar-lhe a resistência.

Além da cannabis e da morfina, o clorofórmio tem também sido empregado muitas vezes. Não se trata de fazer uma cloroformização completa; mas apenas de ajudar a produção do sono hipnótico com uma ligeira quantidade de clorofórmio.

O clorofórmio, como todos os médicos sabem, têm um cheiro característico indisfarçável. Quando o hipnotizador vai empregá-lo e o paciente ainda não

---

46 Alday Redonnet - Contribution à l'étude pharmacodynamique et toxicologique du Somnifêine. – Archives Internationales de Pharmacodynamie et Thérapie. - Vol. XXX, pág. 350.

está adormecido, arrisca-se a vê-lo acordar e protestar. É preciso estar ao lado dele, dizendo-lhe firmemente: "Continue com os olhos fechados. Não abra os olhos! Durma, Durma!"

É muito comum ler em jornais a narração de roubos feitos por ladrões narcotizadores, que entram sutilmente em qualquer quarto e cloroformizam as vítimas.

Isso é quase sempre fantasia. Edmond Locard[47] vai mesmo mais longe e considera a coisa impossível. Creio, entretanto, que ele exagera quando nega em absoluto a possibilidade da operação. Se, de fato, se encontra alguém profundamente adormecido, pode-se perfeitamente ir pouco a pouco aproximando o objeto embebido em clorofórmio até conseguir um sono ainda mais profundo.

O emprego do clorofórmio em hipnotismo é feito, ou apenas para conseguir um primeiro estado de obnubilação mental, em que é fácil implantar as sugestões, ou para tornar mais profundo o sono.

Só quando não se duvide usar até de um processo violento como o do Dr. House, ter-se-á de ir mais longe. Mas, nesses raríssimos casos, já o paciente estará adormecido com outras substâncias narcóticas.

O recurso do clorofórmio é perfeitamente indicado, quando o paciente está sofrendo alguma dor persistente que o impede de dormir, e, em casos de insônias rebeldes, de certas intoxicações e até de loucura.

O Dr. Herrero, professor de Clínica Médica em Valladolid, empregou várias vezes o clorofórmio.

Há um fato contado por ele, interessantíssimo. Tratava-se de uma senhora atacada de mania. Seu médico, em Madrid, tentou em vão hipnotizá-la. O resultado foi que ela passou a considerar o hipnotismo uma arte satânica e recusou firmemente submeter-se de novo a qualquer tentativa.

O Dr. Herrero, a quem ela foi enviada, não lhe falou de modo algum em hipnotismo. Propôs-lhe curá-la pelo clorofórmio. Em menos de 5 minutos, tendo-lhe dado 15 gramas de clorofórmio, ela chegou ao estado sugestivo do sono. Deu-lhe então o médico as sugestões terapêuticas necessárias e acrescentou que no dia seguinte ela dormiria mais prontamente ainda. Foi o que sucedeu. No dia imediato bastaram 3 gramas de anestésico para se obter o resultado. O médico lhe disse, quando ela estava dormindo, que daí por diante não precisaria clorofórmio. Com efeito, no outro dia bastou o inalador seco; e depois nem mais foi preciso inalador algum. A paciente tornou-se uma ótima sonâmbula.[48]

---

47 Edmond Locard - Le Crime et los criminels - pág. 96.

48 Citado por Milne-Bramwell – Hypnotism - 3rd edition, pág. 47.

Wetterstrand cita diversos casos de pacientes que dormiam muito super-ficialmente que ele tornou bons sonâmbulos com uma aplicação de clorofórmio. Porque, obtido, uma vez o sono profundo, o caso, das outras vezes, é facílimo.

O Dr. Ash diz ter usado o paraldeíde e o brometo de amônio. Acrescenta: Este último pode ser dado em largas doses repetidas até que o paciente fique em estado de sonolência..."[49]

Acredita mesmo que um método de tratamento baseado neste plano há de ter grande futuro.

Que se possa descobrir um medicamento capaz de produzir um esta-do de que seja possível passar seguramente para o hipnotismo, nada tem de irracional.

A scopolamina é muito empregada para o trabalho de partos, obtendo-se com ela o que os ingleses chamam o *sono crepuscular - twilight sleep*. Associam-na geralmente à morfina. Dessa associação se servem aliás alguns cirurgiões para a anestesia geral, mesmo em grandes operações.

A scopolamina tem propriedades especiais. O paciente em que ela é injetada conserva ativas as faculdades intelectuais. Perde, porém, toda a memória. Essa é, pelo menos, a regra.

Num inquérito da Royal Society of Medicine, da Inglaterra, diz o rela-tório: "A ação da scopolamina sobre o sistema nervoso difere da dos hipnóticos comuns. Estas drogas agem apagando as percepções e suprimindo os impulsos dos sentidos. A scopolamina não age assim; os impulsos dos sentidos continuam a

---

49 O brometo de amônio ou bromidrato de amoníaco, de que o Dr. Ash faz tão largo emprego, não é quase usado na prática francesa. Há aí mais um dos exemplos de medicamentos que só curam de um dos lados da Mancha... Basta ir da França para a Inglaterra ou vice-versa para ver substâncias muito empregadas em um dos países, quase proscritas no outro.

Ao passo que o Dr. Ash entende que se pode receitar largamente o brometo de amônio, o formulário francês de Odilon Martin diz: "ele deve ser prescrito em doses muito menos elevadas que os outros brometo!..." O formulário de G. Lyon e Loiseau, afirma que ele deve ser empregado nas mesmas doses que os outros brometos; mas, como se altera multo, "não merece ser receitado". O de Lemoine et Gérard acho que por causa da sua grande riqueza em bromo, se dá em doses metade menores que as do brometo de potássio". Os outros, embora não dissertem especialmente sobre a questão de doses, prescrevem-nas sempre menores que as dos outros brometos.

O tratado de Terapêutica de Manquat, também assegurando que as doses de brometo de amônio devem ser "duas vezes menos fortes" que os de brometo de potássio, dá indicações sobre os seus efeitos, que justificam o emprego que faz o Dr. Ash, dizendo que "ale parece agir ao mesmo tempo como brometo e como sal amoniacal, isto é. simultaneamente como sedativo e como difusivo. Estimula a atividade cerebral, torna a respiração mais ampla. o pulso largo e cheio, o rosto mais corado e reforça o poder muscular. (A. Manquat - Therapeutique, vol. III, pág. 456).

ser percebidos..."[50] É até mesmo necessário, por isso, tapar os ouvidos e os olhos do doente, desviando deles qualquer claridade ou ruído.

Um dos processos mais usados para saber se o doente tem a dose necessária desse medicamento é um processo puramente psicológico: consiste em mostrar ao paciente o mesmo objeto, com um curto intervalo, e ver se ele ainda se recorda do que viu a primeira vez. É o que se chama – a prova de Gauss.

Tudo isso mostra a singularidade desse produto. O relatório acima citado diz que ele não produz, a bem dizer, "nem analgesia; nem anestesia, mas apenas uma condição de amnésia".

Trata-se, portanto, de uma substância, que tem como resultado uma dissociação psicológica muito curiosa. As sugestões que se derem ao paciente quando ele estiver nesse estado, e de que mais tarde não se lembrará, produzirão efeito? Esse estado não é um verdadeiro sonambulismo, obtido quimicamente?

Que incontestavelmente é – tive ocasião de observar em um caso extraordinário, mais adiante referido.

Um dos primeiros, senão o primeiro, a usar a scopolamina para a obtenção da hipnose foi o Dr. Berillon.

Na sessão de 17 de outubro de 1905 da *Sociedade de Hipnologia e Psicologia* ele fez uma comunicação na qual havia o seguinte trecho: "Cerca de 30 minutos depois de uma primeira injeção de quatro décimos de miligrama de scopolamina, o paciente fica com uma vontade de dormir análoga à do sono espontâneo. Resiste algum tempo, esfrega os olhos, boceja, deseja estender-se em uma espreguiçadeira, as pálpebras tornam-se pesadas e ele adormece. A respiração é admiravelmente calma. Se alguém lhe levanta um braço, tem a tendência, como na hipnose, a mantê-lo na posição que se lhe deu. Se se insiste um pouco, os movimentos que qualquer pessoa a obriga a fazer continuam automaticamente".[51]

Tudo parece indicar que a scopolamina pode ser um medicamento precioso para a produção da hipnose.

Nos Estados Unidos, o médico que passa por melhor conhecer as propriedades dessa substância é o Dr. House, do Texas. Em certa ocasião, ele apresentou

---

50 O tratado de Terapêutica de Manquat, também assegurando que as doses de brometo de amônio devem ser "duas vezes menos fortes" que os de brometo de potássio, dá indicações sobre os seus efeitos, que justificam o emprego que faz o Dr. Ash, dizendo que "ale parece agir ao mesmo tempo como brometo e como sal amoniacal, isto é. simultaneamente como sedativo e como difusivo. Estimula a atividade cerebral, torna a respiração mais ampla. o pulso largo e cheio, o rosto mais corado e reforça o poder muscular. (A. Manquat - Therapeutique, voI. III, pág. 456).

51 Revue l'Hypnotisme -1906 - pág. 303.

à *American Medical Association* um processo, graças ao qual, está certo de poder arrancar a verdade mesmo aos mais resistentes criminosos. A esse processo chamaram os jornais, com uma designação muito imprópria e contra a qual o Dr. House protestou vivamente, o *serum da verdade*.

Não se tratava, entretanto, de serum nenhum. O que o Dr. House fazia era, primeiro, dar uma injeção de aproximadamente 8 décimos de miligrama de scopolamina associados a 15 decimiligramas de aspomorfina. Um quarto de hora após, mais 4 décimos de miligrama de scopolamina. Vinte minutos depois cloroformização até a completa inconsciência. Mais vinte minutos, e uma última dose de 3 decimiligramas de scopolamina.

Garante o Dr. House que duas horas e dez minutos após a primeira dose de remédio o indivíduo chega a um estado tal que responde fatalmente a todas as perguntas que lhe são feitas. E responde a verdade.

Há um certo número de conselhos sobre o modo de verificar a profundidade do sono e sobre a maneira de fazer as perguntas, que não vem aqui a propósito.[52]

As doses a que se refere o Dr. House parecerão excessivas a todos os que conheçam os formulários franceses. Injetar em alguém, no curto espaço de uma hora, nada menos de 15 decimiligramas de scopolamina, é formidável.[53] Não se trata, porém, para ele, de hipnotismo e sim de pôr o indivíduo em um absoluto estado de inconsciência.

A primeira experiência que eu fiz com o emprego da scopolamina, foi com um médico paulista. De passagem pelo Rio de Janeiro, veio conversar comigo, mostrou-me que conhecia a fundo as questões de hipnotismo e acabou pedindo-me que o hipnotizasse. Uma insônia pertinaz só lhe permitia dormir graças ao uso da adalina. Preocupações sérias de negócios e de família o obsedavam.

Tive pouca esperança de conseguir, de pronto, resultado. Faltava-me qualquer prestígio sobre o paciente. De mais, era um espírito que sempre se estava analisando e que receberia dificilmente as minhas sugestões.

Propus-lhe então usar a scopolamina e a apomorfina, mais ou menos nas doses da primeira injeção que o Dr. House costuma empregar para os seus trabalhos de criminologia:

---

52 E. House - The use of scopolamin in crimlnology. - E. House - The drug Scopolamin. - E. House -The medico-legal and obstetrical observation of scopolamin-anesthesy. - Onde, porém, se expõe melhor o modo de fazer as perguntas aos pacientes é no trabalho do Dr. P. R. Vessie - Scopolamin sleep in psychiatric work – pág. 3.

53 No Bulletin des Sciences Pharmacologiques, de junho de 1925, p.129, está o Decreto do Governo Francês, mandando fazer acréscimo ao Codex. Entre esses acréscimos figura o da scopolamina. Ai se dá como dose máxima para 24 boras e por via estomacal - 1 miligrama. O Dr. House dá miligrama e meio, em uma hora, e por via hipodérmica.

Apomorfina – 0,0015g decimiligramas

Bromidato de scopolamina – 0,0008g decimiligramas

Água destilada – 1 cc

A aplicação ele mesmo a fez em minha casa, que então se achava absolutamente desocupada, durante o dia. Vinte minutos depois, estava dormindo e eu lhe tinha dado as sugestões essenciais. Deixei-o adormecido por uma hora. Quando o acordei, ele me confessou que estava tonto, mal podia firmar-se nas pernas, tinha mesmo a língua um pouco trôpega.

Pareceu-me conveniente tornar a adormecê-lo, por simples sugestão, e assim fiz. Ao cabo de meia hora, acordei-o de novo. Estava ainda sonolento, falando com alguma dificuldade, mas lúcido. Disse-me que eu podia partir; ele iria depois. Deixei-o.

O meu espanto foi imenso quando ele me contou no dia imediato o que acontecera. Ao sair de minha casa, foi até o seu automóvel, que era ele mesmo quem guiava, e levou-o para defronte da casa de uma pessoa amiga. Ali o deixou. Como e porque – não sabe. Sabe só que duas horas depois se encontrou de novo diante da porta de minha casa, muito espantado por não ver o seu carro. Tê-lo-ia deixado defronte de um hotel, muito longe dali, a que costumava ir? Tomou um automóvel de aluguel e foi até lá; nada achou. Passou na Polícia e deu o número do carro, comunicando que o tinham roubado. Voltou à frente de minha casa. Aí o assaltou a vaga ideia de que fora ele mesmo quem o tirara. Isso, porém, lhe aparecia de um modo indistinto, como em um sonho. Tinha mesmo embora confusamente, a ideia de que, ao fazer a manobra com o carro, a roda passara sobre uma grande pedra.

Perguntando a um negociante da vizinhança se vira alguém tirar o automóvel, o negociante lhe disse que o vira a ele executando a manobra.

Telefonou então para o lugar onde estava hospedado, dizendo que fora roubado. Já aí, porém, chegara um telefonema da pessoa amiga, defronte de cuja casa ficara o veículo.

O que há de interessante na observação é que a scopolamina pode assim produzir um estado de sonambulismo, de condição segunda, em que durante cerca de duas horas o paciente fez uma série de atos extraordinariamente complexos e de que, ao voltar a normalidade, não teve mais a menor lembrança.

Foi nessa condição segunda que ele tirou o automóvel do lugar onde estava, guiou-o por algumas ruas de intensa circulação, levou-o para diante da casa da pessoa amiga e fez de certo numerosos outros atos de que não tem nenhuma memória.

Mais tarde, em dois outros casos, sempre com assistência médica, tive ocasião de empregar a scopolamina e verificar os mesmos efeitos. É inútil, porém, dizer que nesses casos tomei cuidados maiores e nada tive a lamentar.

Para o uso dos práticos que precisem usar do recurso à scopolamina o que há, portanto, a recomendar é que só a empreguem quando o paciente esteja em casa e seja possível deixá-lo adormecido por seis horas ou mais – o que será uma vantagem a acrescentar às outras.

Do ponto de vista psicológico é interessantíssimo ver essa droga química produzindo, por si só, uma prolongada fase de sonambulismo.

Lidando com casos muito rebeldes, acredito que o bom sistema seria ir, como o Dr. House faz para o seu trabalho criminológico, até a absoluta inconsciência e insensibilidade do paciente, empregando também um pouquinho de clorofórmio, tal qual o médico norte-americano.

Feito isso, ficar ao lado do paciente e esperar os primeiros sintomas de volta à consciência para então lhe dar a sugestão essencial: de que, daí por diante, sempre que o hipnotizador o mandar dormir ou disser na sua presença tal ou qual palavra convencional, adormecerá. Obter que o paciente prometa isso. Deixá-lo então adormecido, até que acorde normalmente.

Nesta hipótese, o período a aproveitar, em vez de ser o de passagem da vigilia para o sono, será o da volta do sono para a vigília.

Se, como creio, os resultados que o Dr. House obtém são verdadeiros, penso que este processo será talvez aplicável a todos. Ele é, não há dúvida, de uma certa gravidade. Por isso mesmo, ninguém se lembraria de aconselhá-lo como uma medida corrente. Há, porém, casos graves, em que tudo é lícito tentar.

Aliás, para limitar o emprego da scopolamina, dá-se a circunstância de que é necessário mandar fazer ampolas fechadas, com a dose prescrita, o que não se obtém em qualquer farmácia. A maior parte delas não possui sequer a scopolamina.

Um autor austríaco, Schilder, dá ao paciente de 50 centigramas e 1 grama de barbital duas horas antes de hipnotizá-lo e impede-o de dormir até o momento de proceder àquela operação. Dá também paraldeíde em doses de 4 a 10 gramas ou hidrato de amilena de 4 a 6 gramas, começando a hipnotização poucos minutos depois.[54]

O emprego do Somnifène Roche é muito simples porque pode ser ministrado muito simplesmente por via estomacal.

Sabido que o paciente nada tomou nas três últimas horas e está, portanto, provavelmente, com o estômago vazio, dar-lhe em um pouquinho de água, 30 gotas de Somnifène Roche. Feito isso, começar o trabalho de hipnotização.

---

54. Resumido da Wlener Klinische Wochenschrift de 5 de novembro de 1925 pelo Journal of American Medical Association de 19 de dezembro do mesmo ano.

Aplicado o Somnifene em injeção intramuscular o efeito será muito rápido: 15 a 20 minutos.

Assim que o paciente fechar os olhos, insistir apenas em que, de outra vez, dormirá imediata e profundamente, desde que ouça a palavra "Durma!" proferida pelo hipnotizador. Repetir, repetir, repetir essa sugestão, acrescentando apenas que o paciente vai ficar dormindo durante seis horas, tranquilamente, e acordará por si mesmo, sem o menor incômodo, muito alegre, muito bem disposto.

Como se vê, é um processo que só pode ser empregado ou em hospital, ou na casa do paciente. Torna-se indispensável nessas hipóteses fazer sentir bem aos que cercam o doente, que ninguém deve ir conversar perto dele, mesmo em voz muito baixa. Ainda longe e supondo que de modo algum será ouvido, que ninguém emita a hipótese de que ele não poderá mais acordar.

Já ficou dito anteriormente que tal ocorrência é impossível; mas vale a pena prever e impedir complicações inúteis. Proibição absoluta de conversar, no quarto do hipnotizado. Proibição, mesmo fora do quarto, em qualquer tom que seja de aludir à possibilidade de insucesso da hipnotização, de agravação da doença ou de qualquer hipótese má.

Pode-se ainda proceder de outro modo, quando é lícito contar com a colaboração inteligente da família do doente.

Fazer com que esta, a uma hora bem fixada, dê ao doente, a dose de remédio para dormir (30 gotas de Sonífero ou 2 pastilhas de Medinal dissolvidas em água com açúcar). Dar, porém, o remédio a título de tônieo ou para qualquer outro suposto fim.

Feito isso, haver sempre quem fique perto do enfermo, impedindo-o de dormir, falando-lhe, conversando.

O médico, chegará uma hora depois da ministração do remédio, ao qual nem aludirá, e procederá então à hipnotização, com grandes probabilidades de êxito.

O Dr. Schilder emprega[55] como já dissemos, o barbital. Mas o barbital não me parece um narcótico muito inocente.

É bom, porém, para este processo, que o médico seja dos que sabem o que é pontualidade e não deixe exceder de duas horas de intervalo entre o momento em que o remédio foi dado e a sua intervenção. Essa intervenção deve, como de regra, limitar-se no primeiro dia a sugestões de caráter geral: que vai dormir imediatamente, à simples ordem, de outras vezes; que vai sentir-se muito bem...

---

55 Wlener Klinische Wochcnschrift, novembro, 25. 1925. - Resumo do *Journal of American Medical Association*.

Discutindo o valor das hipnotizações por meios químicos diz este autor no livro que escreveu em colaboração com o Dr. Otto Kanders: "É lícito perguntar se as hipnoses por meio de suporíficos não são simples casos de sono e se em tais casos nós estamos realmente tratando com hipnoses. Quem quer que tenha realizado hipnoses com suporíficos rejeitará imediatamente esta objeção, porque os pacientes realizam as sugestões e portam-se de todos os modos como as pessoas profundamente hipnotizadas. Não se pode mesmo dizer que a alteração da consciência seja mais profunda que nas outras hipnoses. Isto, porém, como é bem de ver, depende da quantidade da droga empregada".[56]

Resumo:

- É possível empregar certas drogas, não para obter diretamente o hipnotismo, mas para pôr o paciente em um estado tal, que é fácil passá-lo dele para o estado hipnótico.

- As drogas até aqui empregadas têm sido o clorofórmio, a cannabis indica, o claral, o brometo de amônia, o Somnifène Roche, a morfina e a scopolamina. As mais usadas: clorofórmio e morfina. A mais simples aplicação desta é por meio do Sedol, porque é uma preparação farmacêutica de uso corrente, que se acha em todas as boas farmácias. O Somnifène Roche, também fácil de se achar nas boas drogarias, tem o mérito de poder ser dado por via estomacal.

No caso de emprego das drogas acima, o hipnotizador deve estar ao lado do paciente, esperando a passagem do estado de vigília para o do sono: é nesse curto período, por assim dizer crepuscular, que se torna preciso fazer as sugestões.

- O emprego de scopolamina pode ser ou com a pequena dose usada pelo Dr. Berillon ou com a empregada pelo Dr. House. A técnica para esses casos está acima.

Pode-se hipnotizar alguém contra a vontade?

Sim; pode-se. Há, porém, que atender a duas hipóteses: quando se procura adormecer alguém, que não quer, que não deseja ser hipnotizado; - ou quando se procura hipnotizar alguém, por surpresa, quando a pessoa não sabe que vai ser hipnotizada.

No segundo caso, a situação é muito melhor. Para isso um dos bons meios é fazer a pessoa passar do sono normal, ou obtido por narcótico, para o sono hipnótico.

Deixamos anteriormente dito o que se pode fazer quando se empregam meios químicos.

Quando se lida com pacientes, que é possível surpreender durante o sono natural, pode-se muitas vezes agir com facilidade.

---

56 Prof. Dr. P. Schilder e Dr. Otto Kanders - Hipnosis, - pág. 90

Lentamente, em voz baixa, o operador irá dizendo, "Durma... Durma... Continue dormindo..." Em geral, precisa-se dizer isso um grande número de vezes, bem compassadamente. "No fim de algum tempo, eleva-se progressivamnete a voz com cautela, até chegar a falar em tom alto e forte.

Pode-se também pôr a mão, de leve, ou sobre o peito ou sobre a cabeça da pessoa. Se ela fizer menção de acordar, continuar a recitar sempre a mesma melopéia: "Durma! Durma!" – num tom que seja ora como um pedido, ora como um conselho, ora como uma ordem, uma ordem dada com brandura.

Assim que se percebe que o paciente, apesar do peso da mão do operador e da ordem em voz alta não acorda, é o caso de lhe sugerir que, de outra vez, adormecerá, desde que isso se lhe diga.

O Dr. Paul Farez elaborou toda urna técnica para a passagem do sono normal ao hipnótico. Embora eu sempre tenha empregado com êxito o que acima está dito, vale a pena transcrever o que recomenda o médico francês:

"Observações autênticas, experiências probantes, curas irrecusáveis dão testemunho da eficácia da sugestão feita durante o sono natural. Pode-se mesmo dizer que ela é o sucedâneo e o substituto da sugestão hipnótica e que a sua ação pode aplicar-se a todos os casos a que se pode aplicar a psicoterapia.

"A sugestão feita imediatamente ao ouvido do doente que acaba de entrar no sono natural se tem revelado, às vezes, eficaz; mas, na maior parte dos casos, falha, A razão de tal insucesso é dupla: ou o doente acorda desde que se formula a sugestão verbal ou ele continua a dormir muito profundamente e a sugestão não o impre.ssiona, É que antes de fazer obra de sugestão ativa, torna-se indispensável impor ao doente uma espécie de preparação, cujo duplo fim é: 1°) que seja possível falar-lhe ao ouvido, sem que ele acorde; 2°) que a sugestão o atinja e se instale na plena luz da consciência. Consegue-se este duplo resultado, graças a processos muito simples, mas minuciosos e delicados, que exigem do psicoterapeuta, muita paciência e circunspeção.

"É bom lembrar esta verdade psicológica: que o estado de hipotaxia é obtido facilmente quando se mantem uma sensação simples, homogênea uniforme, contínua, exclusiva. No caso atual, eu faço intervir principalmente a sensação auditiva. E aqui está, de um modo geral, a técnica que preconizo com tanto mais confiança quanto as leis psicológicas a legitimam plenamente e os sucessos terapêuticos já a têm justificado amplamente.

"Devem distinguir-se vários tempos.

"PRIMEIRO TEMPO – De noite, depois que o doente adormece, penetro sem fazer barulho no respectivo quarto. Fico, ao príncipio, a alguns metros da cama e com uma voz baixa, apenas perceptível, num ritmo monótono, lento, começo a articular as duas sílabas dur... ma, dur... ma, que me decido a repetir sem nenhuma impaciência, tanto tempo quanto for necessário. Pouco a pouco, me aproximo do leito e chego a quinze ou vinte centímetros do ouvido do paciente adormecido. Durante esse tempo não cessei um só instante de articular as duas sílabas, com uma voz muito baixa, voz que mal se pode ouvir.

"SEGUNDO TEMPO – Quando eu estou pertinho do ouvido da pessoa adormecida, continuo a articular nitidamente as minhas duas sílabas uniformemente destacadas. Mantenho sempre o mesmo ritmo. Pouco a pouco, entretanto, no fim de alguns minutos, vou levantando o tom. Minha voz, lentamente vai aumentando de intensidade, sem sobressalto, sem nada de brusco, docemente, suavemente.

"Que se passa então psicologicamente?

"A sensação auditiva, ao princípio vaga, apenas existente, instala-se gradativamente, chega ao limiar da consciência, passa da penumbra à plena luz e alcança a vivacidade das representações imaginativas do sonho, delirantes ou não. Ora, a excitação sensorial produzida por "dur... ma, dur... ma, dur... ma", não cessa de ser mantida e progressivamente reforçada. A sensação auditiva persiste assim, como um "estado forte". Cada vez mais viva, ela reduz aos poucos as outras representações que antes ocupavam toda a área de consciência. Estas se atenuam, se apagam até caírem abaixo do liminar da consciência e serem inteiramente afastadas. Nesse momento a única coisa que subsiste é a sensação auditiva causada por dur... ma, dur... ma. Todas as outras sensações antagonistas foram reduzidas e desapareceram.

"TERCEIRO TEMPO – É sabido que a consciência não pode ficar muito tempo idêntica a si mesma. Ela comporta, a certos respeitos, a percepção de uma diferença. Se o seu conteúdo não é sucessiva e nitidamente diferenciado, não tardará a velar-se ou obscurecer-se.

"Convém, por isso mesmo, continuar a repetir dur... ma, dur... ma, não já com uma intensidade progressivamente crescente, mas, desta vez mantida, muito de propósito, uniforme e constante. A partir desse momento, como a quantidade e a qualidade do fenômeno consciente não variam mais, a sensação simples e homogênea, que, há pouco, era plenamente consciente, vai tornar-se cada vez menos consciente até chegar à subconsciência, à inconsciência. Nesse momento a vida psíquica está, por assim dizer, vazia. Ela alcança desse modo um estado muito favorável de docilidade, de receptividade. O paciente está apto a ser sugestionado. Pode ser tão perfeitamente influenciado como se estivesse em pleno sono hipnótico . Este "anideísmo" artificial permite realizar por sugestão um monoideísmo ou, para ser mais exato, um "oligoideísmo" favorável à cura dos fenômenos mórbidos de que se trata em cada caso particular.

"Mas pode-se ter a certeza de haver realizado esse estado de receptividade? Em que momento se percebe isso? Por que caráter se pode reconhecer tal fato?

"A fim de articular, com um ritmo isócrono, cada par de silabas, dur... ma, du... ma, eu procuro, fazê-las coincidir com os movimentos respiratórios do paciente, isto é, cada sílaba "dur" é pronunciada durante cada inspiração e cada sílaba "ma" durante cada expiração. Ora, eu notei que se, no fim de certo tempo, aliás variável, eu modificava ligeiramente o ritmo de minhas palavras, o ritmo respiratório do doente se modificava do mesmo modo, acelerando-se ou retardando-se, conforme eu acelerava ou retardava o meu ritmo vocal.

Quando, assim, eu consigo agir indiretamente e como à minha vontade sobre os movimentos respiratórios do paciente, vejo que ele está no bom ponto e que o momento é apropriado para a sugestão. O período preparatório acabou e a fase verdadeiramente ativa começa.

"QUARTO TEMPO – Como bem se pode imaginar, o conteúdo das sugestões curativas varia com as condições psicológicas do doente e a natureza dos seus fenômenos mórbidos. Sugestões especiais se impõem em cada caso particular. Não é aqui, onde estamos apenas expondo uma técnica geral, o lugar próprio para tratar disso.

"Convém, entretanto, recordar o preceito formulado, a propósito da sugestão hipnótica por Augusto Voisin; ele se aplica exatamente a sugestões durante o sono normal; "É preciso não fazer muitas sugestões na mesma sessão, porque, se assim se procede, o doente manifesta um evidente mal-estar que se traduz por crispações da face". Além disso, as sugestões devem ser feitas com nitidez, convicção e autoridade, em frases breves, concisas, marteladas, reduzidas ao estrito mínimo. Cada urna das sílabas de cada palavra será nitidamente distinta das outras e articulada, segundo o rítmo dos movimentos respiratórios. Graças a esta regra de sincronismo, o hipnotizador coibirá a tendência de falar muito depressa. O doente terá mais probabilidade de bem apanhar todas as nossas palavras e disso resultará para ele um treino útil da atenção.

"QUINTO TEMPO – O fim da sessão tem também sua importância. Prescrever ao doente que durma toda a noite com um sono calmo e enquanto estiver dormindo sonhe apenas com o que lhe tivermos sugerido, De mais, quando acordar, não estará fatigado; ao contrário, sentir-se-á alegre, robusto, com o espírito bem disposto. E acaba-se como se começou, afastando-se o hipnotizador, pouco a pouco, repetindo dur... ma, dur... ma, com uma intensidade progressivamente decrescente".[57]

Paul Farez termina dizendo que, embora seja impossível determinar de antemão a duração das sessões, não compreende que uma sessão desse gênero leve menos de meia hora.

---

57 Joire – Traité d'hypnotisme - 2ême, edition, págs. 122 e 125.

De toda essa longa técnica, que entre os autores franceses se tornou clássica, vale a pena somente atender aos fatos práticos. As explicações psicológicas me parecem valer muito pouco.

O essencial no caso da passagem do sono natural ao hipnótico é que *o paciente esteja habituado a ouvir a voz do sugestionador*. Por isso mesmo é facílimo a pessoas que vivem juntas utilizar esse processo.[58] O Dr. Herrero cita as experiências que fez com o filho, menino de 12 anos, sem necessidade de todo o cerimonial de Paul Farez.[59] Três de meus filhos eu hipnotizei por esse processo sem nenhuma dificuldade.

A voz de um estranho, por si só, é uma sugestão para acordarmos. Essa voz pode mesmo, sem o querer, representar uma verdadeira ameaça; é o que sucederá a uma moça solteira e honesta, ouvindo à noite a voz de um homem no seu quarto.

O ilustre médico sueco Wetterstrand, cujo livro é um dos melhores sobre a terapêutica psíquica, conta o fato de um doente a quem ele não conseguia hipnotizar. Pediu então à esposa desse doente que, à noite, durante o sono, lhe dissesse que o médico, no dia imediato, o hipnotizaria facilmente. E foi isso, de fato, o que sucedeu. Em outro caso semelhante a esse, tratando-se de uma doente, ele pediu à irmã dela que durante o sono normal lhe sugerisse para o dia imediato o sono hipnótico. E alcançou o resultado.

O que falta nos conselhos de Farez é dizer ao paciente que, de outra vez, quando estiver adormecido e o hipnotizador lhe falar, ele não acordará, não poderá acordar. Do mesmo modo, em qualquer ocasião quando o mandar adormecer, o paciente adormecerá.

Em boa regra, a primeira hipnotização em estado de sono natural não deve comportar senão sugestões de ordem geral, servindo-se o hipnotizador mais ou menos da fórmula que demos anteriormente. As sugestões curativas se farão depois.

Uma prova de como se pode aproveitar o sono natural para dar sugestões está no que se faz na Naval Training Station, dos Estados Unidos. A noite, um certo número de alunos vai dormir com os fones receptores de telegrafia sem fio, postos nos ouvidos. [60] Durante as horas de sono lhes transmitem o código telegráfico, a uma velocidade muito maior que a normal e mesmo longos textos, que, entretanto, eles acordam sabendo.[61]

---

58 Ver mais adiante no capítulo sobre as aplicações pedagógicas a técnica de que Wetterstrand se servia, lidando com crianças adormecidas.

59 Herrero – EI hipnotismo y la sugestion, pág. 147.

60 Vide Popular Mechanics. n. de Dezembro de 1923.

61 Poder-se-ia perguntar se uma generalização deste sistema levaria os alunos do futuro a aprender as lições durante o sono, guardando a vigília para o descanso e o recreio... Como eles

Assim, a passagem do sono, tanto natural como obtido por narcóticos, para o sono hipnótico é possível e em muitos casos relativamente fácil.

Quando, porém, a pessoa tem uma forte repugnância em consentir na hipnotização, a dificuldade é grande, embora não seja insuperável. Por mim, eu creio que se alguém usar o processo do Dr. House, pondo o indivíduo em absoluto estado de inconsciência, pode, no momento em que a pessoa começar a voltar para a consciência, forçá-la sempre a daí por diante deixar-se hipnotizar. Planta-se a sugestão em pleno inconsciente.

Nada custa, por exemplo, estando em casa de um doente, dar-lhe, como um remédio para qualquer suposto fim, o *Somnifène Roche*, sem, entretanto, mostrar-lhe ou dizer-lhe o nome desse remédio. Feito isso, despedir-se como se fosse partir, e sair do quarto do enfermo, recomendando-lhe que repouse. Deixá-lo sozinho, sem nada que lhe impeça o sono. Permanecer então em lugar bem afastado do quarto, de modo que o paciente nem ouça o que se diz, nem mesmo saiba que o médico ainda está em casa, porque isso o poderia fazer desconfiar de que o seu caso tem gravidade, ou de que se espera alguma coisa insólita. Passada meia hora ou, no mínimo, 20 minutos, mandar ver se o doente está dormindo e, se estiver, aproximar-se então sem ruído, para dar várias vezes a sugestão de que vai ficar bom e que daí por diante, sempre que o hipnotizador o mandar dormir, dormirá.

Pode-se discutir a propósito do hipnotismo compulsório ou por surpresa a sua legitimidade moral.

Em alguns casos se têm licença do doente. Ele deseja ser hipnotizado, mas não consegue. Dá, portanto, permissão para que se empreguem os grandes meios. Não há motivo para hesitações.

Mas em outros casos falta essa licença. Deve considerar-se então que, haja o que houver, o recurso é condenável? Não me parece.

No pequeno livro do Dr. J. L. Faure – A Alma do Cirurgião – o autor discute certos casos em que julga lícito operar os doentes contra a vontade deles. Falando de hérnias estranguladas, o Dr. Faure escreve: "Duas vezes, no hospital, fiz adormecer, contra a vontade, doentes, seguros à força por seus vizinhos válidos. Operei-os e salvei-os apesar de tudo. Mais tarde, eles foram os primeiros a agradecer minha violência, e se o caso tornar a apresentar-se, oporei o mesmo constrangimento à mesma teimosa recusa."[62]

É bom notar que para operar os seus doentes o Dr. Faure começou por cloroformizá-los: foi, portanto, além do hipnotismo.

---

gostariam desse regime!

62 Faure - L'ame du chirurgien - pág. 12.

Hipóteses, que legitimam o recurso à força tanto como essas, podem ocorrer no domínio do hipnotismo puro; obsessões homicidas e suicidas, casos de histéricas, que procuram deixar-se morrer à fome, e outros.

Tanto é perfeitamente justo suprimir a vontade de um doente, mantendo-o contra o seu desejo, sobre uma mesa de operações, para curá-lo de uma hérnia estrangulada, como empregando, muito mais suavemente, a sugestão hipnótica, para evitar que ele mate alguém ou se suicide.

Há portanto, indiscutivelmente casos em que é lícito recorrer ao hipnotismo compulsório, já passando os pacientes do sono natural para o hipnótico, já obtendo este último, depois de medicações apropriadas.

Pode mesmo citar-se outra aplicação do hipnotismo inconsciente, isto é, do hipnotismo que o doente ignora.

Depois que se hipnotizou bem um paciente, é possível dar-lhe a sugestão de que, sempre que se puser a mão sobre tal ou qual parte do seu corpo – ombro, joelho, etc. – ele adormecerá imediatamente, e quando acordar, não se lembrará nem mesmo de que esteve dormindo. Cria-se assim o que alguns autores chamam uma zona hipnogênica.

Em outros casos, pode-se dizer ao paciente que, sempre que se pronunciar diante dele tal ou qual palavra, adormecerá ou acordará nas circunstâncias indicadas.

É indispensável, no primeiro caso, declarar ao paciente que, se ele mesmo ou qualquer outra pessoa tocar na zona hipnogênica, nada sucederá: só a mão do hipnotizador conseguirá esse resultado. Do mesmo modo, se se escolher uma palavra, é melhor inventar uma, que não queira dizer nada e que, portanto, o próprio hipnotizador não se arrisque a empregar, sem dar por isso, no correr de alguma conversa. Mas seja qual for a palavra, é necessário frisar bem que, se o paciente a ler em qualquer parte ou se a pronunciar ou se a ouvir pronunciada por qualquer pessoa, isso não lhe fará efeito algum. Nem mesmo lhe deve bastar que julgue ou suponha que a palavra está sendo dita pelo hipnotizador. É preciso que tenha a mais absoluta certeza de que é ele quem a está pronunciando.

Nos casos em que eu me servi deste sistema, sempre empreguei a palavra absolutamente nonsense *"jacatarinócótóró"*. Era bem evidente que, fora do emprego que eu para ela fabricara, seria difícil achar-lhe outra utilidade...

Certa vez, em Paris, hipnotizei uma moça da minha amizade, que estava dormindo, passando-a diretamente do sono normal para o hipnótico e continuei depois a hipnotizá-la durante mais de seis meses, com o emprego da palavra convencionada, sem que ela nunca soubesse que era hipnotizada.

É bem de ver que para o êxito desse processo, precisa ele ser empregado, quando a pessoa se ache isolada, sem se sentir observada. Se estando o paciente em meio de uma palestra ativa, perto de várias outras pessoas, sente que o hipnotizador toca o ponto hipnogênico ou diz a palavra adormecedora – por civilidade, por decoro, por conveniência, fará o possível para se manter desperto, lutando desesperadamente contra a sugestão. E muitas vezes vencerá.

Mas, se o paciente está isolado, se não tem motivo algum para resistir ao sono, deixar-se-á facilmente adormecer.

No momento de acordar, convém nesses casos especificar que a pessoa vai despertar sem se lembrar do que se lhe disse e sem saber mesmo que foi hipnotizada. Por isso, o hipnotizador deve fazer o acordar muito suave, dizendo ao paciente que só despertará quando ele, hipnotizador, tiver contado até 10. E começará, pausadamente a ir de número em número 1... 2... 3... 4... Quando chegar a 10, dirá rapidamente "Acorde!" e terá o cuidado de não estar de olhos pregados na pessoa adormecida, mas ao contrário, voltando-se para outro lado, disfarçando, de modo que o paciente não tenha nenhuma sensação de ter sido observado.

É bom dizer que eu não estou dando o que fiz – fiz várias vezes – como louvável. Ao contrário. *Poenitet me*!

Mas a hipnotização involuntária tem aplicações médicas muito razoáveis. É frequente que os pacientes não aceitem, mesmo hipnotizados, certas sugestões. Quando eles se sujeitam ao hipnotismo, sabem mais ou menos o que o médico lhes vai dizer e preparam-se inconscientemente para resistir. Hipnotizados por surpresa, são muito mais dóceis.

Convém não esquecer que os neurologistas têm mostrado que a dificuldade da cura de certas neuroses vem de que, na realidade, os doentes não querem curar-se. Embora eles digam o contrário, os sintomas que apresentam são o sucedâneo de atos que desejariam praticar, atos que lhes são no fundo agradáveis e que por isso não quereriam deixar de fazer. A escola de Freud mostrou isso indiscutivelmente em inúmeros casos.[63]

Nessas hipóteses, o hipnotismo, que é lícito chamar "por surpresa", pode ter aplicações muito eficazes.

Muitas vezes os que hipnotizam gostariam de ter certeza de que o paciente está, deveras, adormecido.

Se se trata de uma hipnotização para fins médicos, essa preocupação é quase sempre vã. Mesmo em sono "por surpresa", pode ter aplicações muito eficazes.

---

63 Uma boa exposição deste fato se acha no livro de Stekel - Psychoanalysis and Sugestion Therapy (1923), pág. 7.

Assim, embora o próprio paciente suponha, às vezes, que estava apenas fingindo e, se quisesse, abriria os olhos isso é um engano: as sugestões são perfeitamente realizadas.

Em todo caso, nas primeiras hipnotizações, se há dúvida, é melhor que o hipnotizador não averigue muito se o sono é ou não profundo. Pode, para não parecer que fez papel de tolo, dizer ao paciente:

- Eu sei qual era o seu estado... Não era ainda bem o que eu queria. Apesar disso, vai fazer absolutamente o que eu lhe recomendei...

Frases vagas. Não declara que o paciente não dormiu: alude apenas a que sabe qual foi "o seu estado", mas sem entrar em minúcia alguma. Explica ainda que esse estado "não era bem o que queria", mas também não expõe o que queria...

Tendo de fazer alguma pergunta ao paciente, lhe recomendar que ele vai responder sem abrir os olhos e sem acordar. Mas isso só convém que seja feito quando se têm a certeza de que o sono é um tanto profundo.

Nesse caso, um bom sistema, quando se dão certas sugestões curativas, é obter o assentimento do paciente, ordenando-lhe que declare que vai fazer o que se lhe mandou.

Wetterstrand faz notar que sempre que o paciente adormecido promete executar a sugestão, o êxito desta se acha garantido.

Acima se disse que, mesmo em estado de sono ligeiro, se obtém o sucesso de sugestões muito sérias.

Alguns médicos vão ao ponto de erigir isso em sistema e garantir que o sono deve ser leve.

Esses médicos não são provavelmente sinceros. Sabendo que há em muita gente grande prevenção contra o hipnotismo, transigem com a clientela e arvoram em regra o que é um pouco-mais-ou-menos, simplesmente aceitável, um *pis aleer*. Fazem isso com tanto maior boa vontade, quando lhes é mais cômodo ...

Mas não pode haver dúvida de que o sono profundo vale mais que o ligeiro. Em vários pontos, já aludimos a isso.

Moll, citado por Crichton-Miller, diz:

"É certo que as opiniões divergem quanto ao que se deve considerar a profundidade da hipnose; mas eu concordo incondicionalmente com aqueles investigadores que consideram que a sugestão é um agente terapêutico muito mais poderoso na hipnose profunda que na superficial e não posso compreender como haja quem sustente o contrário.[64]

---

64 Crichton Miller - Hypnotism and disease - pág. 127.

E ainda outro autor, o professor Yellowlees, da Universidade de Edimburgo:

"A experiência do autor foi que, em todos os casos tanto mais profunda a hipnose, tanto melhores os resultados..."[65]

E quando não tivesse sido a lição de ninguém, é a que ressalta da mais pura evidência. Todos sabem, de fato, quanto a patologia esclarece certos fatos da fisiologia e da psicologia normais exagerando-os. Ora, ninguém desconhece a importância de ideias inconscientes, às vezes insignificantes, que, por assim dizer, se incrustam no cérebro, de onde é deficílimo arrancá-las. Os trabalhos de Pierre Janet e os da psicanálise de Freud mostraram isso de um modo tão deslumbrante que não é possível contestar aquela afirmação.

O sono profundo permite que se metam ideias no mais profundo inconsciente, ao abrigo de qualquer luta, de qualquer contestação. A sua eficácia não pode deixar de ser muito maior que a do sono leve, sobretudo do sono com memória.

O médico se contentará com este, quando não puder obter o outro. Mas o outro é o ideal.

Compreende-se, portanto, que o hipnotizador procure sempre chegar ao sono profundo. Não deve, porém, fazer verificações prematuras, que poderiam tudo comprometer.

Contente-se ao princípio com o que obtiver e só depois vá indagando se o paciente se lembra do que se passou e vá tentando obter que ele fale durante o sono, sem acordá-lo. E não faça perguntas muito insistentes e minuciosas.

Desejaria, no entanto, saber se o doente se recorda do que se passou em estado hipnótico; mas ao mesmo tempo receia o inconveniente do avivar-lhe a memória? Tem desconfiança de que o doente está simulando o esquecimento?

Vale a pena nesses casos, algum tempo depois do paciente estar acordado, perguntar-lhe de repente: *"Quando está de olhos fechados e eu lhe dou uma ordem; minha voz lhe parece muito alta, muito baixa ou natural?"* Desprevenido, o paciente, que, às vezes, acabou de nos dizer que não se lembrava de nada, responde com precisão e, assim, mostra que estava mentindo.

Se, porém, ele for desse modo, apanhado em flagrante delito de falsidade, o hipnotizador não deve dar a entender o triunfo da sua inocente cilada. Mude de assunto e, por sua vez, finja que está sendo iludido, procurando de outras vezes tornar o sono mais profundo.

Quanto a conversa com a pessoa adormecida, reduza-as ao mínimo. Veja se formula as perguntas de tal modo que o paciente só tenha que dizer sim ou

---

[65] Yellowleu - Manual of Psychotherapy – pág. 89.

não. É o melhor – salvo, é claro, se houver necessidade absoluta de esclarecimentos mais amplos.

Há ainda uma hipótese estranha e rara: obter o hipnotismo, aproveitando para isso certos estados mórbidos. Diz o Dr. Albert Davis:

"Um dos casos, em que consegui curar a epilepsia: obtive primeiro a hipnose durante o estado de coma postepiléptico".

Isto deve ser extremamente raro e a única referência que pude achar a semelhante processo foi na obra do doutor Milne-Bramwell, onde, falando dos métodos de obter o hipnotismo, ele escreve: "Um ou dois exemplos são também mencionados por Esdaile e Schrenck-Notzing, em que estados de coma, ou postepilépticos ou de outra natureza, foram transformados em hipnose". Por mim, não tive dificuldade em transformar o estado de coma postepiléptico em um sono hipnótico quieto. Os pacientes acordaram perfeitamente bem e de boa vontade, quando se lhes deu ordem para isso".[66]

Terminado este capítulo, creio que, se alguém, dispondo de tempo e comodidade para precisar absolutamente, com urgência, hipnotizar um paciente, pode empregar, primeiro, a hipnotização intensiva, repetida várias vezes na mesma sessão, a seguir, infatigavelmente, durante uma, durante duas horas.

Sentar a pessoa diante do hipnotizador, dar alguma coisa para que ela fite, mandar que bata as pálpebras livremente. Se a pessoa se agita e ri, não se irritar com isso. Pedir-lhe apenas que não fale e continue fixando o objeto.

Ao cabo de um quarto de hora, caso ela não tenha cerrado os olhos, mandar que os feche e conserve fechados. Repetir infatigável e monotonamente a palavra "Durma!", recomendando ao paciente que não pense em nada e garantindo-lhe – é o essencial – que, de outra vez, dormirá-profundamente.

Passado um quarto de hora, mandar que abra os olhos e acorde. A pessoa dirá provavelmente que não estava dormindo. Responder-lhe secamente, não admitindo conversa:

– Eu sei... Fique, porém, aí calmamente, calada, que nós vamos recomeçar.

Passado um minuto, durante o qual o operador não terá admitido nenhuma conversa, recomeçar. Recomeçar, mandando o paciente fixar o objeto e fazendo tudo o que fez da primeira vez. É provável que dessa segunda os olhos manifestem maior tendência a fechar-se espontaneamente. Mas, se não o fizeram, proceder tal qual como da primeira. Ao fim do quarto de hora, em que deixou o paciente de olhos fechados, repetindo-lhe infatigavelmente que durma *e que, de outra vez, dormirá melhor* – o operador o fará abrir os olhos por um minuto e

---

66 Albert Davis – Hypnotism and Treatment by Suggestion - 4th edition - pág. 136.

recomeçará a mesma aborrecida manobra pela terceira vez ou até, se for preciso, pela quarta. Não dar nenhuma outra sugestão senão a de que a pessoa dormirá melhor da próxima vez. Mais nada!

Quase sempre se obtém resultado. Mas se, ao fim desse tempo, nada tiver obtido, será então o caso de utilizar o clorofórmio, usado segundo acima se disse, ligeiramente, à distância, como se deve praticar nesse processo. O médico hipnotizador, já devendo estar preparado para tal eventualidade, com o clorofórmio à mão, terá apenas que pingar algumas gotas em um lenço e proceder à clorofomização *à la reine*, sem interromper a monotonia do seu trabalho, sempre recitando a ladainha do "durma!", "durma!"...

Se ainda dessa vez nada houver conseguido, poderá então recorrer ou à morfina ou à scopolamina, seguindo para a primeira a técnica do Dr. Quackembos. O emprego do Sedol pode facilitá-la. O do Somnifène Roche também.

É bem de ver que nada disto se pode fazer em um consultório de médico, em que se despacha o expediente apressadamente... Mas se há qualquer possibilidade de a pessoa ser hipnotizada, é muito difícil que resista a esses três processos, que se podem chamar heroicos.

★ ★ ★

É uma velha história a do fabricante de armamentos, que vendia simultaneamente canhões capazes de furar todas as couraças – e couraças que resistiam a todos os canhões.

Parecia a repetição dessa história, se aqui, depois de ter ensinado a hipnotizar mais ou menos toda gente, se ensinasse também a não ser hipnotizado por ninguém.

Mas o absurdo é menor do que se pode crer à primeira vista.

Em certa ocasião, numa sala em que se dançava alegremente, um de meus amigos, médico,[67] que empregava às vezes o hipnotismo, aludia à primeira edição deste livro, que aparecera pouco antes. Dizia-me que não achava fácil a passagem do sono natural para o hipnótico.

Eu lhe mostrei que era coisa facílima, ao alcance de qualquer pessoa. E expliquei-lhe como devia agir.

Ao lado dele, muito interessada, estava a esposa.

No dia seguinte, tive a surpresa de receber a visita desta. Ficara aterrada com a possibilidade de o marido hipnotizá-la durante o sono normal. Haveria algum meio de evitar esse fato?

---

67 Hoje falecido. Isso tira todo o perigo à minha aparente indiscrição.

– Há, respondi-lhe. Faça-se hipnotizar por alguém de sua confiança, que lhe dê a sugestão de que em hipótese alguma poderá ser hipnotizada por seu marido; é uma espécie de vacina hipnótica; uma pequena sugestão prévia, impedindo outras posteriores...

A apavorada senhora quis então que eu fizesse essa operação. Foi aliás facílimo, porque a paciente não dormira nem um minuto durante toda a noite, receosa de que o marido quisesse verificar a veracidade das minhas afirmações. Caía de sono e de cansaço. Demais, desejava muito o meu êxito.

De quanto ela teve razão em agir, como agiu adquiri a certeza pouco depois, quando o marido, gracejando com o que chamava "as minhas teorias", confessou-me haver tentado hipnotizar a sua mulher, até com o emprego do clorofórmio, e não o haver conseguido... Limitei-me, como era natural, a sorrir e a desviar a conversa.

É que no fundo do Inconsciente já estava uma sugestão vigilante, esperando a ação do hipnotizador para contrariá-la.[68]

---

68 A narração, que acaba de ser lida e que figurava na 2ª edição deste livro, deu lugar a, uma das cenas, que mais me têm divertido na minha carreira de curandeiro-hipnotizador-amador.

Procurou-me pouco depois da aparição daquela edição, uma moça, que me contou o seu caso. Seu noivo lhe mostrara meu livro e lhe anunciara a intenção em que estava de hipnotizá-la quando se casassem. A moça protestou. Ele disse que não precisava da anuência dela.

Diante disso, assustada com tal perspectiva, procurou esta obra e leu-a de ponta a ponta. Viu o caso narrado acima e preveniu o noivo que viria procurar-me para evitar que ele a pudesse hipnotizar.

– Mas por que há de ter mais confiança em mim, que a Sra. não conhece, do que em seu futuro marido?

– É que o Sr. não tem interesse em conhecer a minha vida, nem em escravizar-me à sua vontade.

Combinamos, marcado por ela, o dia da experiência. Veio e foi de uma facilidade extrema em deixou-se hipnotizar; dei-lhe a sugestão que me pedira. Voltou ainda uma vez e eu a repeti.

Se tive ou não êxito, não sei. Sistematicamente eu não indago do nome, nem procuro de qualquer modo conhecer a identidade de qu em me procura e não me diz espontaneamente o nome. Indaguei apenas se contara ao noivo a visita que me fizera. Enérgica e decidida, respondeu-me:

– Ah! sim eu não faço nada escondido.

O que houve, porém, de interessante foi que a minha jovem e formosa paciente, querendo copiar as condições daquela a que acima se alude, escolhera para a primeira experiência o dia seguinte a um baile, em que dançara, sem perder uma só vez, até ás 3 horas da madrugada. A essa hora, quando os pais, também bastante fatigados, quiseram voltar para casa, ela descobriu a vantagem de se dar um longo passeio de automóvel até ver nascer o sol! Voltando para casa, nem se deitou. Não dormiu nem um momento. Não tomou nem chá nem café.

– E, no entanto eu sou muito preguiçosa, dizia-me. Quase morri afogada no banho morno que tomei, de tauto sono com que estava. Mas resisti e trabalhei ativamente até vir para cá.

Estava exausta. Não foi, por isso, sem razão que me declarou que eu não teria mérito algum em hipnotizá-la, porque, segundo a sua própria expressão, estava "podre de sono". Difícil, dizia – me, seria, depois, acordá-la.

Neste segundo ponto, ela se enganou. É certo que, muito de propósito, eu a deixei dormindo por

CAPÍTULO VI

APLICAÇÕES GERAIS DA SUGESTÃO HIPNÓTICA

Quando se pergunta para que moléstia pode servir a sugestão hipnótica, há o desejo de responder: para todas.

Só há nisso exagero, porque certos doentes – especialmente alguns casos de loucura – dificilmente são hipnotizáveis. Desde, porém, que é possível ministrar a alguém sugestões hipnóticas, elas podem sempre produzir algum bem. Basta pensar que é o cérebro que centraliza todas as sensações do corpo, que dirige todas as suas funções e sobre todas exerce a sua ação. Uma modificação que parte diretamente do cérebro e pode influir até sobre funções normalmente subtraídas à consciência, tem, portanto, sempre razão de ser.

Basta uma observação. Ninguém negará que, por sugestão, se possa fazer corar um indivíduo. São numerosas as experiências feitas pelo grande fisiologista Beaunis e outros, mostrando que se pode tornar vermelha qualquer parte do corpo, por sugestão .

Pode-se, portanto por esse meio fazer afluir o sangue para tal ou qual ponto.

Ora, isso é quase toda a cura em quase todas, senão todas as moléstias. O famoso método de Bier e o seu derivado "a cura declive" na tuberculose crônica derivam exatamente desse princípio: a natureza hiperemia os lugares que quer curar.

Outro não é o ponto de partida da diatermia, cujas aplicações mais se estendem. Outra não é também em grande parte a chamada *terapêutica dos choques* e a *Fieberterapie*, do Dr. Pilez, de Viena.[69]

Talvez não seja inexato dizer que o grande recurso terapêutico de moda neste momento (1925) são os raios ultravioleta. Nada de aparência mais imaterial: luz, apenas luz, e o que é mais: luz invisível. Porque, se as lâmpadas em que se aproveitam aquelas radiações são luminosíssimas, as radiações ultravioleta consti-

---

três quartos de hora - máximo de tempo de que me disse dispor; quando, porém, a acordei, – acordei-a repousada, alegre e bem disposta.

Mas, assim, essa senhora, que não queria que outros a hipnotizassem, forneceu-me um curso que em certos casos pode ser aplicado a quem queira a todo custo ser Hipnotizado: fazer preceder o dia da sessão por uma noite de vigília.

69 Dr. C. Pascal - La Thétapeutique des chocs dans les maladies mentates - Presse Médicale de 15-3-24.

tuem precisamente a parte do prisma *que não se vê*. No entanto, essa luz invisível consegue até o tratamento do que há de mais grosseiro e material na patologia: o tratamento de fraturas ósseas, que se consolidam rapidamente, graças a ela.[70] Evidentemente a luz não age como um tubo de cola-tudo, que gruda os fragmentos dos ossos. Age, estimulando o metabolismo, a vitalidade do organismo. Ora, um efeito exatamente igual é muitas vezes, fora de dúvida, conseguido pela sugestão.

Toda a teoria da fagocitose não diz outra coisa.

Se, portanto, não se pode negar a possibilidade de congestionar qualquer lugar do corpo, *ipso facto* se mostra como são largos os limites do hipnotismo.

O Dr. William Brown, professor da Filosofia Mental da Universidade de Oxford e conferencista sobre Psicoterapia no Hospital do King's College, escreve:

"Falando de novo no mais largo sentido, podemos dizer que todas as formas de moléstias entram no domínio da psicoterapia. Seria um erro se nós consentíssemos que a palavra, o termo 'psicoterapia' restringisse indevidamente a nossa atenção a formas mentais de moléstias. Psicoterapia é o emprego de formas mentais de cura; mas isto não quer forçosamente dizer que as moléstias curadas devam também ser mentais. A todos nós, médicos, a experiência prova que os fatores mentais são de grande importância para a cura de males físicos".[71]

Ninguém tem, entretanto, o direito de dizer que o hipnotismo tudo cura. Mas diante das hipóteses mais desesperadas ninguém dirá que ele nada obterá.

Certa vez, em um congresso médico, o professor Bernheim aludiu à aplicação do hipnotismo aos tuberculosos. Imediatamente Babinski, com ironia, declarou que ia registrar mais esse tratamento da tuberculose. Mas Bernheim não teve dificuldade em fazer desaparecer a ironia.

Lembrou a seu colega que não tinha a pretensão de curar diretamente aquela terrível moléstia. Podia, porém, obter que os doentes dormissem, tivessem apetite, não tossissem, não sofressem certas dores.

Já não era pouco! Às vezes mesmo, é a cura inteira.

Bernheim podia ter ilustrado sua resposta com a observação de um médico francês, o Dr. Chandel, que garante ter curado duas irmãs tuberculosas, mantendo-as em estado de hipnose durante três meses, em que não fizeram senão alimentar-se dormir e respirar calma e profundamente.[72]

---

70 Presse Médicale, n. de 4 de julho de 1925, pág. 893; comunicação à Sociedade de Pediatria pelos Drs. Ribadeau-Dumas, Dchay et Saidman.

71 W. Drown - Talks of Psychotherapy - pág. 11.

72 Citado pelo Dr. Quackenbos em Hypnotism In Mental and Moral Culture - pág. 2.

Não há no caso nada de sobrenatural.

Em um artigo do Professor Georges Dumas há os seguintes períodos, exatamente sobre os efeitos da sugestão na tuberculose.

"O pranteado Louis Renon, que se especializara em tuberculose, observava que todos os tratamentos novos conseguiam nos tuberculosos uma proporção de 70% de curas ou de melhoras passageiras. Conseguia, segundo dizia ele, 'um coeficiente normal de melhora' do qual dava a seguinte razão: do tratamento imposto por um médico, que tem fé na sua terapêutica, desenvolve-se em um tuberculoso crônico um fator psicoterapêutico de cura, sempre o mesmo. O doente se deixa sugestionar pelo médico e o remédio é o veículo dessa sugestão".

"Renon cita, a esse respeito, a seguinte experiência: O Dr. Albert Mathieu, médico dos hospitais, após haver anunciado aos tuberculosos de sua clínica a descoberta de um *serum* que devia fazer maravilhas contra sua afecção, lhes deu, numa série de cinco a seis dias, injeções cotidianas de serum fisiológico e fez, minuciosamente, enquanto durou o tratamento, cuidadosa observação de seus doentes. O sucesso ultrapassou todas as esperanças. Viu voltar o apetite, diminuir a tosse, assim como as expectorações, os suores e os sintomas pulmonares, enquanto o aumento do peso se elevava de 1,5 kg. a 2 kg. e 3 kg. Reapareceram, entretanto, todos os sinais antigos, desde que terminaram as injeções".

Isso prova que se o médico tivesse tido um pouco mais de perseverança, ou se houvesse recorrido à sugestão hipnótica, teria tido vários casos de cura. Outros fatos parecem mais maravilhosos.

O Dr. Betts Taplin refere a observação de um doente que tinha um tumor no estômago. Velho, com 66 anos de idade definhava assombrosamente. As dores que sentia eram tais que só à força de morfina podiam ser acalmadas.

Fez-se o diagnóstico de que era um tumor canceroso e decidiu-se que se tornava indispensável operar. Quando, porém, o cirurgião viu a extensão do tumor, verificou que era inoperável e a intervenção cirúrgica não prosseguiu.

Foi então que o Dr. Betts Taplin procurou, não curar a doença, mas aliviar as dores do enfermo, para o levar até a morte um pouco mais suavemente.

Hipnotizou-o. Suprimiu-lhe a dor, os vômitos e a constipação habitual. Deu-lhe também, mas só como desencargo de consciência, para levantar-lhe as forças, a consoladora sugestão de que ia ficar bom. Nessa sugestão era, porém, o médico o primeiro a não acreditar.

Dois meses depois, o doente pesava mais duas libras e parecia inteiramente curado.

O médico inglês diante do resultado não vai ao ponto de asseverar que não tivesse havido engano no diagnóstico. Acrescenta apenas que o tumor "fosse o que fosse, estava matando o doente e que o seu restabelecimento foi devido à sugestão hipnótica".[73]

É diante de casos desta origem que se fica sem saber até onde vai o poder curativo do hipnotismo.

Alude-se, às vezes, em obras de medicina ao vício de raciocínio de muitos médicos que, estudando certas moléstias, esquecem o terreno em que elas se desenvolvem e pensam sobretudo nos agentes patogênicos, que as fazem nascer.

Para combater qualquer doença, haverá, sempre, dois processos: procurar extinguir diretamente o agente que a produz ou procurar reforçar o organismo para que este o combata e vença.

Quando se manda, por exemplo, um tuberculoso para um clima apropriado e, às vezes, só com isso, ele fica bom, não se deu medicamento algum para matar os micróbios da tuberculose: fez-se com que o organismo, tornando-se mais forte, os matasse por conta própria.

O hipnotismo, ao menos algumas vezes, pode chegar a esse resultado: pôr o organismo em condições de fortalecer-se e vencer.

É manifesto que se alguém fizer uma cultura *in vitro* dos bacilos de Koch, ninguém a conseguirá hipnotizar para matar os respectivos bacilos. Mas, se eles se tiverem instalado em um organismo depauperado e o hipnotismo conseguir que este se fortifique e fortaleça, o organismo pode dar cabo dos germes mórbidos. Não há um centímetro quadrado do corpo humano em que não se encontrem nervos. O hipnotismo pode agir sobre todos eles, por meio do centro que os dirige: o cérebro. Só isso basta para dizer da sua importância.

Muitos médicos recusam-se a crer que o hipnotismo possa agir sobre certos males, porque não veem bem como se produziria a ação necessária.

Em todos os casos, porém, há que indagar primeiro se se conhecem fatos autênticos de cura: - a natureza sabe chegar a seus fins por caminhos que nós ignoramos.

A esse respeito é muito curioso o que ocorre com uma pequena coisa quase ridícula: as verrugas. É indiscutível que elas podem cair por sugestão. A *Presse Medicale* em 1923 publicou várias observações cuidadosas a esse respeito, observações que só são citadas em especial, porque mais recentes em jornal médico insuspeito, mesmo aos clínicos mais tímidos. Há, porém, milhares de experiências verificadas a esse respeito.

---

73 Betts Taplin - Hypnotism - 2nd. edtion, pág. 118.

Como se produz a ação sugestiva? Se o hipnotizador quiser dar ao paciente uma sugestão minuciosa, explicando-lhe o que é preciso fazer, não o poderá de certo. No entanto, as conclusões recentes da endocrinologia já permitem compreender ações daquele gênero.[74] E não há nada mais diretamente governado pelo sistema nervoso do que as glândulas endócrinas, que influem sobre as funções da pele. E ai está como as dermatoses, que pareciam das afecções menos sujeitas à influência da sugestão, passaram a ser das que melhor se compreende sejam por ela modificadas!

O Dr. Joseph Klander dermatologista norte-americano, de Filadélfia, leu, em maio de 1925, na seção de Dermatologia e Sifilologia da *American Medical Association*, um longo trabalho sobre as Neuroses Cutâneas, em que mostrou como um grande número de dermatoses são curáveis pela simples psicoterapia . É curioso notar que ele não empregou nunca o hipnotismo. Recorreu à simples sugestão em estado de vigília. Pode-se, por isso mesmo, crer que alguns casos que levaram seis meses para ceder, levariam talvez seis minutos se tivessem sido tratados pelo hipnotismo... (Vide o artigo em *The Journal of American Medicai Association*, November, 28, 1925).

A mesma *Presse Médicale*, em 16 de dezembro de 1925, publicou quatro observações do Dr. Bonjean demonstrando o efeito da sugestão em casos de *pelade*.

Por isso, quando Coué insiste muito em que não se sugira o processo de cura e pede apenas que se anuncie o resultado a alcançar – tem absoluta razão.

Se em uma cidade, que conhece pouco, um viajante recém-chegado toma um automóvel para que o leve a qualquer ponto, o que tem de melhor a fazer é dizer ao motorista, pura e simplesmente, o lugar a que deseja ir, sem a estulta pretensão de indicar-lhe por que praças, avenidas, ruas e becos convém que faça o trajeto.

É exatamente um processo análogo que deve seguir

o sugestionador: diga o que quer obter, mas não tenha a pretensão de ensinar a um organismo, que conhece imperfeitamente, o que esse organismo – velho e experimentado motorista de complicada cidade – sabe melhor do que o mais sábio dos médicos.

Entre as objeções que se fizeram ao hipnotismo figuraram também as religiosas. Pareceu a muitos sacerdotes que esse recurso era pecaminoso. Importava

---

74 V. Presse Médicale de 1-12-13 – Um autor inglês e aliás dos que menos alargam o poder do hipnotismo diz: "O tratamento pela sugestão é muitas vezes benéfico em casos de funcionamento perturbado das glândula endócrinas, provavelmente por meio do efeito delas sobre o sistema nervoso simpático, com que tais glândulas estão em relação imediata". William Brown - Suggestion and Mental Analysis - pág. 172, nota.

para alguns na supressão do livre arbítrio. Houve mesmo quem visse no caso a intervenção positiva do Diabo.

Felizmente, a Igreja acabou rejeitando tais excessos e admitindo o emprego racional do hipnotismo, para a supressão da dor, para a cura das moléstias. Os crentes mais ortodoxos não têm, portanto, nada a recear recorrendo ao hipnotismo.

Houve as objeções de ordem moral. Essas, em grande parte idênticas às de ordem religiosa, punham, sobretudo, em relevo o inconveniente de qualquer pessoa deixar substituir a sua vontade por outra.

É inegável que isso tem certo fundamento. Por tal motivo, salvo casos excepcionais, o hipnotismo não deve agir senão de acordo, precedendo licença do hipnotizado ou de quem tem competência para dirigi-lo.

Aliás, está no imediato interesse do hipnotizador não adormecer nunca o paciente senão diante de terceiras pessoas. Convém-lhe ter testemunhas dos seus atos e palavras, porque nada é mais fácil do que uma histérica ou uma pessoa de má-fé levantar acusações graves contra a honorabilidade do médico.

Munsterberg explica bem o mecanismo de certas falsas acusações feitas por mulheres aos médicos que as hipnotizam. É que elas, quando foram procurar o médico, sabendo que iam ficar adormecidas ao lado dele, receavam da sua parte algum abuso. Durante a fase de sonolência, que precede o sono, a fase das alucinações hipnagógicas, esse receio, tomou exatamente a forma de uma verdadeira alucinação. Mais tarde, acordando, não souberam bem distinguir a realidade do que foi apenas a expressão demasiado viva do que receavam, mas que jamais se realizou.[75]

Convém, entretanto, não esquecer que a medicina corrente usa medicamentos que suprimem a consciência do doente: é o caso de clorofórmio, de éter, de outros idênticos. Nenhum medicamento é moral ou imoral por si mesmo. O mais simples deles, entretanto, pode ser usado de um modo imoral. O médico que mandasse uma doente despir-se para examiná-la, quando esse exame não fosse necessário, só para ter o prazer de vê-la, cometeria uma grave imoralidade.

Em si, aplicada à cura de moléstias, a sugestão hipnótica nada tem de condenável.

E quando alguns lembram que nós não sabemos bem o que é o hipnotismo e empregamo-lo de um modo empírico, o Dr. Gerrisch, Professor Emeritus do Bowdoin College, dos Estados Unidos, lhes faz, em contraposição, algumas perguntas, não sem interesse. Por acaso os que ensinam e recorrem á memória dos alunos – sabem o que é a memória e lhe conhecem o mecanismo? Não. Nem por isso deixam de utilizá-la. E da grande, da imensa maioria, da quase totalidade dos medicamentos sabem os médicos o mecanismo íntimo de ação? Ninguém ousará dizê-lo.

---

75 Munsterberg – On the witnes stand. – 1923. Ver o capítulo Hypnotism and Crime.

Alguns autores fazem, entretanto, objeções, que parecem de natureza científica. É, por exemplo, o que sucede com o Professor Grasset.

Grasset reconheceu a utilidade do hipnotismo e confessa aplicá-lo. Acha, porém, que ele pode ter em certos torações, os suores e os sintomas pulmonares, enquanto o centro O, de um lado, e a atividade "poligonal" do outro, casos um perigo: o de habituar à desagregação o famoso – separando assim a consciência e as funções inconscientes.

Essa objeção é puramente teórica e livresca. Quem conhece as obras do ilustre Professor de Montpellier sabe que o Centro O e o "polígono" constituem para ele uma verdadeira obsessão. Ele não se serve apenas dessa distinção como de um esquema útil, mas como de uma realidade absorvente.

Quando alguém quer conhecer os grandes inconvenientes do clorofórmio, do éter, das tuberculinas ou de quaisquer outros medicamentos, dirige-se aos que mais os têm empregado. São os que possuem autoridade.

Ora, se se faz isso com o hipnotismo, não se descobre nas obras dos que aplicaram o hipnotismo dezenas de milhares de vezes – um Van Renterghem, um Wetterstrand, um Lloyd Tuckey, um Milne-Bramwell – nenhum vestígio desse pavor sagrado da desagregação do centro O. O Professor Grasset não tinha, em matéria de hipnotismo, apesar do seu excelente livro a tal respeito, a grande autoridade daqueles especialistas. A sua prática, esporádica e escassa, não valia a observação contínua dos grandes hipnólogos.

Os estudos de psicologia mostram cada vez mais a importância do Inconsciente. Parecia aos autores antigos que o essencial das nossas funções intelectuais era o que se passa à luz da consciência. Hoje se tem a certeza do contrário. A consciência é como uma frouxa lamparina, que de um campo de muitos quilômetros ilumina apenas um círculo de alguns milímetros. O que faz a nossa personalidade, no que ela tem de mais profundo, é o Inconsciente.

Segundo Grasset, o perigo hipnótico é o de restringir ainda o domínio da consciência, dando ao inconsciente, isto é, o "polígono", uma influência preponderante.

É um perigo teórico, de que não se conhecem exemplos.

A sugestão hipnótica pode ser um mal, se ela desorganiza as funções inconscientes. Há, por exemplo, experimentadores que se divertem a dar aos seus parentes alucinações positivas e negativas, a fazer que objetivem personalidades diversas. A inconveniência de tais experiências e outras análogas, é incontestáveis, porque falseia o funcionamento cerebral, o deforma, o habitua a não distinguir o real do falso. O mal nesses casos não provém de que se tenha dado muita importância às funções do "polígono", isto é, do inconsciente. O mal é que se tenham fornecido a este noções errôneas, que o tenham por assim dizer deformado, aleijado.

Se um hipnotizador adormece todos os dias alguém para lhe dar sugestões úteis e oportunas, nunca fará com isso mal algum.

O indispensável é pensar que um cérebro humano representa um aparelho delicado: não se podem entortar-lhe as molas e esperar que apesar disso funcione bem.

O que se deve, por conseguinte, evitar no hipnotismo são as alucinações, as paralisias sugeridas, tudo em suma que não é feito para um fim imediatamente e exclusivamente terapêutico. Mas nisso, como em tudo o que é científico, só para a experiência se deve apelar. Ora, a experiência dos maiores hipnóticos mostra que é absolutamente descabido o receio de fabricar com cada paciente hipnótico um autômato.

Grasset, partindo sempre da ideia de que o centro O é que regula a vontade, contesta que se consiga fortalecer a vontade por meio do hipnotismo. Mas aí, como em tudo mais, ele se revela obcecado pela sua teoria. Ninguém provou ainda que houvesse um centro cerebral da vontade. E em contraposição ao professor de Montpellier não faltam observações de hipnólogos ilustres, mostrando que se pode fortalecer a vontade de vários doentes.

É ainda o Prof. Gerrish quem escreve: "Como uma questão de fato, a vontade pode ser fortalecida pela sugestão hipnótica e o vigor moral aumentado a todos os respeitos.[76]

Evidentemente quando se sugere a um deles que deve querer tal ou qual coisa, praticamente não é o paciente que está querendo: é o hipnotizador. Mas, se se diz a um enfermo que ele vai ficar com a preocupação de tratar-se para obter tal ou qual resultado e que terá a profunda convicção de que pode alcançá-lo, - a princípio agirá por força da sugestão, mas pouco a pouco a sugestão se incorporará ao seu pensamento e ele, para assim dizer, quererá por conta própria, habituar-se-á a querer.

Passa-se com o cérebro o que se passa com qualquer membro enfraquecido: faz-se com que um massagista lhe desperte as energias dos músculos, o obrigue a movimentos do que se chama a ginástica passiva; depois, pouco a pouco, ele passa a mover-se por si mesmo, com plena vitalidade.

A Vontade não é aquela velha "faculdade da alma" de que falavam os compêndios de filosofia. Para que nós a exerçamos, precisamos ter motivos.

Ora, se pelo hipnotismo nós podemos criar e reforçar esses motivos, dar mesmo a qualquer pessoa a obsessão deles, podíamos facilmente despertar a vontade em qualquer paciente.

---

76 (1) Morton Prince. – Pychotherapeutica - pág. 60.

Naturalmente, isso não se faz em um dia; a coisa não é fácil de obter na clínica apressada e tumultuária dos hospitais; mas nada tem nem de extraordinário, nem mesmo – é bom acrescentar – de difícil para quem dispõe de tempo bastante.

É lícito lembrar ao Prof. Grasset, admitindo embora toda a sua teoria, que é no polígono que o centro O procura os móveis para agir. Atuando, portanto, sobre o polígono para emprestar maior força àqueles móveis, dá-se à vontade o que ela precisa para exercitar-se.

Uma sugestão bem formulada para remediar um mal orgânico qualquer, nunca terá inconveniente. Para falar a linguagem do Prof. Grasset, pode dizer-se que, desde que se fortalece e normaliza o polígono, nenhum percalço daí pode advir ao centro O, porque, quando mesmo este (objeção puramente teórica), não se ocupasse com o polígono, tudo iria nele perfeitamente bem.

Em resumo, as objeções contra o hipnotismo são justas, do ponto de vista moral *quando se surpreende ou abusa, da vontade do paciente*; são justas, do ponto de vista psicológico, quando se dão sugestões. que excedem as necessidades da cura. Toda experiência com um paciente hipnotizado, é pelo menos uma imprudência e pode muitas vezes qualifica-se como um verdadeiro crime.

Fora disso, uma sugestão bem dada é sempre menos perigosa que a ingestão de qualquer medicamento interno. Para agir num ponto do organismo, esse medicamento dissolve-se em todo ele, perturba e envenena mais ou menos todas as suas células. Voltaire definiu a medicina a arte de meter drogas desconhecidas em um organismo mais desconhecido ainda. Isso não se aplica à sugestão hipnótica. Se eu quero curar alguém de uma dor nervosa na ponta do dedo pequeno do pé e dou-lhe uma sugestão, dirijo-me ao cérebro, agindo unicamente sobre o centro próprio, que percebe as dores daquele dedo. Mas se eu lhe dou uma dose de aspirina, dissolvo em toda a massa do sangue uma droga, que vai agir inutilmente sobre o corpo inteiro, a fim de produzir o efeito só em um lugar. Esse efeito produzido no resto do corpo, é destituído de importância? Ninguém dirá. Conhecem-se casos de surdez e moléstias do coração produzidos pela aspirina.

Se eu falo nesse medicamento, é porque figura entre os que se tomam hoje com frequência. Todos o podem comprar sem prescrições médicas. Tratando-se de medicamentos muito mais violentos: digitalina, aconitina e outros, ainda aquele raciocínio é mais claro e mais forte.

Em igualdade de condições, empregando com justeza e a propósito sugestões hipnóticas internas, são estas as mais perigosas, as de repercussão menos definível.

* * *

Grasset entre as contraindicações do hipnotismo diz que, quando não se obtém a hipnotização de qualquer doente "em uma ou duas sessões, convém não fatigá-lo em tentativas longas e repetidas".

Nada menos razoável. Compreende-se que o médico de hospital, que trata um pouco por atacado, sumariamente, não queira deter-se a renovar muitas vezes as experiências. Na clínica civil, em geral, há outra dificuldade: é que, se nada se consegue em duas ou três vezes, o médico, que nunca sabe se obterá ou não resultado, receia recomeçar as visitas ou consultas sem chegar ao fim desejado, para não parecer que está explorando o doente.

Afastadas, porém, essas preocupações, nada desaconselha a repetição das experiências nos casos mais rebeldes. É perfeitamente recomendável repetir as tentativas todos os dias, à mesma hora, no mesmo lugar. Acaba-se por criar a necessidade de dormir.

É interessante comparar Grasset, não querendo ir além de uma ou duas experiências, e Wetterstrand, confessando que em alguns casos repetiu a tentativa mais de setenta vezes ou Milne-Bramwell que tentou sem nenhum resultado 67 vezes hipnotizar uma paciente, que só da 68ª vez conseguiu adormecer.

Durante o tempo que se passou desde a primeira sugestão, a moléstia continuava. Experimentavam-se em vão as outras medicações, que não davam resultado. Por que não insistir no hipnotismo? – Foi o que fez o ilustre médico sueco, o que fez o médico inglês. E a pertinência dos dois se viu coroada de êxito.

Muitas vezes mesmo, Wetterstrand mudava de processo de hipnotização para alcançar resultado. Falando, por exemplo, de um doente, conta: "...eu empreguei meu método habitual de sugestão, mas quatro tentativas não tiveram efeito. Experimentei então o clorofórmio sob a sua influência a sugestibilidade do paciente aumentou em grau tão elevado, que ele se tornou um dos meus melhores sonâmbulos. Aprendeu a dormir a qualquer hora e mostrou a muitos outros dos meus doentes quanto lhe era fácil adormecer a uma hora fixada de antemão".

Grasset teria mandado embora o doente, considerando-o um caso perdido.

Voisin, Forel, Moll, Vogt, Milne-Bramwell – todos estão de acordo com Wetterstrand. Nenhum deles hesita diante de dezenas de tentativas. O Dr. Oscar Vogt, de Berlim, deu mesmo o maior exemplo conhecido de perseverança, repetindo aquelas tentativas mais de 500 vezes.[77] Acabou vencendo.

O que se vê nas declarações de Grasset, como nas de tantos outros facultativos ilustres, é a psicologia do médico de hospital, do professor célebre, que

---

77 Milne-Bramwell - Hypnotism, its history, theory and practice 3rd edition, pág. 72.

chega um pouco teatralmente à frente dos seus alunos e quer diante deles fazer uma bonita encenação. Se a experiência falha, isso o perturba. Ao fim de duas ou três tentativas frustradas, prefere transferir a culpa do insucesso ao doente: - declara-o refratário e passa adiante. Cure-se ou morra – mas não seja importuno!

Ora, em contraposição a esses professores notáveis, mas que, no fim de contas, em hipnotismo, são amadores, o que se acha nas obras dos que empregam correntemente o hipnotismo é que raramente conseguem uma hipnotização a primeira tentativa, sobretudo em pessoas nervosas.

Mas os que agem assim ou são médicos de clínica privada, que não duvidam dar a cada doente o tempo de que ele precisa, ou, se são professores, têm numerosos outros casos de franco sucesso, que podem mostrar. Alguns, rebeldes, que custem um pouco mais, não os deixam em má situação perante alunos e espectadores.

★ ★ ★

Há pequenas aplicações do hipnotismo que quase parecem gracejos e são, no entanto, de uma utilidade evidente.

Figurem, por exemplo, este caso.

Certa vez, uma menina de 12 anos, tinha uma tênia. Em vão, vários médicos procuraram dar-lhe remédios para expeli-la. A menina, não só se recusava a tomá-los como, quando chegava a ingeri-los, vomitava-os. Dada ocasião teve um prolongado delíquio.

Quando me contaram o fato, tive curiosidade de ver a pequena.

Hipnotizei-a durante alguns dias, fazendo-a aceitar a ideia de tomar o medicamento e garantindo que nada sofreria com isso. Não vomitaria. Não desmaiaria.

Afinal decidiu-se a fazer o cerimonial do costume: depois de um purgante, passou um dia tomando apenas leite. No dia seguinte, veio para minha casa. Dei-lhe a primeira dose de extrato de feto-macho, em cápsulas, e adormeci-a. Uma hora depois, acordei-a, dei-lhe a segunda dose e tornei a adormecê-la. Ao fim da segunda hora, dei-lhe o purgativo, fi-la dormir um quarto de hora e acordei-a então anunciando-lhe que o efeito desejado ia produzir-se.

E produziu-se. Expelida a tênia, que tinha perto de cinco metros, a criança que era uma menina franzina, de uma palidez cérea, passou a ser forte, animada, bem disposta.

É bem claro que citando este fato não quero dar ao hipnotismo, como um de seus efeitos, ser um tenífugo!

Conto-o porque me parece que o hipnotismo, em muitos casos, pode ser um meio de fazer com que certos remédios sejam facilmente aceitos e suportados. Mais de uma vez já tenho dado medicamentos desagradabilíssimos a pessoas adormecidas. De outras vezes tenho feito com que elas os tomem, acordadas, e fiquem depois dormindo por algum tempo.

O certo é que na hipótese da minha pequena paciente, onde vários médicos, em mais de dois anos, tinham perdido seus melhores esforços, obtive o mais completo resultado.

Não valerá a pena muitas vezes que os médicos, lidando com crianças que não querem tomar medicamentos, as hipnotizem? É tão fácil e tão eficaz! Não lhes digam que as vão adormecer para dar o remédio. Adormeçam-nas afirmando-lhes que as vão curar pelo sono e reforcem por oportuna sugestão o efeito do medicamento.

O Professor Yellowlees conta que certa vez teve de rasgar o dedo inflamado de um rapaz de 21 anos. O paciente era muito nervoso. O médico aproveitou um momento em que não havia dor, hipnotizou-o, sugeriu-lhe uma completa anestesia e operou-o. Só o acordou, quando tudo estava pronto.

Comentando este fato, diz: "Há nisto o bom exemplo de um dos usos menores da psicoterapia. Muitos casos idênticos ocorrem diariamente em qualquer grande serviço clínico para o uso dela, em hipóteses que são, não somente sem nenhum inconveniente, como da maior vantagem para o conforto e até às vezes para a saúde geral do paciente".

★   ★   ★

Um dos mais ilustres clínicos brasileiros, resume em poucas linhas as três objeções ao hipnotismo, objeções que ele perfilha.

1ª) "Uma ordem imposta no sono provocado não demove qualquer obsessão ou escrúpulo".

Se eu contestasse tal afirmação por mim mesmo, cometeria de certo um ato de impertinência. Mas contra a afirmação do grande clinico brasileiro levantam-se numerosíssimos autores – e autores que têm a seu favor uma competência especial, porque conhecem de perto o hipnotismo pela prática de milhares de casos.

Ora, todos eles asseveram ter encontrado numeroso doentes de obsessões, que curaram pelo hipnotismo.

Grasset, depois de dizer que a histeria "é o triunfo do hipnotismo para as manifestações localizadas e estreitas", passa à neurastenia e cita opiniões diversas pró e contra o emprego daquele recurso terapêutico, em casos de obsessões.

O que se dá na neurastenia é que o número de indivíduos sugestionáveis não chega a ser tão grande, como em outras moléstias. Mas dos que conseguem ser hipnotizados, é sempre possível modificar o estado mental. Grasset cita alguns exemplos, que se acham também nas obras de Bernheim, Von Renterghem, De Jong, Wetterstrand, Lloyd Tuckey e Milne-Bramwell, para só falar dos grandes mestres.

É interessante assinalar que, enquanto Grasset, cuja prática hipnótica é bem duvidosa, acha que nos casos de obsessão o hipnotismo não tira tantos resultados como em outras moléstias, o médico inglês Milne-Bramwell, hipnólogo célebre, escreve justamente o contrário: "Tão longe quanto vai minha experiência, o tratamento pela sugestão obtém, nos casos de obsessões, melhores resultados do que em qualquer outra classe de desordens nervosas funcionais".[78]

Crichton-Miller diz: "Para todas as fobias sem exceção a sugestão hipnótica é o naturalmente indicado e único tratamento". Mais ainda: "...as obsessões são quase invariavelmente tratadas com sucesso".[79]

Hilger, médico alemão, escreve: "...a sugestão hipnótica pode ser aplicada com grande sucesso aos muitos e variados casos que nós podemos chamar *medos mórbidos*: - fobia, o terror de certos lugares, de aposentos fechados, agorafobia, claustrofobia, etc.".[80]

O Dr. Gerrish, grande cirurgião norte-americano, escreve na Psicoterapêutica de Morton Prince: "Os casos em que o hipnotismo é de mais notável valor são os caracterizados pela dor, insônia, irritabilidade nervosa anormal, depressão moral, fobias, obsessões..."[81]

Krafft-Ebing, citado pelo célebre neurologista norte americano dr. J. H. Lloyd, que com ele está de acordo, diz que os casos em que o hipnotismo é mais prometedor de bom êxito são os de "loucura moral e de neuropsicoses, como a histeria, a hipocondria, a neurastenia e os pacientes com obsessões..."[82]

O Dr. Hollender, médico inglês, após 30 anos de prática do hipnotismo, escreve no seu livro publicado em 1928 - Hypnosis and Self-Hypnosis – que "entre as pequenas perturbações que podem ser tratadas hipnoticamente estão as obsessões". E explica: "No estado hipnótico nós podemos tornar conscientes as experiências de que se originou a ideia fixa e suprimir qualquer ansiedade ligada a eles".[83]

---

78 Milne-Bramwell - Hypnotism and treatment by suggestion, pág. 44.

79 Crichton-Miller - Hypnotism and disease. págs. 182 e 184.

80 Hilger - Hypnosis and sugestion – pág. 108.

81 Op. cit. – pág. 50.

82 No 3º volume, pág. 1.082 da notável obra de Musser and Keller A Handbook of Practical Treatment.

83 Op. cit. - págs. 95-06 .

Kretschmer, uma das maiores autoridades em psiquiatria, professor na Universidade de Marburgo diz na sua Psicologia Médica (1927) que "as possibilidades da hipnose excedem de muito os limites do tratamento pela sugestão em estado de vigília". E dando uma boa lista do que pode ser curado com o hipnotismo não se esquece de incluir "as representações obsessionais".[84]

Pode-se finalmente afirmar, sem nenhum receio de desmentido, que não há hipnólogo célebre que não tenha tratado e curado casos de obsessão. Basta percorrer os livros dos autores acima citados: de Lloyd Tuckey, Wetterstrand, Van Denterghem e Von Eeden para descobrir neles exemplos probantes. E é assim também na clínica de médicos de menor nomeada.

Evidentemente, será quase sempre um absurdo esperar a cura de qualquer obsessão só com uma ordem dada durante o sono hipnótico. O obcecado é, por assim dizer, um intoxicado intelectual: não se faz a sua cura de desintoxicação em cinco minutos; é necessário decompor os elementos da sua emoção mórbida e agir sobre cada um deles em sessões sucessivas.

Quem, portanto, quiser curar um obcecado, com uma simples sugestão, brutal, violenta, direta, contrariando de frente a sua obsessão, obterá muito raramente triunfos apreciáveis. Daí os insucessos de que se queixam justamente tantos médicos.

O que faz que muitos abandonem o hipnotismo é que ele não se coaduna com os processos de clínica rápida, que são geralmente empregados.

Nessas condições, o hipnotismo não pode ser utilizado. Ele pede tempo, vagar, atenção; quase se diria que ele pede um carinho especial.

Um bom clínico faz em geral a ficha de cada doente, tomando nota do que encontrou e do que aplicou. Isso lhe permite seguir a evolução da moléstia.

Um bom hipnólogo tem de fazer o mesmo, notando com precisão as sugestões que deu, para reforçá-las ou modificá-las nas sessões sucessivas.

Se se admite que a psicoterapia não-hipnótica consegue resultados na cura das obsessões, seria absurdo que a hipnótica não os obtivesse. Em geral, como os trabalhos de Freud, de Janet e de tantos outros longamente demonstraram, a causa das obsessões pertence à cerebração subconsciente. Ora, o hipnotismo é um dos meios de penetrar nessa cerebração. Não se compreende por que motivo a psicoterapia no estado de vigília, que se dirige à cerebração consciente, seria mais eficaz que o hipnotismo, que se dirige diretamente ao subconsciente, onde está a causa do mal.

Ainda uma vez: uma das razões, afora as já apontadas, pelas quais alguns médicos tiram melhores resultados da psicoterapia não-hipnótica do que da hipnótica é que naquela agem inteligentemente, atacando o mal, e nesta querem obter

---

84. Krestchmer - Manual Théorique et Pratique de Psychologie Médicale - pág. 451.

tudo diretamente, por ordens sumárias e bruscas. No entanto, a psicologia nos ensina que os raciocínios conscientes e os inconscientes são feitos do mesmo modo. O hipnotizador, que quer acabar com uma obsessão, deve destruí-la aos poucos, desagregando-lhe e destruindo-lhe os vários elementos.

É também evidente que, como tantas vezes acontece, quando a obsessão se formou em um doente que tem qualquer intoxicação orgânica, como, por exemplo, a sífilis, é bem necessário começar a cura pelo que se pode chamar o saneamento somático do organismo. Depois se passará ao saneamento funcional. Mas, como diz da sua experiência pessoal o dr. Milne-Bramwell, não se conhece "nem um só exemplo em que obsessões tenham sido aliviadas ou curadas pelo uso de drogas".

Incidentemente, como o ilustre médico é um grande partidário da terapêutica pela persuasão, pode-se aqui mencionar que alguns autores acham que isso é precisamente o mais ineficiente: "...where obsessive concepts occur, argument with the patient is utterly futile".[85]

2ª) "Os doentes ficam escravizados ou automatizados ao médico ou hipnotizador, sem vantagens curativas para a sua doença".

É uma afirmação absolutamente destituída de provas, – afirmação a que, aliás, já anteriormente aludimos.

Se o médico se limita a dar as sugestões honestas que a moléstia requer, não se vê bem como se chegará àquele resultado. Na prática da psicoterapia não-hipnótica é que o doente precisa ter uma grande confiança no médico, porque esse só age sobre ele pela confiança que lhe inspira, pela persuasão.

Esta ideia do doente escravizado ao hipnotizador já tem sido examinada e rejeitada vezes. Imagina-se bem como seria complicado para médicos nas circunstâncias de Bernheim, Wetterstrand ou Van Renterghem, vivendo em pequenas cidades e hipnotizando anualmente milhares de pessoas, se elas lhes ficassem escravizadas.

Talvez, bem vistas as coisas, esta objeção tenha, sobretudo, uma origem literária. Ela vem principalmente de dois romances de voga universal, um, francês, o José Bálsamo, de Alexandre Dumas, e outro inglês o Trilby, de Georges Maurier.

Por sua vez, o cinematógrafo tem popularizado essa ideia falsa. Neste, o quadro é sempre o mesmo: o operador atira, pelas pontas dos dedos ondas de fluido e o paciente sucumbe, escravizado.

A ideia, pode ser romântica e cinematográfica, mas é também comicamente errônea. Só quem não tenha lidado com o hipnotismo pode tê-la.

---

85 John George Gechring - The hope of the variant - pág. 84. O livro é de um velho médico, que se dedicou à psicoterapia por mais de 30 anos.

Mas há ainda uma consideração interessante. O notável médico brasileiro, aceitou contra o hipnotismo duas objeções que entre si se repelem. Se uma é verdadeira, a outra não o deve ser – a menos que ambas sejam falsas.

De fato, se o hipnotismo não pode remover simples obsessões, não se compreende que ele possa escravizar as pessoas.

Os que negam poder ao hipnotismo, fazem-lhe a primeira objeção. Os que lhe dão poder de mais, fazem-lhe a segunda. Ambas ao mesmo tempo é que não podem subsistir.

3ª) "Habitualmente as sessões hipnóticas deprimem sobremaneira o sistema nervoso e o moral do indivíduo e aumentam a debilidade nervosa".

Nada mais radicalmente falso.

Nas primeiras sessões de hipnotismo, *enquanto não se consegue adormecer o paciente*, ele pode ainda, ao levantar-se, ter um pouquinho de sonolência. Só isso – e isso mesmo se dissipa rapidamente. Desde, porém, que se obtém o sono com uma simples ordem, como acontece com todos os hipnotizados, não há cansaço algum. Há descanso. Há repouso.

Quantas vezes um doente exausto, extenuado, parece ressuscitar ao fim de uma pequena sessão de hipnotismo!

Um dos grandes meios de combater o cansaço sem causa orgânica, de origem puramente nervosa, é precisamente o hipnotismo.

Em regra eu me abstenho de afirmar seja o que for em nome da minha experiência. Neste ponto, porém, ela é tão grande, que eu me permito aludir ao que me ensina.

Em minha casa, quase todas as pessoas da família e criados são facilmente hipnotizados por mim. Assim, sem exagero algum, muitas centenas de vezes tenho tido ocasião de empregar o hipnotismo para dar descanso a quem dele precisa.

Um dos casos mais frequentes é o de alguém que após um dia de trabalho quer ir a uma festa noturna ou tem de fazer alguma viagem; outras vezes é alguém que passou a noite ou em uma festa ou à cabeceira de um doente e precisa, não obstante, ir para o seu serviço, à hora certa.

Pedem-me que os faça dormir pelo tempo de que podem dispor para isso, minutos ou horas, cronometricamente marcados.

Nenhuma droga química obteria esse resultado. A pessoa que tomasse qualquer delas, ainda admitindo que conseguisse adormecer, levaria para isso alguns minutos. Acordaria depois à hora fixa? É claro que não. O hipnotizador lhe dá uma dose certa de sono. E sem perder um momento, ela acorda, lépida, regenerada, pronta para novos esforços. O sono hipnótico de poucos minutos vale o sono noturno de algumas horas.

Para curar certos casos de morfinismo, Wetterstrand chegou a manter os doentes hipnotizados quase ininterruptamente durante semanas a fio! Se o hipnotismo fatigasse, esses doentes deviam ter morrido – morrido e tornado a morrer várias vezes. .. No entanto, o que sucedeu foi que ficaram bons, sadios e fortes.

Van Renterghem cita o caso de uma doente extremamente débil e anêmica, que ele manteve adormecida durante 21 dias. Quando ela acordou, no fim daquele prazo, "estava radiante de saúde, contentíssima da cura que tinha feito".[86]

Já aliás anteriormente se citou o caso do dr. Chandel curando duas tuberculosas pelo sono prolongado durante três meses a fio.

Dada a analogia entre o sono natural e o sono hipnótico, analogia que é talvez até identidade, não se compreende porque aquele repousaria e este extenuaria.

O caso só pode ocorrer quando o hipnotizador, inábil e brutal, dá sugestões que contrariam violentamente o doente ou faz experiências fatigantes. Mas nesse caso, o mal não é do hipnotismo: é das ordens mal dadas, é das experiências. Wetterstrand afirmou que, tendo praticado o hipnotismo cerca de sessenta mil vezes, nunca viu nem soube de nenhum inconveniente por ele produzido.

Nos espetáculos públicos, tão razoavelmente proibidos, o cansaço das pessoas fascinadas por hipnotizadores de profissão era também explicável. Explicável pela emoção do espectador, receando não poder resistir, sucumbindo apesar disso à sugestão e vendo fixados sobre si os olhos de toda a assistência. Qualquer outro ato que ele fizesse em tais circunstâncias o abalaria do mesmo modo.

Assim, o que se pode categoricamente afirmar é que um hipnotizador que deixa o seu paciente fatigado, não sabe hipnotizar, ou, para dizer melhor: não sabe manejar proficientemente o hipnotismo.

Terminando o curto trecho em que tão sumária, tão contraditória e tão injustamente condenam o hipnotismo, o ilustre clínico brasileiro escreve: "É, como diz Eymieu, ineficaz e perigoso para os doentes".

Quem ler essa citação deve pensar que se trata de algum médico, algum neurologista célebre, de cuja autoridade o professor brasileiro se socorre. Mas Elmieu é pura e simplesmente um padre jesuíta. Padre inteligente, padre que escreveu um livro, sobre a educação da vontade, mas que professa uma grande prevenção contra o hipnotismo, embora provavelmente não tenha dele a menor prática. Não pode, portanto, ser citado como uma opinião valiosa.

---

86 Van Renterghem - La psychotherapie dans ses différents modes - pág. 78.

* * *

Alguns autores, embora ilustrados e de grande valor, chegam, às vezes, na sua oposição ao hipnotismo a conclusões perfeitamente absurdas.

Exemplo curioso é o de certo norte-americano que escreveu um livro sobre o que se pode chamar as grandes imposturas médicas de todos os tempos.[87]

Livro espirituoso. O autor mostra como têm sido variados os grandes recursos com que de tempos a tempos se tem iludido a credulidade humana. Fala nos "curadores" que faziam milagres com a simples imposição das mãos; fala em drogas estranhas que figuram oficialmente em formulários oficiais, como entre outras a mandrágora, que devia ser colhida debaixo de alguma força e a "usnea", termo técnico do bolor criado na caveira de algum criminoso; fala na cura pelos himens; fala nas proezas de Mesmer; fala em uns célebres "tratores" do dr. Perkins, tão inócuos como os famosos anéis e cintos elétricos, que ainda hoje se vendem correntemente; fala nas curas místicas, no gênero das da *Cristian Science*; fala na osteopatia e na quiroprática... Mostra que esses processos fizeram milhares de curas. Como? Pela sugestão. Única e simplesmente pela sugestão.

Se foi isso o que se passou – e indiscutivelmente foi – parece que tudo indica o bom caminho: aproveitar a sugestão e fazê-la agir sem nenhuma das adjunções charlatanescas, que tantas vezes lhe têm sido feitas.

Imaginem que um médico viu dar a alguém, com os mais milagrosos resultados, uma tisana de várias ervas, cujo efeito garantiam ser de uma delas. O médico verificou, entretanto, que essa erva não tinha efeito algum. Mais tarde o mesmo facultativo tornou a ver o emprego de outras tisanas, também aplicadas com maravilhosa eficácia, e nas quais se atribuía, ora a uma ora a outra planta, a cura das moléstias. E sempre que ele procurava o princípio ativo daquela a que davam o mérito, tinha a surpresa de achar que tal princípio era perfeitamente inócuo.

Um dia, porém, correndo as fórmulas de todas as drogas que haviam produzido grandes resultados, em todas achou uma erva, a que ninguém tinha dado apreço, e que se chamava "Sugestão". Por aí se provou que, de fato, o que em todos os casos agira fora pura e simplesmente a Sugestão.

– Como proceder diante desse fato?

– Preparar a tisana só com a erva útil.

É manifestamente o que há a fazer. Quanto mais se acumularem exemplos de todas as estúpidas crendices humanas, que, entretanto, conseguiram curar inúmeras moléstias só por sugestão – mais ficará provado que convém empregar a sugestão.

---

87 James J. Walsh – Cures, the story of the cures the fail - (1923)

O autor zomba muito do argumento dos que preconizam certas modificações bizarras, alegando que elas curam muitos males. Há realmente que zombar quando alguém lembra, por exemplo, o célebre *unguentum armarium* que se aplica ao ferido por quaisquer armas. O interessante, porém, é que não se aplicava nos feridos e sim nas armas. No entanto, o unguento produzia efeito!

Ora, o fato de que um medicamento cura – e cura mesmo milhares de pessoas – é digno de atenção, digno de respeito. Afinal, o fim da medicina, não é fazer bonitos diagnósticos, achar micróbios que se colorem ou cultivam deste ou daquele modo. .. O fim da medicina é curar. Alegar que um medicamento cura deve ser a primeira alegação a seu favor.

O que há além disso é que, se se prova que, aplicando certa substância, uma moléstia desapareceu, não se pode parar aí : resta decompor o medicamento e fazer agir separadamente cada uma das suas partes até ver qual é ou quais são as úteis. .

O *unguentum armarium* agia; mas só quando o ferido sabia da sua aplicação. Agia ainda quando não era aplicado, mas o ferido acreditava que tinha sido. Assim se provou que o essencial era a impressão do indivíduo e que, por si só, ela bastava. Tratava-se, portanto, pura e simplesmente de sugestão.

Essa sugestão, cujo poder é mostrado de mil modos, qual o melhor para ser usado? – Toda a questão está nisso.

A experiência mostra que o melhor modo de empregar a sugestão é o hipnotismo.

Mas o autor acha que o hipnotismo não é mais do que a histeria provocada e cai em cheio no círculo vicioso de Babinski e outros, a que já acima aludimos. Se alguém lhes pergunta o que é o hipnotismo, eles dizem que é histeria; se alguém lhes pergunta o que é histeria, eles dizem que é hipnotismo ou que vale o mesmo: sugestão. Há nisso uma verdadeira tautologia.

Em numerosos pontos deste livro se tem mostrado o absurdo de confundir-se a histeria com o hipnotismo, quando os histéricos são pacientes detestáveis. Os médicos especialistas de moléstias nervosas ou que trabalham em hospitais de histéricas foi que puseram em voga a falsíssima afirmação de que estas últimas eram as melhores pacientes hipnóticas. Eles não tinham termo de confronto com a clínica geral. Comparando, de fato, as histéricas com as pessoas afetadas de outros padecimentos mais graves, em que as lesões do sistema nervoso têm mais importância, as histéricas são mais fáceis de hipnotizar. Mas, comparando-as com os indivíduos sãos ou com outros menos nervosos que elas, são dos piores pacientes. Todos os grandes hipnotizadores, entre os quais os mais sérios, os mais conscienciosos, manifestaram sempre esta opinião. E é curioso comparar as porcentagens mínimas de hipnotizáveis dos que se limitaram à clínica de doenças nervosas e dos que aplicaram o hipnotismo à clínica geral.

O hipnotismo parece ser apenas, como aliás diz bem o autor, um estado de hipersugestibilidade. Vários escritores disseram que era um pouco misterioso saber como em alguns se desenvolvia tal estado que em outros não podia ser alcançado. Foi isso o que escreveram Munsterberg e Freud, dois autores em profundo desacordo sobre quase tudo e que, de mais a mais, nada têm de místicos ou metafísicos. Mas para eles o hipnotismo é só sugestibilidade; o que não lhes parece ainda explicado é o mecanismo da produção dessa faculdade.

A sugestibilidade é, por assim dizer, um medicamento no gênero de numerosos outros, que não pode ser dado em estado de pureza: precisa de um veículo. O melhor veículo é o hipnotismo.

O autor americano graceja com toda a razão com os primitivos adeptos do hipnotismo, que o julgavam capaz de tudo curar, capaz de dotar os sonâmbulos com qualidades maravilhosas. A zombaria é justa. Seja, porém, como for, há sempre um grande número de afecções ou inteiramente de fundo nervoso ou ligadas a esse fundo, que a sugestão pode curar, É natural aplicá-la nesses casos. Aplicá-la sem apelo ao sobrenatural, sem mistérios, sem nada de estupefaciente e charlatanesco. E como o melhor modo de dar sugestões é por meio do hipnotismo, por que não o empregar? É absurdo zombar de várias práticas, embora reconhecendo que curam de fato, porque elas curam exclusivamente por causa da sugestão e zombar ao mesmo tempo da sugestão, que consegue aquelas curas.

O autor americano escreve: "Agora nós conhecemos que o hipnotismo por si mesmo não faz bem; mas faz positivamente mal. *As sugestões favoráveis de curas que o acompanham, são entretanto, em muitos casos, inteiramente bastantes não só para superar aquela tendência nociva, mas também para curar os elementos psiconeuróticos na afecção de que o doente estava sofrendo*".[88]

É verdade que ele assevera ser o hipnotismo, por si só, nocivo. Opinião absolutamente destituída de provas. Mas se o hipnotismo é apenas, segundo ele mesmo, hipersugestibilidade e se é possível, com as sugestões dadas, superar todos os efeitos nocivos e tirar bons resultados, o hipnotismo continua no fim de contas, a ser grande remédio! Por isso mesmo, apesar de todas as suas contradições não é estranho que o autor americano também escreva: "Não há, entretanto, nenhuma dúvida que, no curso da nova geração, embora com alguma forma modificada e aparentemente nova, o hipnotismo voltará ainda uma vez".

★ ★ ★

Alguns autores têm afirmado que não é possível agir pelo hipnotismo sobre funções normalmente subtraídas ao domínio da vontade. Isso é absolutamente falso.

---

88 James J. Walsh - Cures - pág. 157.

Eu lidei durante anos com uma paciente da qual podia fazer com que viessem ou desaparecessem as regras com a mesma facilidade. Pedia para isso apenas, a fim de as suprimir, alguns minutos e para as restabelecer um intervalo de dez a doze horas.

É inútil acrescentar que nunca fiz essa experiência por distração: sempre por necessidade.

Essa paciente, quando sofre qualquer contrariedade vê aparecerem-lhe pontos vermelhos na face – o que os franceses chamam de "boutons de fièvre". Aí, sim, por experiência, aconteceu-me mais uma vez fazer, por sugestão, desaparecer uns e deixar outros que lhe ficavam lado a lado, só para provar o efeito da sugestão. Esse efeito se produzia quatro a seis horas depois, mas nunca falhava.

No entanto, essa mesma paciente é absolutamente inacessível a qualquer sugestão que pretenda modificar-lhe simpatias ou antipatias.

Os livros de Liébault, de Bernheim, de De Jong, de Wetterstrand e de Lloyd Tuckey, estão cheios de exemplos da ação do hipnotismo sobre casos inteiramente subtraídos ao domínio da vontade. As curas hipnóticas de amenorréias e dismenorréias são banais.

O Dr. Deutsch, Professor de Medicina Interna na Universidade de Viena, cita experiências feitas por ele, em que, dando a um hipnotizado a sugestão de que estava fazendo certo trabalho, o pulso se elevava imediatamente. A elevação não era a mesma que ocorreria com um trabalho real, mas era nítida.

É ainda o mesmo autor que cita experiências de Reinhold. Este fez com que um paciente hipnotizado transpirasse em metade do corpo e não transpirasse na outra metade. Fazendo-se então a contagem dos glóbulos do sangue dos dois lados, viu-se que o número de glóbulos brancos tinha aumentado do lado em transpiração. E diz o Dr. Deutsch, "nós vemos assim que as influências psíquicas têm repercussão até nos processos vitais mais finos".

Nos casos de certas moléstias, em que há febre, se se hipnotiza o paciente e se lhe diz que ele está perfeitamente bom, a febre baixa de alguns décimos de grau.[89]

Pensa o Prof. Deutsch que essa baixa equivale a parte com que para a febre concorrem as preocupações psíquicas do doente.

É bem evidente que ninguém pensaria em suprimir o estado febril por sugestão, quando ele fosse, por exemplo, produzido por uma infecção, que persistisse. Mas ao lado da infecção ou de outra causa orgânica, pode haver causas psicológicas: preocupações, medo, etc.

---

89 Felix Deutsch - De l'influence du phychique sur la vie organique. – Conrérence prononcé au Groupe d'Études philosophiques et scientifiques, le 23 décembre 1926.

Essas – e só essas – podem ser diminuídas ou suprimidas por sugestão. Em todo caso, aí estão numerosos casos de resultados obtidos sobre fenômenos subtraídos ao domínio da vontade.

★ ★ ★

Para julgar em conjunto a utilidade do hipnotismo, é preciso deixar um pouco de lado as questões individuais. Não há nisso desprezo pela experiência, quando é para a experiência que convém sempre apelar.

Mas a experiência, para ser válida, precisa obedecer a regras, preceitos lógicos muito rigorosos. O número dos experimentadores não supre as qualidades que faltam em muitos deles.

Uma experiência só é comparável a outra, quando ambas foram feitas nas mesmas condições. Ora, quem estuda o hipnotismo verifica que há médicos em cuja prática ele produz constantemente resultados maravilhosos e outros a que ele tem dado grandes decepções. Mas um médico não é igual a outro médico...

Nesse caso, diante de divergências tão grandes, vale a pena examinar como se podem explicar os insucessos e, em último caso, diante dos desacordos, subir até os princípios básicos, também eles experimentais, da psicologia. Quando vários médicos atribuem efeitos contraditórios ao mesmo remédio, claro está que as observações em desacordo com os princípios fisiológicos não podem ter sido bem feitas. É por isso que das experiências contraditórias de vários médicos sobre o hipnotismo há que apelar para a experiência superior dos que firmaram certos princípios psicológicos, que dominam a questão.

Dir-se-á que já existe uma certa parcialidade em procurar de preferência o ponto mais fraco do insucesso? Por que não fazer o mesmo aos sucessos?

Por uma questão de lógica: um milhão, dez milhões, mil milhões de casos negativos não contradizem um caso positivo. Desde, portanto, que há casos positivos, a alegação de casos negativos não os infirma. O de que se precisa é achar o motivo do insucesso.

★ ★ ★

Poderá o hipnotismo constituir-se para certos doentes como uma necessidade constante, análoga ao que é a morfina para alguns?

Absolutamente, não. Basta que o hipnotizador saiba o seu ofício e uma ordem será suficiente para pôr termo a isso. Quando tal coisa ocorra, se há disso algum exemplo, deve suspeitar-se, ou da habilidade ou da honestidade do operador, procurando aproveitar a situação, para mandar o doente multiplicar-lhe as visitas. Mas isso acontece mesmo sem hipnotismo algum com certos médicos que solicitam os doentes a fazer-lhes numerosas visitas inúteis... É uma exploração que depende da improbidade do médico e não do mau efeito dos remédios que ele receita.

Assim também há pessoas religiosas que vão ao confessionário, apenas uma vez por ano, como exige a igreja, enquanto outras nada ousam fazer sem ouvir seu confessor, seu diretor religioso, mesmo nas conjunturas mais terríveis da vida. Não é isso, de certo, que prova nada contra a confissão.

Os médicos que fazem a psicoterapia pela persuasão e cuja conversa deve ser um encanto para os doentes, podem atrair/mais a miúdo aquelas confessadas, que os procuram, mesmo sem razão alguma, só pelo prazer da palestra. O encanto desta é a parte melhor do tratamento que elas empreendem. Mas isso exatamente não pode ocorrer com os pacientes hipnóticos, porque basta uma ordem do hipnotizador para impedi-los de voltar.

Da conversa agradabilíssima em estado de vigília fica a memória: é, portanto, um prazer de que o doente se lembra e que procura. Da sugestão, ordem e seca no estado de sono, não fica a memória nem a lembrança de qualquer prazer.

Assim, não há. razão nenhuma para temer que o hipnotismo se torne uma necessidade para qualquer doente. Se isso ocorrer, há que censurar a desonestidade do médico. Desonestidade ou incapacidade; mais provavelmente a primeira...

★ ★ ★

Um grande número de médicos depois de ter usado do hipnotismo, abandona-o. Há quem veja nisso uma prova de inferioridade daquele recurso terapêutico.

É, no entanto, uma injustiça. O que se dá é que o hipnotismo exige muito tempo. De mais, nunca ninguém sabe se conseguirá ou não hipnotizar o paciente.

Um médico célebre, que tem de atender a dezenas de clientes, não dispõe do tempo necessário para tentar a hipnotização de pacientes, que ele não sabe se adormecerá ou não, mas que, de todo modo, só podem adormecer tomando para isso o mesmo período que tomaria com o tratamento de cinco ou seis outros doentes a quem se limitasse a prescrever receitas variadas.

Um doente entra no consultório de um médico e lhe expõe o caso de uma dor que sente ora aqui, ora ali. O médico reconhece que se trata de uma dor nervosa, sem fundo somático. Toma do papel e receita uma poção sedativa qualquer, que, para produzir efeito, perturba o quimismo do organismo inteiro. É um processo mau, mas rápido: o tempo de escrever algumas linhas.

Se lhe fosse possível hipnotizar o doente, dar-lhe-ia o único remédio verdadeiramente apropriado: agiria só sobre o cérebro, eliminando a falsa sensação. Mas para hipnotizar seria necessário dez vezes mais tempo do que para rabiscar uma receita. E ainda uma dúvida: conseguiria adormecer o paciente? Por tudo isso, ele deixa de lado a psicoterapia hipnótica e atira-se aos formulários terapêuticos. É infinitamente mais simples! E aí está porque muitos médicos, quando se tornam célebres, abandonam a prática do hipnotismo: ela é absolutamente incompatível com as grandes clientelas.

É difícil, incerta e demorada. De um modo geral, ninguém sabe se conseguirá hipnotizar um paciente. Por outro lado, ninguém sabe que resultado vai tirar.

O que, porém, se deve dizer é que um hipnotizador hábil nunca faria mal algum aos seus pacientes. Pode, no entanto, obter verdadeiros milagres, que nenhum outro recurso terapêutico alcançará tão eficazmente.

É o que diz o dr. Yellowlees, da Universidade de Edimburgo: "...a sugestão hipnótica, em boas mãos e aplicada do bom modo, tem sido praticamente de mais benéficos resultados para os pacientes, sem consequências nocivas, do que qualquer outra medida psicoterapêutica e pode-se ter como certo que todo médico, que se preparou com o seu estudo, dar-lhe-á seguramente um alto valor no seu arsenal psicoterapêutico".[90]

Pierre Janet, que não tem nenhuma ternura excessiva pelo hipnotismo, já no seu livro sobre as Medicações Psicológicas tinha dito que outrora o achavam incrédulo, quando negava os milagres atribuídos ao hipnotismo. Agora, o acham crédulo de mais, quando pressagia que o hipnotismo voltará a ter grande importância. No seu livro (1923) La Médicine Psychologique, escreve:

"...a decadência do hipnotismo não tem grande significação. É determinada por causas acidentais, desencantos e decepções depois de entusiasmos irrefletidos; não passa de um acidente momentâneo na história do sonambulismo provocado e da psicoterapia".[91]

É digno de nota que esta profecia anda por toda parte. Partidários de todos os sistemas; amigos e adversários do hipnotismo, todos sentem que ele há de reaparecer.

Citamos, poucas páginas antes desta, a opinião do médico norte-americano James Walsh. O Dr. Egas Moniz, eminente professor de Neurologia na Faculdade de Medicina de Lisboa, falando do hipnotismo, escreve:

"É assunto, na hora presente, relegado para a História da Medicina. Seria estulta pretensão trazê-lo de novo à tela da atividade científica.

---

90 Yellowless – A Manual of Psychotherapy. pág. 99.

91 Janet -La Médecine Psichologique, pág. 31.

"Mas voltará um dia. Os fatos persistem, embora possa discutir-se a interpretação. Não morrerá nos arquivos das livrarias". Aludindo ao Padre Faria, conclui: "E quando lhe soar a hora do ressurgimento, desempoeirado ou trajado de novo, com ele se recordará mais vivamente a obra do padre português".[92]

Assim, a cada instante se encontra esta afirmação: voltará, tem de voltar, há de voltar...

★ ★ ★

Alguns médicos em hospitais e casas de saúde hipnotizam os doentes e passam o trabalho da cura aos seus assistentes. Limitam-se a ver os pacientes uma ou duas vezes por semana.

Não é de admirar, nessas condições, o insucesso do tratamento.

Esses médicos, se se trata de um doente de impaludismo, de sífilis ou de qualquer outra moléstia, quererão saber quantos centímetros ou miligramas de quinina, arsênico ou mercúrio os assistentes deram ao enfermo.

Esquecem-se, porém, de que no hipnotismo a "palavra" é um princípio ativo, tão forte como os venenos mais violentos; como a aconitina, como a digitalina... Com a palavra, o hipnotizador pode fazer transpirar o hipnotizado, pode acelerar ou retardar o ritmo cardíaco...

Nessas condições, não basta que um médico diga ao seu assistente que dê sugestões em tal ou qual sentido: é ainda necessário saber de que palavras ele vai usar, como se vai exprimir.

Um indivíduo acordado, consciente, pode corrigir certas expressões. Um hipnotizado não tem a faculdade de crítica. Uma frase infeliz, embora lhe seja dita com as melhores intenções, é como um traço em uma gravura a água forte: um traço indelével.

Não se pode – ou pelo menos não se deve fazer uma cura séria hipnótica, a dois ou três médicos, cada um em dias e horas diferentes, dizendo coisas mais ou menos diversas.

Pelo fato de a receita do hipnotizador não ficar, por assim dizer, materializada em uma folha de papel, em caixas e frascos de drogas diversas, nem por isso, deixa de produzir efeitos materiais apreciáveis. Victor Hugo disse em um verso, que ficou célebre:

"Car le Mot, qu'on le sache, est un être vivant".[93]

---

92 Egas Moniz – O Padre Faria na história do hipnotismo. pág. 173.

93 Porque a palavra que conhecemos é um ser vivo. (tradução livre)

O hipnotizador deve ter sempre diante de si esta outra afirmação: "Car le Mot, qu'on le sache, est un poison violent!"[94] Convém, portanto, saber aplicá-lo.

Wetterstrand escreve: "...eu desejo chamar a atenção sobre um ponto muito importante: que as sugestões devem ser dadas em tom autoritário, com simplicidade, mas com firmeza, e não devem nunca contradizer-se (isto é, não se deve dizer hoje uma coisa e amanhã outra). O hipnotizador deve bem ter presente que a sugestão se fixa ao cérebro de uma pessoa sugestível como se aí estivesse escrita em letras de fogo".

Um médico, que empreende uma cura hipnótica, precisa fazê-la por si mesmo: é trabalhoso; mas é quase sempre maravilhoso.

Estas afirmações surpreendem os que têm noções superficiais do hipnotismo. Há, de fato, muitos, convencidos de que as curas hipnóticas se fazem instantaneamente: é chegar, mandar o doente ficar bom e ver a mágica se produzir. Para os que pensam assim, o tipo da cura hipnótica é a dos milagres que se contam do Cristo, sarando cegos e paralíticos, com uma simples ordem.

Sem dúvida, os casos desse gênero são frequentes. São mesmo muito frequentes. Mas há outros em que os resultados só podem ser obtidos com paciência e perseverança.

Aliás isso acontece com todos os medicamentos. Não se conhece nenhum que faça um efeito definitivo e permanente. A própria imunidade conferida por certas vacinas se perde ao fim de algum tempo.

Os adversários do hipnotismo muitas vezes o consideram sem valor, só porque ele não tem um lugar superior ao dos outros remédios. Dizem, contraditoriamente, que ele não presta para nada, porque querem que ele seja uma coisa um pouco sobrenatural.

Se um hipnotizador encontra, por exemplo, um paciente com dor de cabeça e manda que cesse, ela cessará. Pode, porém, voltar a minutos, se a dor tem uma causa permanente. O efeito da sugestão gasta-se e o da causa permanente continua a agir.

Imaginem, por exemplo, que essa dor de cabeça seja causada por hiperacidez do estômago.

Um médico, que desse ao doente, para curá-lo, uma dose de antipirina, sem indagar a causa daquele sintoma chegaria ao mesmo resultado. Mas o efeito da antipirina se dissiparia e a dor voltaria. O que sucede com o medicamento-antipirina, sucede com o medicamento-sugestão.

---

94 Porque a palavra que conhecemos é veneno violento. (tradução livre)

O que um hipnotizador hábil faria seria dar o remédio que atacasse a causa do mal – magnésia, bicarbonato de sódio, etc., e, ao mesmo tempo, suprimir imediatamente o sintoma doloroso.

Em certos casos, em que não é possível eliminar a causa, a sugestão ainda assim serve; o que há apenas é que ela precisa ser renovada. Mais uma vez: há que fazer com ela o que se faria com qualquer outro remédio, mas em todo caso com uma grande vantagem – porque, como disseram Van Renterghem e Van Eeden, a sugestão hipnótica é o único remédio eficaz, que se pode continuar a usar indefinidamente.

Os médicos que, para aliviar certas dores, têm feito, sem o querer, tantos morfinomaníacos, conhecem qualquer outro, de que possam dizer o mesmo? Positivamente não!

Entre os casos, que pedem a repetição das intervenções hipnóticas, figuram certas perturbações psíquicas.

O fato não deve admirar. O hipnotismo é, por assim dizer, um remédio cerebral. Enquanto o cérebro está bom, nada mais fácil do que por meio dele agir sobre o resto do organismo. Quando, porém, se trata exatamente de uma moléstia cerebral, a ação sobre o cérebro é mais difícil; o que se busca é, com as partes sãs que nele ainda existem, agir sobre as que não estão perfeitas; mas essa influência nem sempre é possível e nesses casos, sempre é difícil.

Alguns autores têm escrito que as curas feitas pela sugestão hipnótica não são definitivas.

É uma afirmação absolutamente falsa, dezenas ou centenas de milhares de vezes desmentida pela prática dos que se têm dedicado à clínica hipnótica. Mesmo neurologistas, como Pierre Janet e outros, que não se têm especializado naquela clínica, citam casos de doentes, que eles curaram pela sugestão e de que verificaram muitos anos depois a permanência da cura.

A origem da falsa afirmação a que estamos aludindo é a convicção em que muitos estão de que as curas hipnóticas se fazem em uma simples sessão, mágica e teatralmente.

A isso já acima ficou respondido. Os médicos de que se trata deram às vezes uma sugestão – uma só – ao doente e ele ficou bom. Ficou ou pareceu ficar. Ao passo, porém, que eles não souberam insistir e consolidar o resultado obtido, a moléstia foi mais inteligente: voltou à carga e reinstalou-se. Figurem um doente de impaludismo. Imaginem que o médico lhe deu uma dose de quinina e assim, cortando um acesso, o declarou curado.

Mas em outro acesso, pouco depois, a doença reapareceu. Tem esse médico o direito de dizer que a quinina não faz "curas definitivas" do impaludismo? Evidentemente não.

Quando Ehrlich descobriu o salvarsan para a cura da sífilis, pensou em estabelecer o que chamou a "terapia magna sterlisans": uma dose maciça do remédio, bastando por si só para curar o enfermo. Ao que parece, curou, de fato, algumas pessoas; mas tantas outras morreram, que ninguém mais pensa hoje naquele processo heroico.

Assim, os que dizem que o hipnotismo não faz "curas definitivas", só porque nem sempre faz curas mágicas e imediatas, perderam o único paralelo, que podiam invocar... Apesar de tudo, são frequentes os casos em que o hipnotismo obtém curas definitivíssimas em uma única sessão. Um hipnotizador prudente raras vezes, entretanto, se contentará com esse resultado.

Resumindo estas considerações, o que se pode garantir é que o fato de grandes médicos terem abandonado o hipnotismo nada prova contra este; prova apenas que ele não se coaduna com as práticas de clínica apressada, a que todos os médicos de grande clientela são obrigados. O que falta não é mérito ao hipnotismo; é tempo aos que o não podem praticar como ele deve ser praticado.

Os grandes médicos hipnotizadores, que se mantiveram na sua especialidade durante dezenas de anos, narram os resultados extraordinários que nela tiveram. E sempre os fatos positivos terão mais valor que os negativos.

★ ★ ★

Há quem assevere que o sono provocado pelo hipnotismo equivale a um ataque histérico. Esse era o ponto de vista de Charcot e da Escola de Salpêtrière.

Pitres, para sustentá-lo, dizia:

"As manifestações hipnóticas espontâneas da histeria são idênticas às do hipnotismo provocado experimentalmente.

É sobretudo nos histéricos declarados que se consegue provocar artificialmente os estados hipnóticos.

Os fenômenos de sono obtidos em pessoas isentas de qualquer tara neuropática são apenas a expressão atenuada do grande hipnotismo".

Ora, não há nenhuma dessas afirmações que não seja falsa.

Logo à primeira leitura se vê, porém, como o autor procura forçar a conclusão. Começa dizendo que é nos histéricos declarados que melhor se obtém o hipnotismo – afirmação absolutamente errônea; mas, sabendo que Bernheim, Wetterstrand e outros chegaram a hipnotizar mais de 95% de histéricos, ele diz que nesse caso o hipnotismo dos isentos de toda tara neuropática, é uma imitação da histeria. E, assim, rodando num círculo vicioso, acaba definindo a histeria pelo hipnotismo e o hipnotismo pela histeria: se é bem hipnotizável, deve ser histérico declarado ou imitador de histéricos; e, se é histérico, deve ser hipnotizável... Babinski chegou inteiramente a isso: a histeria para ele é a moléstia dos sugestionados e os sugestionados são os que sofrem de histeria ou imitam os que dela sofrem.

Um grande neurologista norte-americano, Morton Prince, analisando as teorias de Babinski mostra como este escamoteia o ponto principal da questão.[95]

Para Babinsk a histeria, que prefere chamar *pitiatismo*, é um estado mental em que o paciente aceita facilmente sugestões, tanto externas como internas. A seu ver, o conjunto dos sintomas histéricos não passa disso.

Mas essa afirmação não explica coisa nenhuma. Se há um estado mental em que os pacientes são sugestionáveis, o interessante é que nos definam os caracteres desse estado, que nos digam o em que ele consiste.

Morton Prince mostra muito bem que se pode hipnotizar um indivíduo são e sugerir-lhe quase todos os acidentes histéricos. Mas eles, por assim dizer, não "pegam". Duram por um curto espaço de tempo e desaparecem.

Que é, pois, que há nos histéricos que os faz aceitar e manter as sugestões, – sugestões que, quando feitas em indivíduos sãos, desaparecem rapidamente?

A histeria, o hipnotismo, o sonambulismo espontâneo -são casos de dissociação da personalidade. O que ainda não se fez muito bem foi caracterizar o em que consiste a dissociação histérica, a dissociação hipnótica e outras. Nada prova a sua identidade.

Quando, portanto, Babinski define a "histeria um estado patológico, manifestando-se por perturbações que é possível reproduzir por sugestão..." só o que se esquece de nos definir é esse estado patológico. O que ele faz é rodar no círculo vicioso acima enunciado, definindo a histeria pela sugestão e a sugestão pela histeria.

E, no entanto, com um rigor matemático, implacavelmente, todas as estatísticas dos grandes hipnólogos mostram que os histéricos são menos hipnotizáveis que os não-histéricos.

Quando alguém hipnotiza um camponês robusto, sadio, sem tara alguma nervosa, não acha nele nenhum dos fenômenos que Charcot fantasiou no seu "grande hipnotismo". Tanto ele, como Pitres, como Babinski, cuja prática se fez em hospitais de histéricas, têm a natural tendência a confundir as duas coisas e a passar para o hipnotismo fenômenos de histeria. Sabe-se aliás que em toda a sua ruidosa e espetaculosa clínica Charcot só achou doze casos do seu famoso "grande hipnotismo". Grande e raro... Apesar da cultura com que foi criado, não pôde dar senão esses escassos frutos. Ninguém, entretanto, pensaria em definir qualquer moléstia, de que se conhecessem milhões de casos, pela singularidade de 12 dentre eles. Esses 12 constituiriam a exceção.

---

95 Journal of Abnormal Psychology - Dezembro de 1919.

Todos os hipnólogos, que não forem médicos de hospitais de histéricos, declaram que é mais difícil hipnotizar uma histérica que uma pessoa sadia. Grasset confirma essa observação e mostra que o essencial é o hábito da obediência. As pessoas acostumadas a obedecer, embora perfeitamente sãs, deixam-se adormecer, com grande docilidade. Steckel, um dos mais célebres neurologistas de Viena, cita a sua prática com pessoas de raça eslava, na qual tem achado menos de um por cento de refratários, o que se explica exatamente pela credulidade habitual dos eslavos. Stekel assevera também que os não histéricos, os sadios (heathy people), são sempre mais hipnotizáveis que os histéricos.[96] A instabilidade mental dos histéricos torna-os menos aptos para o hipnotismo.

Não há dúvida, entretanto, que se dá nestes um fato, que frequentemente ocorre na histeria: a dissociação da personalidade. O hipnotizado age, com o que Grasset chamaria "os centros poligonais" – isto é, de um modo inconsciente.

Mas esse fato não ocorre só no hipnotismo e na histeria: ocorre no sonho, nas distrações; ocorre sempre que agimos automaticamente.

Ninguém dirá, entretanto, que cada uma dessas hipóteses equivale a um pequeno ataque histérico. Nesse caso, não há normalmente quem não tenha diversos durante cada dia!

É forçar de mais a nota.

Um autor inglês aceita, porém, claramente esse exagero e escreve: "Ninguém é completamente normal. Nós somos sempre, de algum ponto de vista, anormais. Podemos concordar com Moebius que "não há quem não seja um pouco histérico."

Se é assim, porém, e se todos são histéricos, a afirmação de que só os histéricos podem ser hipnotizados acaba por constituir uma pilhéria.[97]

Mas não era desse modo que Charcot entendia o caso.

Há, já o dissemos, a desagregação de personalidade no sonho, nas distrações, na histeria, no hipnotismo; mas isso não prova a identidade desses diversos estados.

Depois, é bom notar uma verdade cada vez mais evidente; a ação do inconsciente, só por ser inconsciente é muito maior que a do consciente. O consciente é a exceção. O inconsciente é a regra: é ele que dirige a vida. E o hipnotismo é um dos raros meios, graças aos quais nós podemos penetrar diretamente nos seus misteriosos subterrâneos. Isso o justifica brilhantemente e lhe dá uma utilidade excepcional.

---

96 Stekel - Psychoanalysis and Suggestion Therapy - págs. 34. 35.

97 William Brown – Sugestion and mental analysis pág. 96.

Era a isso que aludíamos acima quando falávamos da necessidade do hipnotismo. Pouco importa a opinião deste ou daquele médico, sempre que ela estiver em desacordo com as noções fundamentais da psicologia, noções todas fundadas em observações e experiências rigorosíssimas.

É uma regra de Lógica que para bem estudar qualquer fenômeno convém variar todas as circunstâncias em que ele pode produzir-se, a fim de determinar quais as que são constantes e quais as que são mutáveis.

Já anteriormente mostramos como Charcot, Babinski e outros, médicos de hospitais de histéricas, falharam lamentavelmente a essa regra, estudando de preferência o hipnotismo nas suas clientes e procurando fazer desse hipnotismo o típico, o característico, o modelo. O que eles acharam de fato foi o que se poderia chamar o hipnotismo histérico. E ainda admitindo que o hipnotismo se revestisse de formas mais nítidas nos histéricos, isso provaria apenas que em doentes com tendência à desagregação mental o hipnotismo toma formas especiais, mais interessantes, – mas não provaria que o tipo do bom, do grande hipnotismo seja o dos histéricos.

Aqui repetimos: Charcot procedeu como teria procedido um médico, diretor de um grande hospital de diabéticos, que empreendesse de preferência nestes o estudo das úlceras. Ora, as úlceras dos diabéticos têm uma gravidade especial. O médico em questão chamaria às úlceras dos diabéticos as "grandes úlceras". E quando alguém lhe objetasse que também as pessoas não diabéticas apresentam úlceras, ele trataria estas últimas com um enorme desdém; chamar-lhes-ia "pequenas úlceras", frustras imitações de úlceras diabéticas...

Não há nisto um gracejo. Foi assim, exatamente assim, absolutamente assim, que Charcot e alguns dos seus discípulos procederam com o hipnotismo.

O hipnotismo é um fenômeno que se obtém de preferência em não histéricos. O que se pode acrescentar é que, quando se obtém nos histéricos, neles toma formas especiais e produz resultados extraordinários. Mais nada.

★　★　★

Não é fácil a um médico francês, vivendo nos meios oficiais, libertar-se de todo das ideias de Babinski. Ele é o Sumo Sacerdote Nacional da Histeria! Contrariá-lo é quase praticar um crime de alta traição. Assim mesmo, já vai havendo quem procure deixar de lado as opiniões daquele ilustre médico.

No grande *Traité de Pathologie Médicale et de Thérapeutique Appliquée* de Sergent, Ribadeau-Dumas e Babonneix, há, no volume sobre Psiquiatria, o estudo do dr. Logre, acerca do estado mental das histéricas.

É interessante e bem feito. Sente-se, porém, que o autor se debate entre as suas próprias observações e a doutrina de Babinski que pesa sobre os médicos franceses.

Admite que o hipnotismo é uma variedade de histeria – e assim satisfaz o antigo colaborador de Charcot; mas acrescenta logo: uma "variedade tão especial que convém fazer da psicologia do hipnotismo um estudo à parte".

Tão especial, que é inteiramente diferente...

Mais adiante escreve textualmente: "o que falta ao hipnotismo é tudo o que faz o interesse prático da histeria. Trata-se, portanto, de uma variedade da histeria em que não há nada de muito histérico... Cada vez essa variedade é mais singular!

Logo após: "É lícito perguntar se o hipnotismo tem direito de ser considerado um fenômeno patológico". É isso, no entanto, o que Babinski afirma, e se o hipnotismo não é patológico, não se sabe bem como pode ser histérico, a menos que o autor admita que a histeria não chega a ser uma doença...

Mais adiante, resumindo suas opiniões, o autor escreve que o hipnotismo é uma "forma de histeria contestável e aberrante" e acaba considerando-o apenas um "jogo de sociedade", sem importância...

Do conjunto desse trabalho o que resulta é que o autor, talvez sem grande prática da questão, viu apenas o bastante para sentir que as opiniões de Babinski são inteiramente falsas.

No entanto, debatendo-se num cipoal de contradições, e enunciando a sua desdenhosa opinião final, Logre escreveu: "podem inspirar-se ao paciente, em vez de ideias desarrazoadas, como a de uma paralisia, – ideias plausíveis ou mesmo inteiramente justas: é possível sugerir-lhe, por exemplo, que sua paralisia prévia não deve mais impedi-lo de mover-se e logo ele se move. De fato, a sugestão hipnótica pode ter como objeto tanto o normal como o patológico, tanto o verdadeiro e o razoável como o falso e o absurdo".[98]

Para muita coisa serve, portanto, o tal jogo de sociedade sem importância!

Outro exemplo do *parti-pris* francês:

No volume 26º, correspondente ao ano de 1925, de L'Année Psychologique, há, na pág. 390, a análise feita pelo Dr. Paul Guillaume de uma tese americana sobre hipnotismo. O autor da análise termina-a do seguinte modo: "A hipnose é um estado no qual o indivíduo faz, de boa-fé, o que não faria no estado normal, porque não se julgaria capaz disso, e é o que explica alguns fatos devidos à sugestão: aumento de resistência à fadiga, à dor, execução fácil de tarefas autênticas pela

---

98 Logre – Loco citado - pág. 366.

suspensão das inibições normais; mas está longe de haver um verdadeiro aumento de eficiência das funções físicas e mentais". Se o organismo passou a resistir à dor e à fadiga, mais do que o pode fazer em estado normal é evidente que houve aumento de eficiência. Mas o autor chega à conclusão de que há aumento, mas não há aumento... Há *"resistence accrue"*, mas não há *"véritable accroissement"*...

Estas flagrantes contradições, só para manter um *parti-pris* evidente, chegam a ser cômicas.[99]

★ ★ ★

O ensino do hipnotismo nas clínicas de hospitais é dificílimo. O dr. Lloyd Tuckey tem razão quando diz que entrar em uma enfermaria cercado de estudantes, escolher uma mulher mais ou menos amedrontada com esse aparato, e dizer-lhe, sem a menor preparação, que ela vai ser hipnotizada, é fazer nascer todas as emoçõe. próprias para tornar quase impossível o hipnotismo.

As clínicas, como a de Wetterstrand, que só encontrava 5% de refratários, e de Van Renterghem, eram instaladas de um modo especial, para o fim a que visavam.

Quem lê a descrição delas logo verifica que não existe nos nossos hospitais, nem mesmo em quase nenhum fora daqui, condições adequadas para as práticas hipnóticas.

A consequência disso é que os lentes de clínica têm naturalmente receio de anunciar aos seus alunos que vão mostrar-lhes uma coisa, em que eles, apesar de professores, são os primeiros a temer um fiasco. Embora o caso seja previsto, o fiasco é sempre desagradável.

Assim, raros são os que ensinam como se hipnotiza – mesmo quando o sabem fazer. É verdade que, em geral, justificam essa lacuna condenando o hipnotismo...

O que resta é discutir até que ponto esta condenação se pode considerar sincera: isto é, se eles não ensinam o hipnotismo porque ele não presta, ou se acham que ele não presta, porque não o podem facilmente ensinar...

Mesmo os maiores adversários do hipnotismo sempre reconhecem que há casos em que ele serve. Esses casos eles os restringem quanto podem. No entanto, mesmo assim restritos, são mais numerosos que os do emprego de certos medicamentos, que figuram em todos os formulários nas aulas de terapêutica e matéria-médica.

---

99 P. Campbell Young - An experimental study of mental and physical functions in the normal and hypnotic states.

– Por que então se fornece o conhecimento deste e não se fornece o do hipnotismo?

– Porque o hipnotismo exige uma aprendizagem mais longa, em condições mais delicadas, e a aprendizagem do uso de drogas se faz pela simples decoração de meia dúzia de fórmulas.

Se fosse possível, em todos os casos, obter o hipnotismo pela inalação de uma substância qualquer ou mesmo, em alguns minutos, ou por urna injeção medicamentosa ou pela efluviação estática, como propôs o dr. Bertran Rubio, logo todos reconheceriam ao hipnotismo os grandes méritos que lhe reconhecem os que o praticam sistemática e inteligentemente.

Ele é um dos mais poderosos recursos da medicina.

Vale talvez a pena terminar pela citação das seguintes palavras textuais de Wetterstrand, palavras a que acima já se aludiu: "Eu pratiquei o hipnotismo cerca de SESSENTA MIL VEZES e nunca vi nem soube que nenhum doente tenha por isso sofrido nada".

De que outro medicamento qualquer médico ousaria, falando verdade, escrever isso?

E ninguém ousou jamais pôr em dúvida a integridade moral do grande, do respeitável, do conscencioso e dedicado médico sueco.

CAPÍTULO VII

APLICAÇÕES PEDAGÓGICAS

A ideia de aplicar o hipnotismo à educação ocorreu a muita gente. Houve mesmo entusiastas tão excessivos que aconselharam a hipnotização sistemática de todas as crianças, o que não seria difícil, porque, em geral, entre os sete e os quatorze anos, todas são facilmente hipnotizadas.

Uma criança é sempre um enigma. Ninguém sabe, ao certo, como se vai fazer o seu desenvolvimento. Uma sugestão imprudente poderia contrariar esse desenvolvimento.

Não há nisso o respeito exagerado, o pavor sagrado que alguns manifestam pela liberdade individual das crianças. Essa liberdade é todos os dias desrespeitada pelos processos de educação, que os pais e mestres adotam. Há, porém, a considerar que tais processos se dirigem a pessoas em estado de vigília, que podem reagir, podem criticar. Têm, portanto, menos probabilidade de forçar violentamente para outra direção a direção normal da criança.

Assim, nestas, como nos adultos, o hipnotismo deve ser considerado um recurso terapêutico – um remédio.

Apesar disso, o seu domínio pode não ser pequeno.

Lloyd Tuckey fala em crianças preguiçosas que ele tornou estudiosas por sugestão hipnótica. Na literatura científica do hipnotismo, não faltam casos dessa natureza.

Mas a preguiça é, muitas vezes, uma moléstia física perfeitamente caracterizada, com sintomas somáticos bem definidos. E, como moléstia, é passível de tratamento.

Há, porém, sempre receio de que um pai ou um professor, hipnotizando facilmente uma criança, tenha tendência a abusar e recorra de mais à sugestão hipnótica. Certos períodos de preguiça intelectual aparente são talvez períodos de incubação, em que o organismo acumula forças para maiores empresas.

Um velho gracejo popular, aludindo aos que são muito espertos, diz que eles "consertam relógios no escuro". Esse gracejo pensa, de certo, nos relógios de algibeira, cujo mecanismo é assaz complicado. Seria, portanto, preciso para consertá-los no escuro uma finura de tato quase sobrenatural.

O educador que, a golpes de hipnotismo, quisesse corrigir a evolução de uma criança, empreenderia uma tarefa análoga à de consertar relógios no escuro. Mais do que análoga, absolutamente idêntica.

É necessário evitar a todo custo o abuso das sugestões às crianças, mesmo quando tais sugestões sejam excelentes. Não é por esse meio que se deve fazer o ensino.

Um grande médico inglês, que se preocupava com as questões de ensino, escreve: "Nós devemos ter sempre em mente que a nossa primeira tarefa como educadores é ajudar a criança gradual e prontamente a desembaraçar-se da sua sugestibilidade e atingir gradativamente um julgamento individual sensato".[100]

Isso não é inteiramente exato. Convém não exagerar. A sociedade repousa em grande parte sobre a sugestibilidade.[101] A vida seria impossível se cada um pretendesse só admitir o que tivesse por si mesmo verificado. Os que querem fazer isso são os revoltados, os inadaptados. É natural, é normal, é útil que aceitemos sugestões de quem no-las pode dar. Mas como a sugestibilidade sempre existe em todos, é necessário não a aumentar a cada instante.

Certos conselhos, que, por serem moralíssimos, parecem não ter inconveniente algum, precisam, entretanto, ser dados com prudência.

Figurem, por exemplo, a ordem a uma criança: "Você nunca há de mentir".

Ai da criança que obedecesse a essa regra! Seria mil vezes castigada por seus próprios pais, por dizer inconveniências deploráveis.

Os conselhos sobre questões sexuais ainda pedem mais cautelas.

Muitos pais educadores são levados a exagerar as proibições de natureza sexual. E criam para os filhos, no futuro, casos terríveis de neuroses.

Conhecem-se numerosíssimos fatos de crianças, aterradas com os conselhos contra o onanismo, virem mais tarde a tornar-se impotentes.[102] Aliás, hoje, os que estudam seriamente essas questões não professam mais pelo onanismo o horror sagrado que dantes professavam certos educadores. Ele é, no fim de contas, um fenômeno natural na infância. Convém apenas coibir-lhes os abusos e, isso mesmo, sem afirmações terrificantes.[103] A Dra. von Hug-Hellmuth diz

---

100 Crichton Miller – The New Psychology and the paunt - pág, 46.

101 W. Trotter - Instincts or the herd in puceand war - pág. 45.

102 Dra. von Hug Rellmuth - A Study of the mental life of the child. pág. 46. trata dessa hipótese e diz que as ameaças e sugestões aterradoras têm muitas vezes um tal efeito, que este não pode mais ser eliminado da vida mental e se torna a causa, não só da impotência de origem psíquica, como de outros estados nervosos de angústia.

103 Para, entre numerosas, dar apenas algumas opiniões, aqui vão as seguintes: Tridoll, em Psycho-analysis and behavior, pág. 67, escreve: "A opinião geral atualmente nos círculos cientificas

que as sugestões, ordens e conselhos nestes casos devem ser dados com brandura. Ela mesma escreve que é melhor apresentar a coisa entre aquelas de que se diz à criança "isso não é bonito", do que entre os pecados pavorosos, que podem trazer consequências medonhas.

Uma regra nesse particular, sempre que alguém der sugestões a uma criança contra atos imorais em si mesma ou em pessoas de igual sexo: deve ter a

---

é que o onanismo infantil não passa de um dos recursos primitivos da natureza para desenvolver os poderes sexuais da criança, um processo que precisa ser vigiado de perto pelos pais e reprimido, se a criança chega a excessos..." White, em The mental hygiene of childhood, pág, 57, diz "...esta fase é caracterizada por um considerável período de atividade masturbatória. Esta atividade, entretanto, quando não seja excessiva e prolongada, não tem a séria importância que geralmente lhe dão", O Dr. W. F. Robie – Rational Sex Ethics – diz: "Griésinger, no começo do século 19, foi o primeiro a chamar a atenção para o que é hoje universalmente considerado como um fato, isto é, que os chamados efeitos nocivos da masturbação não são habitualmente devidos à própria masturbação, mas ao medo, à autocondenação do indivíduo, etc., que as pessoas sensitivas acabaram por ter, graças a atitude da sociedade e dos médico em relação a esta prática", páginas 127-128. O Dr. Moll – The sexual life of the child, diz: "Não está provado que a masturbação durante a infância, com ou sem ejaculação, seja geralmente perigosa". Naturalmente, como de tudo se deve dizer, o abuso pode levar a desordens nervosas diversas. Mas é o abuso, não o uso. E tanto o abuso como o uso podem ser removidos por oportunas sugestões, sem o recurso o recurso a qualquer amedrontação. O Dr. Brill - Psychanalysis - diz: "Eu simplesmente afirmo que anos de estudo e de investigação pessoal me ensinaram que a masturbação é praticamente universal e não pode ser considerado o terrível demônio que alguns pintam". 1ª edition, pág. 84. O Dr. William Robinson - Treatment of sexual impotence (11th edition) escreve: "A lealdade manda que eu mencione o fato de alguns investigadores não só recusarem considerar a masturbação um vício; mas acha-la uma útil medida higiênica, um substituto seguro e inócuo do coito. Eles garantem que nós confundimos causas e efeitos e que muitos dos maus sintomas que atribuímos à masturbação só aparecem quando procuram fazer cessá-la ou quando ela cessou inteiramente. Alguns médicos (o Dr. Stekel, de Viena, por exemplo) não hesitam em proclamar o "direito à masturbação" e abertamente aconselham seus pacientes, que por qualquer motivo não podem ter relações sexuais regulares, que pratiquem a masturbação", págs. 345-355. Ver em

K Menzies - Autoerotic phenomena in adolescence - os dois capítulos sobre a psicologia e a patologia da masturbação.

Esta longa nota é talvez excessiva, porque um dos vícios da infância contra o qual mais se aplica o hipnotismo é o onanismo. Convém, portanto. Que se veja que é necessário não exagerar na repressão e, sobretudo, nunca, em hipótese alguma, empregar sugestões apavorantes.

As ideias a respeito do onanismo sofreram mesmo tal transformação que muitos médicos passaram de um polo ao outro: da proibição formal, com todos os espantalhos horríficos, ao incitamento.

Os Dr. Dickinson c Pierson, fazendo um inquérito sobre a média da vida sexual das mulheres norte-americanas, escrevem: "Uma correlação entre o onanismo e a saúde, ao tempo em que se fez o inquérito, em uma lista que tem o terço que nunca experimentou, o terço que o usou mas abandonou, e o terço que continua, mostra uma 'real diferença' no sentido de melhor saúde entre aqueles que persistem".

Os autores dizem que 2/3 das mulheres não casadas confessam ter praticado o onanismo. Um terço delas continua a praticá-lo.

cautela de acrescentar que, mais tarde, quando ela for adulta e tiver atração por alguém do outro sexo, nunca deixará de sentir nisso todo o prazer normal.

É uma precaução para evitar desgraças futuras.

De um modo geral mais vale dar certos conselhos educativos à criança acordada, porque esta os pode criticar mais inteligentemente, repelindo-lhes os excessos.

A criança a quem disseram que não se deve nunca mentir, ouvirá pouco depois o pai mandar dizer a um importuno que não está em casa; ouvirá a mãe receber com muita amabilidade uma pessoa desagradável e dizer, assim que ela partir, quanto esta visita a incomodava. Mentiras a cada instante...

Por outro lado, a criança a quem um educador austero afirmou coisas terríveis sobre as funções sexuais terá provavelmente de casar-se... Se, por qualquer circunstância, lhe sucede qualquer dia ter um desfalecimento sexual, - do fundo do inconsciente, em que estão, as velhas afirmações cominatórias e terríveis podem despertar e tornar o que as ouviu incapaz para o cumprimento dos seus deveres.

É o conjunto dessas circunstâncias que faz o hipnotismo nas crianças apenas recomendável em casos mórbidos, e ainda assim, com toda a discrição.

Nos casos de preguiça infantil só se deverá intervir, quando ela tenha um caráter nitidamente mórbido. O mesmo se deve fazer com os casos de fraquezas de vontade.

Embora alguns autores tenham dito que a vontade não pode ser desenvolvida hipnoticamente, isto é falso. Pode-se perfeitamente sugerir ao paciente motivos de agir.

Um hipnotizador inábil dirá a um paciente: "Você fará isso e aquilo!" É uma ordem, que pode ser obedecida, mas que não educa.

Tomando um menino, que costume proceder mal em tais e quais circunstâncias, o hipnotizador lhe dirá durante o sono, como ordem, as mesmas coisas que lhe diz, quando acordado, como conselho: "Sempre que você tiver o desejo de fazer este ou aquele ato mau, pensará no que seus pais e seus mestres lhe têm dito, lembrar-se-á de tais e quais inconvenientes que resultam do que vai fazer. Essa lembrança será bem nítida. Você ouvirá claramente os conselhos que sua mãe lhe tem dado: as palavras lhe soarão aos ouvidos tal como se sua mãe estivesse ao seu lado. Você pensará que não lhe deve dar esse desgosto e deixará de praticar o que ia fazer. Se insistir e quiser, apesar de tudo, fazer, não sentirá prazer nenhum; verificará que já não tem a satisfação que dantes sentia".

E assim por diante, variando as sugestões conforme os casos particulares; mas tendo, sobretudo, em vista, não forçar o espírito da criança por uma ordem categórica, mas obrigá-la a evocar os motivos morais de bem agir. Desses motivos devem sempre ser excluídos as evocações terroristas.

Desse modo; o que se vai fazendo é positivamente a educação, simultaneamente consciente e inconsciente, da vontade, porque as mesmas razões que se dão à criança adormecida são as que se lhe dão, quando está acordada.

Dir-se-á que, nesse caso, o hipnotismo é inútil? Não! O hipnotismo se dirige ao inconsciente, a persuasão à consciência. O desacordo, que tantas vezes se nota entre as ideias e sentimentos de certas pessoas e o seu modo de agir, vem exatamente de que as nossas ações são, sobretudo, condicionadas pelo inconsciente. O ideal é fazer coincidir o que se pode chamar os dois planos da nossa vida intelectual.

As vezes, num prédio de vários andares, as paredes divisórias de cada um não coincidem com as do andar inferior; mas se de alto a baixo, todas as paredes divisórias assentam rigorosamente umas sobre as outras, a construção é mais sólida: isto acontece nas pessoas que são subconscientemente o mesmo que conscientemente.

Um grande escritor disse que todos os homens têm três caracteres: o que realmente têm, o que supõem ter e o que dizem que têm. O que temos é o fundo de ideias inconscientes que dirigem, de fato, a nossa vida; o que acreditamos ter é o domínio precário e restrito da consciência; o que dizemos ter é o que as convenções sociais nos pedem. Os homens, que se chamam "de caráter", são os que dizem ser o que realmente são. A superfície, como o fundo, tem uma só composição mental.

Em hipnotismo é sempre necessário ter em vista a necessidade de não criar, ou pelo menos não aumentar, a divergência entre os diversos planos intelectuais. Os estudos, por tantos títulos admiráveis, de Freud e sua escola puseram em relevo as consequências, sempre nocivas e muitas vezes trágicas, dos desacordos entre as ações conscientes e os seus móveis inconscientes.

Voltando, porém, às aplicações pedagógicas do hipnotismo, há alguns domínios em que elas são francamente aconselháveis: o domínio de certos vícios, como o do onanismo excessivo, o dos tiques e outros idênticos. Mas aí já se trata francamente de coisas mórbidas, às quais é perfeitamente natural aplicar recursos terapêuticos.

Pelo que concerne à técnica do emprego do sono natural, nada mais fácil aos pais.[104]

Já em outro lugar, mostramos como se procede quando se quer passar alguém desse sono para o hipnótico. A maior dificuldade então se acha se o hipnotizador é um estranho. Nesse caso, a sua simples voz já representa uma sugestão para que a pessoa adormecida acorde.

---

104 Elisabeth Towne. Rev. Andrew Bede and other. How children are helped by suggestion during sleep.

Tratando-se, porém, dos pais, cuja voz é familiar à criança, a dificuldade desaparece inteiramente. Pode-se então proceder como dissemos no capítulo referente aos processos hipnóticos.

Mesmo, porém, sem querer ir tão longe, basta a mãe, aproximando-se do leito do filho ou filha, chegar-lhe a mão à fronte de leve e ir dizendo de mansinho: "Durma... Durma... Continue dormindo... Não acorde..." Ainda quando a criança acorde, a mãe insiste em dizer-lhe isso, até que ela readormeça. Assim que obtiver o resultado, pode então dar-lhe as sugestões que entender.

Wetterstrand indica um meio ligeiramente diverso: "É preciso agir do modo seguinte: coloca-se uma das mãos docemente, com todo o cuidado, na testa da pessoa adormecida, enquanto se vai passando a outra mão sobre o corpo, dizendo-lhe devagarinho que continue a dormir. Se o hipnotizador levanta o braço da pessoa adormecida e ele fica em estado de catalepsia, isso prova que a relação entre o hipnotizador e o paciente se acha restabelecida. A catalepsia, segundo Liébault, é apenas a expressão visível dos pensamentos do hipnotizador, que quer que o braço da pessoa hipnotizada fique suspenso. Pergunta ao paciente se dorme. Em geral, ele responde que sim. Mas esta resposta nem sempre é dada imediatamente. Ela é, entretanto, a regra geral, quando se repete a pergunta várias vezes. Eu experimentei muitas vezes e tive frequentemente bom êxito, agindo com cautela. É fácil compreender que tal método poderia ser de grande utilidade em muitos casos, porque, quando as crianças doentes acordam com a chegada do médico, em geral o fazem de mau humor e começam a chorar".[105]

Um bom conselho em muitos casos é o da "mãe ou do pai prevenirem os filhos do que vão fazer. Para isso basta adiantar-lhes que, à noite, quando estiverem dormindo irão dizer-lhes que ficarão inteiramente bons e que isso de fato, acontecerá. Assim, se por acaso a criança acorda, não se admira de ver alguém junto ao seu leito.

Convém notar que, para a eficácia de tais sugestões ser apreciável, o bom momento para agir é o do primeiro sono da criança.

Em regra, porém, segundo dizem certos observadores, tal processo só tem efeito para crianças de 5 anos ou mais. Antes disso, é cedo de mais. Não sei o que vale esta afirmação; mas aí a deixo consignada.[106]

É de conveniências não querer na mesma noite tratar de vários assuntos. Se a criança tem algum vício, será o caso de atacá-lo. Mas atacar um só, durante cada noite, dando ordens claras, simples, positivas.

---

105 Wetterstand. op. cit. - 72.

106 R. C. Waters - Autosugestion for mothers - pág. 42.

Depois, terminando, lhe dirá: "Sempre que eu lhe falar durante o sono você ouvirá muito bem, obedecerá, mas ficará dormindo. E, de manhã, não se lembrará de nada". Finalmente: "Você vai dormir muito bem até de manhã, e acordará muito alegre, muito disposto, sem incômodo de espécie alguma". Ainda uma vez aqui se insiste nesta advertência formal: não fazer sugestões terroristas! mesmo quando a criança tenha um vicio mau, um vício detestável, não lhe dizer que ele terá consequências terríveis.

Figurem, por exemplo, um menino dado ao onanismo. Basta sugerir-lhe que ele nunca mais pensará em fazer isso, e, se o fizer, não terá mais prazer nenhum.

Como, porém, essa sugestão pode acarretar no futuro as consequências sérias e desagradáveis a que já aludimos, convém acrescentar: "Mais tarde, quando Você puder ter amores com pessoas de outro sexo, sentirá muito prazer, e nunca terá obstáculo algum. Mas também nunca, em hipótese alguma, você fará o que faz – consigo mesmo".

Que ninguém se escandalize com estes conselhos, dizendo que não se deve falar de amores a uma criança. Deve-se! Já acima se aludiu aos numerosos casos de impotência causados pelo terror que certos pais incutem aos filhos por causa das práticas do onanismo.

Convém ainda lembrar que numerosos neurologistas – entre os quais os da escola de Freud – asseveram que todos os casos de neuroses provêm de perturbações sexuais – isto é, de ideias sexuais fortemente reprimidas.[107]

Não vale a pena corrigir um vício, que, dentro de certos limites, nada tem de grave, para criar mais tarde uma doença séria.

De mais, o conselho é dado a uma criança adormecida. Fica guardado no seu inconsciente. Acordada, ela não sabe do que se lhe falou.

No entanto, não é mau, quando se fazem sugestões para corrigir certos vícios, não as dar apenas puras e simples. Vale a pena esteá-las com outras. Quando, por exemplo, se aconselha a uma criança que não faça tal ou qual ato vicioso, pode-se acrescentar que, no momento de tentar fazê-lo (roer as unhas, meter os dedos no nariz, etc.), sentirá uma dor ou no braço ou em qualquer outro lugar – no lugar necessário para a execução do ato.

Aliás, isso é um conselho de ordem geral que se deve aplicar a todas as sugestões. Sempre, como acabamos de dizer, que é possível, além da ordem simples para o desaparecimento de qualquer estado mórbido, reforçar a sugestão de cura com outras auxiliares, convém empregar esse recurso.

---

107 Ver adiante o capítulo sobre a psicanálise.

Dois exemplos mostrarão a vantagem disso.

Certa vez, eu hipnotizava uma moça para tirar-lhe um tique: era o tique de morder a bochecha interiormente. Sugeri-lhe que não o faria mais, e que, se o tentasse de novo, sentiria uma dor muito viva em todo o rosto, um gosto desagradável na boca, um cheiro insuportável de sangue, ouviria nitidamente a voz do pai dizendo-lhe, como tantas vezes lhe dissera: "Não faça isso". E nesse instante, evocaria nitidamente a fisionomia do pai, triste com a sua desobediência.

Desse modo, eu procurava, por assim dizer, apoio em todos e cada um dos sentidos: havia uma sugestão para a vista, outra para o ouvido, outra para o tato, outra para o paladar e outra para o olfato.

De todas essas sugestões a que teve mais êxito quem o poderia prever? – foi a do paladar. A paciente sentia mau gosto na boca, cada vez que mordia a bochecha. De outra vez, também a uma moça que tinha o mau hábito de morder o lábio inferior, eu sugeri que, sempre que fizesse isso, sentiria uma dor lancinante.

Era pouco antes de partirmos para o teatro. Neste, duas ou três vezes, distraída, ela mordeu o lábio. A dor que sentiu foi tal que a levou a gritar em meio do espetáculo, escandalizando os seus vizinhos. Isso fez, no entanto, com que ela vigiasse o seu mau hábito e, no dia seguinte, estava curada.

Mais tarde reincidiu e de novo foi curada do mesmo modo.

A este propósito, é bom lembrar que o hipnotismo é um remédio como qualquer outro. Na cura de todas as moléstias, pode haver reincidências. Nas curas hipnóticas é também o que pode ocorrer. Por isso mesmo, quando um hipnotizador obtém uma cura *à la minute*, fulminante, instantânea, não se deve dar por satisfeito. Convém insistir; convém, por assim dizer, consolidar o resultado obtido. O Dr. Bronislaw Szulczewski, professor na Universidade de Posen (Polônia), emprega o hipnotismo nas crianças de um modo especial. Procura pô-las no estado de sono mais profundo que é possível e interroga-as então sobre as causas de certos conflitos psicológicos, que nelas são frequentes. Em suma, o que ele faz é a psicanálise, não pelo processo das associações livres, como os psicanalistas, mas por meio do hipnotismo, como o próprio Freud fez ao princípio.

Sem que tenha exposto pormenorizadamente o seu modo de proceder, ele escreve: "A técnica da hipnose nas crianças não é fácil de obter. Assim, nas minhas experiências eu me servi de todos os métodos ao mesmo tempo: fadiga dos olhos, sugestão verbal, batido das pálpebras, 'memorização' e mesmo, às vezes, excepcionalmente, fascinação".[108]

---

108 B. Szulczewaki - Recherches sur l'âme enfantine en hypnose. - Archives de Medicine des Enfans - Septembre 1924 - pág. 526.

Hipnotizada a criança o mais profundamente que é possível, o Prof. Szulczewski indaga do motivo real do que há de estranho ou reprovável no seu comportamento. Procura então remover as causas do mal e dar sugestões úteis.

O autor diz basear o seu trabalho em mais de 500 casos. É um número respeitável. De fato, porém, o essencial não é talvez o que as crianças dão como causa dos seus modos de agir. Essas causas muitas vezes serão falsas. Embora de perfeita boa-fé as crianças atribuirão o que fazem a motivos que não são os reais. Se porém, por sugestão se destroem tais motivos, o benefício pode ser decisivo. Não se vê, portanto, razão alguma para desaconselhar tal prática.

Em resumo: o hipnotismo não deve ser aplicado como um recurso propriamente pedagógico. Querendo consertar no escuro – na escuridão da nossa ignorância a tal respeito – o delicadíssimo mecanismo de uma inteligência infantil, nós nos arriscamos sempre a estragá-la, a embaralhar-lhe as peças...

A escola hipnótica, que a si mesma se chama a Nova Escola de Nancy, aconselha o ensino da autossugestão a todas as crianças. Mais adiante, no capítulo consagrado àquela escola, achar-se-á o que diz respeito a essa questão.

Nesse caso, porém, já o ponto de vista é diverso. Ensinar a autossugestão é ensinar cada pessoa a fazer o que quiser do seu organismo, educando-o à sua vontade.

Mas, de um modo geral, o que se deve dizer é que o hipnotismo, aplicado a crianças como a adultos, deve ser unicamente um recurso médico, para curar casos da alçada, não de professores, mas de médicos.

CAPÍTULO VIII

O SONO PROLONGADO

Foi o grande médico sueco Wetterstrand quem aplicou mais metodicamente o sistema da hipnose longa ou do sono prolongado – como ele chamava. Esse sistema tinha anteriormente sido aplicado com resultado, até em casos de loucura, por Augusto Voisin.[109]

Wetterstrand fez alguns doentes dormir durante várias semanas a fio.

Pierre Janet, no seu trabalho sobre as medicações psicológicas, estuda esse processo entre os que submetem os doentes a longos períodos de repouso – e só do repouso se preocupa.

É um ponto de vista francamente discutível.

As curas de repouso sempre se fizeram. O método de Weir-Mitchel esteve algum tempo em grande moda. Era o isolamento e o repouso levados ao extremo. O doente ficava mais forte, engordava; mas, isolado, examinava e reexaminava os seus sintomas intelectuais. Privado de interesse por notícias de fora, concentrava toda a atenção nos próprios sintomas mórbidos e, assim, os agravava.[110]

Déjérine, que foi um entusiasta exagerado da célebre terapêutica de persuasão, do Dr. Dubois, isolava também, os doentes, mesmo nas enfermarias, entre quatro cortinas caídas, que lhes subtraíam inteiramente a vista de tudo. O resultado é que alguns doentes chegavam a preferir a moléstia à cura e declaravam-se bons, só para poder fugir dos cárceres em que se viam. Janet conta um desses engraçados casos.

Ora, a hipnose longa não tem tais inconvenientes.

Em primeiro lugar, resta saber se o hipnotismo é só sono, é só criação de um estado de sugestibilidade. Para fins práticos, nós dissemos que, em regra, basta considerá-lo como tal. Mas, os que lidam longamente com ele acham às vezes coisas que lhes parecem exceder aquelas definições. E não deixam de ter

---

109 Vide mais adiante o parágrafo das notas clínicas relativas à loucura.

110 Crichton-Miller, op. cit., pág. 172 - Tridon – Psychoanalysis sleep and dreams, pág. 116, escreve: "...em várias formas de neuroses uma cura de repouso é a mais perigosa forma de tratamento".

razão frases como a que acima citamos, do Professor Grasset, dizendo que "o fundo de tudo isso continua a ser muito obscuro", e como a de Binet, confessando que no hipnotismo há um elemento "bastante misterioso". A elas se pode juntar a de Wetterstrand que, interrogado, como curara um doente, confessou que era o primeiro a não saber.

Ignora-se, portanto, nestas condições, o que é, ao justo, o que se passa num organismo submetido à hipnose.

William James, o grande filósofo norte-americano estudou um dia as reservas de energia, que há em todos nós.[III] Vê-se, por exemplo, uma mulher extenuada de cansaço, a cair de sono e fadiga. Mas consegue ficar de pé e com os olhos abertos. Nisto, porém, de repente, sabe que um filhinho está doente. Imediatamente, essa mulher como que ressuscita: vela à cabeceira do filho, desdobra uma atividade formidável, vai buscar médicos, vai buscar remédios, aplica-os, aguarda-lhes o efeito e, se o filho fica bom, manifesta uma alegria exuberante.

Em que "reservatórios de força", como lhes chamou o filósofo americano, estava, por assim dizer, armazenada, toda essa energia!

Boris Sidis, o grande neurologista norte-americano, costumava pôr os seus doentes em um estado que ele chamava "hipnoidal". É de fato, embora ele protestasse contra tal asserção, um hipnotismo incipiente. Conservava-os alguns minutos, às vezes uma ou duas horas, nessa situação intermediária entre a vigília e o sono profundo. A isso juntava apenas sugestões de ordem geral, mandando que os pacientes se sentissem fortes, regenerados, cheios de vigor e energia.

E indivíduos deprimidos, que pareciam cair de cansaço, levantavam-se firmes, enérgicos, alegres, bem dispostos. O efeito é muito superior ao do simples repouso.

O hipnotismo pode, portanto, tornar-se um meio de fazer com que o indivíduo, não seja como um avarento, morrendo de fome junto de grandes tesouros. E esse é o caso de certas pessoas, que parecem extenuadas e possuem, entretanto, tesouros de energia.

Talvez não fosse muito absurdo pensar que a expressão "reservatórios de força" não é tão metafórica como provavelmente parecia ao próprio William James, que a empregou. Vagamente, certos autores, quando se referem a essas súbitas revelações de forças insuspeitadas, falam, com uma admiração mais literária do que científica nas energias do sistema nervoso.

Outros autores, porém, têm querido ver mais de perto esses fatos, tornando-os menos imprecisos.

III William James - Memories and studies. O estudo referente a The energies of men.

Sempre que o organismo necessita fazer um grande esforço, dois órgãos, pelo menos, entram em ação e despejam os seus produtos na corrente circulatória: o fígado, que despeja açúcar, e as glândulas suprarrenais, que despejam adrenalina. Os estudos admiráveis do Dr. Walter Cannon, professor de fisiologia da Universidade de Harvard, parecem pôr esse fato fora de qualquer dúvida. Em última análise, portanto, materializando a metáfora de James, os reservatórios de força talvez sejam os depósitos de açúcar e adrenalina, que nós temos prontos para um caso de emergência e que "rapidamente suprimem os efeitos da fadiga muscular".[112]

Ora, "seja como for, a intervenção nervosa tem efeitos manifestos inegáveis sobre a secreção da adrenalina".[113]

Será o aumento da secreção de glândulas endócrinas o meio pelo qual no hipnotismo, – como acontece em todas as emoções de defesa: dor, fome, medo e cólera o organismo pode aumentar as forças do indivíduo?

É possível. Mas tudo isso, como o confessam os fisiologistas, ainda está obscuro. O certo é, entretanto, que o hipnotismo pode, como acima se dizia, dar ao indivíduo mais depauperado verdadeiros tesouros de energia.

Desses tesouros têm, aliás, querido aproveitar muitos tratamentos. Assim, o famoso terapeuta da persuasão, o Dr. Dubois, não admitia que nenhum doente estivesse fatigado e procurava sempre dizer-lhe que a sensação de cansaço era uma ilusão.

Posta a coisa nesses termos, é um exagero. Porque, se há avarentos, que morrem de fome junto a arcas cheias de dinheiro, há muito mais quem morra de fome por não ter realmente com que se alimentar. Há fatigados reais.

Para esses, mais talvez do que para os outros, o longo hipnotismo é um recurso de primeira ordem.

Mesmo sem querer saber o que há de misterioso – se alguma há – no hipnotismo, o simples fato da pessoa adormecer, com o pensamento exclusivamente orientado para uma ideia de energia e saúde, é alguma coisa diferente do repouso simples. É um repouso em que todas as forças se concentram em uma só direção.

---

112 Cannon Bodily Chances in Pain, Hunger Fear and Rage – pág. 184 e passim.

113 A. G. Gulllaume - Le sympathique et les systêmes associes, pág. 256. O autor cita as contestações de Gley sobre o papel da adrenalina, mas não as considera probantes. Mesmo nos Estados Unidos as opiniões de Cannon encontraram um grande adversário na pessoa do professor Stewart, da Western Reserve University, um ótimo livro, onde se expõe claramente a luta, a golpes de experiências, dos dois grandes fisiologistas é o de Benjamin Harry, Glands In Health and Disease, sobretudo no capitulo XII, pág. 162 e seguintes.

Contra a opinião de Gley e Stewart se levantou o grande endocrinologista italiano Nicola Pende. Ver leu artigo in New York Medical Journal de 11 de outubro de 1923.

Se na cura de Weir-Mitchel, um dos inconvenientes consiste em que, segregado de todas as demais preocupações, o doente pode passar todo o tempo a analisar-se e perscrutar-se em uma autoanálise, que não raro lhe exagera os fenômenos mórbidos – na hipnose longa, o doente adormece com uma preocupação salutar. Não sofre nenhuma perturbação.

É bem de crer que este processo não tenha sino mais empregado, porque ele causa muito incômodo aos... médicos. Não basta, de fato, declarar, de uma só vez, ao doente que vai dormir por duas, três, quatro, cinco semanas.

O médico deve, ao menos duas vezes por dia com intervalos de quatro a cinco horas, voltar à cabeceira do paciente e reforçar a sugestão do sono. A do sono e as curativas apropriadas.

Se não fizer isso, o sono hipnótico passa a normal e o doente acorda ao fim de algum tempo.

O hipnotizador, sempre que usar tal processo, dirá ao doente adormecido que, quando precisar fazer tal ou qual necessidade orgânica, dará sinal disso. Basta, por exemplo, que gema. Por outro lado, lhe sugerirá também que aceitará o alimento que lhe for ministrado por tal ou qual pessoa, sem acordar.

Outros preferem e é talvez o melhor – que o hipnotizador marque ao doente horas para aquelas necessidades, podendo então acordar, mas recaindo no sono, assim que tiver acabado. Durante o tempo dessas curtas vigílias os que o cercam não devem conversar com ele. Basta que respondam a alguma pergunta. Por outro lado, é indispensável que ninguém, entrando no quarto do doente, faça observações sobre o estado dele, mesmo que seja em voz muito baixa. Olhem, notem o que quiserem; mas só conversem fora dali, longe, em outro aposento.

Janet diz, de passagem, que este processo só é aplicável a grandes histéricos. Dificilmente se descobrirá onde observou ele esse fato. Essa observação não passa de um vestígio da velha prevenção, desmentida por todos os hipnólogos, de que os bons pacientes são sempre histéricos.

Wetterstrand aplicava principalmente o sono prolongado à cura das intoxicações, como a morfinomania e o cocainismo; Van Renterghem a acidentes histéricos, mas também à debilidade geral, à menorragia, ovarialgias e tiques dolorosos.

É interessante notar que uma dor, que não quer cessar, apesar de um e dois dias de sono, cessa no terceiro. Mais uma vez aqui se observa que nem sempre o hipnotismo é um medicamento elétrico, instantâneo, fulminante. A sua eficácia pede, às vezes, o concurso do tempo. Mas é grande. É frequentemente decisiva.

Na cura de debilidade geral, em certas convalescenças, o sono prolongado é, por força, útil.

O caso, citado em outro ponto, de um médico que curou duas tuberculosas, mantendo-as em repouso, adormecidas, durante três meses, nada tem, em última análise, de espantoso.

Pode-se aqui chamar a atenção para um fato que ocorre muitas vezes. Dá-se uma sugestão a um paciente e ele recusa obedecer. Se o hipnotizador o mantém hipnotizado uma, duas, três horas, ele acaba por aceitar e executar admiravelmente a ordem.

Resumindo, pode dizer-se que o sono prolongado horas, dias, semanas ou meses – é uma cura de repouso. Mas de repouso feito em condições especiais: com o organismo inteiramente orientado para a supressão da moléstia, para a volta à saúde. E a junção deste elemento não pode ser tida como insignificante. Ela é, ao contrário, importantíssima!!

CAPÍTULO IX

A TERAPÊUTICA DA PERSUASÃO

Um autor que teve muito e tem ainda algum sucesso nos meios médicos é o Dr. Dubois, que praticou a medicina em Berna.

Os seus livros são muito bem escritos. Simples, agradáveis, acessíveis a qualquer leitor, seduzem facilmente quem não se dê ao trabalho de analisá-los.

Por um lado, eles tiveram admiradores entusiastas, dos quais o mais célebre foi o professor Déjérine. Mas, por outro, suscitaram críticas positivamente arrasadoras. Talvez a melhor delas seja a de Pierre Janet na sua obra sobre as Medicações Psicológicas e de que vale a pena dar aqui um pequeno resumo.

Dubois começou empregando a eletricidade no tratamento das moléstias nervosas. Pouco a pouco, porém, cansou-se e, como ele diz, verificou que contra as neuroses "a única arma eficaz é a palavra arrebatadora".

Sente-se que esse médico era um tipo loquaz.

Depois, começou a usar o hipnotismo. De súbito, porém, teve um estranho escrúpulo. Pareceu-lhe que o hipnotismo era uma coisa indigna porque curava, enganando. E proclamou que o bom tratamento é a persuasão.

Quando um doente ia para a sua casa de saúde, Dubois punha-o de cama, tomando leite de duas em duas horas, durante uma semana. Era, no fim de contas, uma boa prática, porque constituía uma cura preliminar de desintoxicação.

Outra vantagem – esta para o dono da casa de saúde: o doente tinha de pagar pelo menos uma semana de pensão...

Feito isto, o médico suíço começava a servir-lhe todos os dias um sermão de moral, para persuadi-lo de que ele não estava doente.

Diagnóstico e sintomas da doença – pouco lhe importavam. Em grosso, ele dividia os doentes em neuróticos e alienados. Qual era ao justo a distinção entre essas duas categorias – nunca disse. Pierre Janet, analisando as suas declarações, chega à conclusão de que ele chamava neuróticos os doentes que conseguia curar. Quando com alguns não obtinha resultado – passavam a alienados... E Janet lembra que a designação de "alienados" não é um termo de medicina: é um termo de polícia.

Nada disso tem seriedade.

Explicando como faz os seus sermões moralizadores, Dubois garante que só diz aos seus doentes a verdade, expondo a teoria da moléstia. Mas a teoria, como ele a expõe aos doentes, consiste em asseverar-lhes que não têm absolutamente nada. Tudo é uma ilusão do espírito.

Figurem um caso de histeria. Dubois não aceita a histeria como uma entidade mórbida. Hipocondria, melancolia, histeria, neurastenia – tudo isso se confunde e tudo isso, no fim de contas, não vale nada: são simples ilusões. É essa a "verdade" que ele dirá ao doente.

Um autor inglês, o Dr. James Lindsay, enumera, resumindo-as, várias teorias da histeria, ainda em discussão:

Que a histeria é simplesmente sugestibilidade. – Babinski, Gilles de La Tourette.

Que a histeria é devida à sugestibilidade e à dissociação da personalidade. – Charcot.

Que a histeria é devida à diminuição do campo de consciência e uma alteração dos estados mentais. – Pierre Janet.

Que a histeria depende da conversão física de traumatismos sexuais. – Freud.

Que a histeria é a persistência no adulto do tipo de reação infantil diante dos fatos da vida. – Schnyder.

Que a histeria é um caso de ataxia moral. – Huchard.

Que a histeria depende da irritabilidade vasomotora – Rivers.

Qual dessas "verdades" é a verdadeira? É o que ainda se discute.

A verdade... É preciso ser muito pretencioso para imaginar alguém que a possui e conhece sobre todas as moléstias.

O Dr. Rozenda, professor da Universidade de Turim, que tem pelo médico suíço grande admiração, pergunta, entretanto, conscienciosamente:

"Por outro lado, sabemos nós mesmos se as convicções psicológicas que queremos fazer aceitar são justas, plenamente correspondentes à realidade absoluta?"

Dubois não hesitava diante desse escrúpulo...

Wetterstrand, o grande médico sueco, era mais modesto.

Certa vez, um doente, que ele curara, perguntou-lhe como tinha chegado a esse resultado. Wetterstrand lhe respondeu que isso era um segredo pessoal, mas que o confiaria ao seu interlocutor, se este o não dissesse a ninguém. O doente – pode-se bem imaginar – apressou-se em fazer-lhe a promessa. E Wetterstrand lhe murmurou ao ouvido:

"Eu também não sei..."

Em certas ocasiões, Dubois chega mesmo a frases, que a gíria brasileira chamaria, com razão, "pernósticas". Assim, por exemplo, falando dos epilépticos, escreve: "É inútil que alguém se ocupe com o epiléptico, porque ele torna a cair na fatalidade do seu egoísmo patológico".

Feliz epiléptico! Esse ao menos escapava às moralizações do Dr. Dubois!

O interessante é que, declarando dizer apenas a verdade aos doentes, ele só lhes dizia coisas duvidosas ou mentirosas.

Em primeiro lugar, a medicina não tem a pretensão de conhecer com exatidão a etiologia de todas as moléstias. Mas o que ela sabe com certeza é que muitas delas são positivas, dependem de perturbações orgânicas.

A todas, entretanto, Dubois reservava o mesmo tratamento: garantia que eram ilusões, garantia que não existiam.

O interessante, como vários autores fizeram notar, é que Dubois, que se horrorizava com o hipnotismo e a sugestão, não fazia senão sugestão.

Porque, no fim de contas, enganando os doentes com a declaração de que eles nada tinham, o célebre médico só se fazia acreditar pelo seu prestígio, pela sua facúndia, pela sua reputação. Ele mesmo lhes dizia que curava tudo, demonstrando que as doenças não existiam.

E isso era, no fim de contas, muito boa sugestão. O próprio Dubois, em certo lugar, o confessa, "Sem dúvida, nossa influência moral sobre os nossos semelhantes não é sempre racional: cederão tanto mais facilmente às nossas injunções quanto mais fracos de espírito forem. Nós temos o direito e o dever de aproveitar dessa situação, desde que é para curá-los e aliviá-los..."

Mas, nesse caso porque condenar a sugestão hipnótica, desde que esta cura e alivia os doentes?

Não é, porém, só Janet quem critica Dubois.

O Dr. Bonjean, em 1906, publicou na Revue de l'Hypnotisme alguns artigos magistrais aniquilando a obra de Dubois.

Nela as contradições formigam.

Para falar mal da sugestão em geral, Dubois foi a dois velhos dicionários franceses, os de Marmontel e Guizot, e deles tirou a definição daquela palavra, em que se dizia que ela, era sempre tomada de um modo mau.

Mas os sentidos das palavras mudam com os tempos.

É verdade que Becherew escreveu também que a convicção entra, por assim dizer, pela porta da frente e a sugestão pela dos fundos. Mas daí ele não tirou, como Dubois, a conclusão de que a sugestibilidade fosse uma qualidade má. Dubois é aliás lamentavelmente contraditório, porque escreveu: "A razão é um crivo que retém as sugestões malsãs e não deixa passar senão aquelas que nos levam pelo caminho da verdade". Logo, há aí a confissão de que as más são detidas pela razão. Em outro ponto, ele escreve: "Eu já disse que não se pode sempre evitar esta última (a sugestão) e que por vezes sou obrigado a captar um pouco artificialmente a confiança do doente..." Mais adiante, num lampejo de boa-fé, acrescenta ainda: "Todo tratamento exerce uma influência sugestiva: é impossível eliminar este fator."

Assim ele tem toda a escala de afirmações: em certos pontos, acha que a sugestão é sempre má; em outros, concede que às vezes a emprega; por fim, confessa que a emprega sempre, porque ela figura em todos os tratamentos!

O artigo de Bonjean, como o estudo de Janet, ambos mostram os erros palmares e grosseiros de psiquiatria, que Dubois comete a cada instante.

Moll escreve: "Muito do que Dubois e outros dão como instrução é na realidade devido à sugestão".[114]

Forel, que trata Dubois como um plagiário indigno de consideração, escreve: "Esta espécie de psicoterapia é uma simples pirataria (piracy) da doutrina da sugestão, de que é frequentemente simples imitação, não só muito má, como muito incompleta".[115]

Van Renterghem, no prefácio do livro de Hilger mostra também os plagiatos e as incoerências de Dubois.[116]

O Dr. Gerrish, Professor Emeritus do Bowdoin College, e que era, em 1909, Presidente da American Therapeutic Society, nos Estados Unidos, diz apenas isto: "ninguém provavelmente revelou sua incompetência e ignorância de um modo tão completo como Dubois, autor de um livro sobre o tratamento das desordens nervosas".

E citando várias outras incoerências do médico suíço, ele dá a que resulta das seguintes frases. Num ponto, Dubois diz que "a prática da hipnose parece muito condenável. No entanto, em outro ponto, ele afirma serenamente: "A arte do médico consiste em escolher em cada caso os meios de cura mais rápidos e mais poderosos".[117]

Oh, homem contraditório! Pois se tu dizes que os médicos devem escolher os meios mais rápidos e poderosos, e se declaras também que o hipnotismo é tão rápido, que chega a ser teatral, porque te recusas a empregá-lo?

---

114 Moll - Hypnotism - pág. 372.

115 Forel - Hypnotism - pág. 208.

116 Hilger – Hypnosis and suggestion - págs. 8 a 12.

117 Psyehotherapeutics – pás. 64.

O motivo já está-explicado acima: é porque o Dr. Dubois acha que o hipnotismo cura, enganando. Ele, porém, – ele, Dubois – cura afirmando que as doenças não existem e isso constitui na sua opinião – a verdade!

Convém dizer que Dubois não nega o valor curativo do hipnotismo. Acha-o apenas artificial. O seu respeito, diz ele, pela honestidade, o forçou a rejeitá-lo...

No entanto, ainda depois disso, continuou a empregá-lo em um caso: para a cura da incontinência de urina. Confessa, porém, que quando faz isso, fica corado de vergonha...

Mas Bonjean lhe pergunta se "a necessidade de celebrar os seus próprios méritos e de repetir ao doente que cura tudo, é alguma coisa moral...

No fundo, quando se vê a irritação até descortês com que tantos médicos Dubois e com que outros, como Pierre Janet, o ridicularizam finalmente, sente-se que todos o consideram um pouco charlatão.

Ele viu que há grandes prevenções contra o hipnotismo. Não quis lutar contra elas. Preferiu transigir com essas prevenções e impingir a sugestão sob o nome de persuasão. Dono de uma casa de saúde, isso lhe era útil de vários modos. A sugestão hipnótica não precisa do internamento dos doentes e é rápido demais.

Evidentemente, é excelente que se busque levantar o moral do doente, procurando persuadi-lo de que vai ficar bom. Nem outra coisa sempre têm feito todos os médicos, hipnotizadores ou não, em todos os tempos. Mas, ao lado disso, a sugestão hipnótica tem a sua aplicação. Ela se dirige ao subconsciente. Ela planta no fundo do cérebro do indivíduo uma ideia salutar de cura, que vai agir tanto mais eficazmente quanto mais profundo o sono hipnótico.

Dubois foi um tipo hábil, de palavra fácil, a quem sem muito respeito, se poderia chamar um delicioso contador de histórias. Escrevia agradavelmente e dirigia proveitosamente a sua casa de saúde... A superficialidade amável dos seus livros, de um otimismo um pouco abobalhado, suscitou-lhe admiradores e imitadores. Mas as críticas, no gênero da de Janet e outros, o reduziram ao seu justo – e nulo – valor.

É curioso, entretanto, que alguns dos nossos médicos, mesmo dos mais ilustres, o tenham tomado ao sério, sobretudo nas suas críticas contra o hipnotismo. Evidentemente esses médicos só aceitaram de Dubois o que lhes convinha.

Ora, se para o autor suíço os hipnotizadores têm um quê de charlatanesco, todos os médicos, sobretudo os de moléstias nervosas, que não se limitam a aplicar o método de persuasão, são também charlatães. "É preciso, dizia Dubois, renunciar às sondagens do estômago, aos almoços de experiência, às pesquisas químicas... é preciso não fazer caso da afonia das histéricas assim como das suas

154

anestesias... Eu não olho para as pernas paralisadas, não examino mais a sensibilidade por meio da agulha; parto logo do princípio de que essas desordens não existem..." Além disso é preciso discutir de todos os modos. "A persuasão pela via lógica é uma verdadeira varinha mágica".[118]

Assim, quando um hipnotizador passa por junto de um médico que está escrevendo uma receita para qualquer doente de moléstias nervosas, pode, de acordo com as ideias de Dubois, perguntar-lhe amavelmente:

- Charlatão, meu confrade, para que está você escrevendo essas coisas inúteis? A doença não existe. Pregue um sermão ao doente, explicando-lhe que não tem nada e o doente declara-se curado...

---

118 Pierre Janet - Les médications psychologiques. - I. pág. 92.

CAPÍTULO X

O HIPNOTISMO EM CIRURGIA

Quando o hipnotismo começou a entrar em voga, uma das primeiras utilidades que lhe descobriram foi a de obter a anestesia geral, para com ela se praticarem várias operações.

Essas operações foram numerosas, desde as de pequena cirurgia – extração de dentes, ablação de tumores, cura de furúnculos e outras – até as de grande cirurgia – amputações de seios, de braços, de pernas, gastrotomias, etc.

Mas pouco depois se fez a descoberta do éter, logo seguida pela do clorofórmio e a partir de então a anestesia química pareceu muito mais segura que o hipnotismo.

E' bom notar que as operações a que vários médicos procederam, com os doentes em estado de hipnose, tiveram êxito excelente. Entre os operados figuraram grandes nomes da ciência oficial.

Recentemente, é raro que se empregue o hipnotismo -o hipnotismo puro – para misteres cirúrgicos.

Não obstante, ele me parece sempre indicado nas grandes operações para dois fins, pelo menos: apressar a anestesia, reduzindo ao mínimo a dose de anestésico ingerida e, por outro lado, suprimir as dores e dar conforto ao doente nos dias seguintes à operação.

A Dra. Alice Magaw, que é a anestesiadora profissional da famosa clínica dos irmãos Mayo e que em 17.000 anestesias nunca teve nem um só desastre, diz que a "sugestão é um grande auxiliar para produzir uma narcose confortável". Graças a esse recurso, ela emprega dez a vinte vezes menos éter do que é comum.

Convém dizer lealmente que ela não fala só da sugestão hipnótica. Mas se também com a sugestão simples isso ocorre, melhor ainda ocorrerá com a hipnótica.

Van Renterghem cita o caso de uma doente na qual se fez uma laparatomia e extração completa do útero e anexos. Hipnotizada e cloroformizada por ele, com ela se gastou apenas, em uma hora, 10 centímetros cúbicos de clorofórmio, quando a dose média normal seria de 20 a 30 gramas.

É um caso em que o verdadeiro anestésico foi o hipnotismo, apenas ajudado pelo clorofórmio.

O Dr. Lejare escreve: "...o primeiro tempo da cloroformização deve ser um tempo de persuasão: é preciso engodar o doente..."

Seria curioso saber que dose formidável de anestésico o Dr. Faure deve ter dado a dois doentes, que ele operou, à força, de hérnias estranguladas. Ele os fez deitar, a pulso, sobre a mesa operatória, apesar dos protestos que ambos faziam.

O Prof. Arthur Hotler, professor de Cirurgia na Universidade de Kansas e autor de um livro sobre anestesia local, que é considerado um dos melhores do seu gênero na literatura médica norte-americana, mostra em vários lugares dessa obra a importância, ora benéfica, ora nefasta das sugestões. Assim, ele diz que, se alguém declara ao doente que, no caso da anestesia local falhar, aplicar-se-á a anestesia geral e para isso lhe mostra logo a máscara da anestesia geral, pode-se ter como certo que a anestesia local falhará. A vista da máscara é uma sugestão má. O cirurgião, diz o Dr. Hetzler, andará melhor se não revelar o seu plano. E acrescenta: "Se ao paciente falta confiança, o cirurgião andaria mais acertadamente retirando-se e passando o trabalho a outro colega de personalidade mais impressionante."

Bom conselho... Mas quem o seguirá? Ele pede um desprendimento evangélico... Tudo, porém, se pode obter pelo hipnotismo dando ao doente a certeza absoluta do êxito da operação.

O Prof. Hotzler escreve em outro ponto: "A vantagem da fé no sucesso da operação é incalculável e o operador não deve poupar esforços para adquirir a confiança do paciente". O hipnotismo obtém essa certeza com a maior facilidade.

A verdade, porém, é que a mentalidade de muitos cirurgiões consiste em só crer, no que já se definiu, por gracejo, como a essência da cirurgia: cortar o que é mole, apertar o que esguicha e serrar o que é duro. Vê-se e apalpa-se: é concreto, é material, é tangível. Mas a psicologia não perde nunca os seus direitos. E por isso durante a guerra se observava que as operações nos vencedores de qualquer batalha tinham sempre maior êxito que nos vencidos, as feridas dos primeiros cicatrizavam mais depressa que as dos segundos. O bisturi, as pinças e as serras não bastam para explicar esse fato.

Certa vez, em Paris, eu fui operado pelo ilustre cirurgião Paul Lecène. Horas depois, conversando com ele, queixei-me de que me tinham dado tanto clorofórmio que o líquido escorrera através da máscara e me havia queimado o lábio superior. Ele me afirmou então que eu custara muito a ser anestesiado. Surpreendido ao principio com o fato, porque não tivera essa impressão, repliquei-lhe que sabia o motivo: era porque eu estivera aplicando toda a atenção para ver por onde começava a insensibilidade.

O Dr. Lecène exclamou então:

- Alors, au moment de faire de la chirurgie, vous faites de la psychologie!

É de notar o fato, porque a observação, que eu queria fazer, prova como era grande a serenidade de espírito em que me achava. Bastou, porém, que estivesse prestando a outro fato um pouco de atenção, - para tornar maior a dose de narcótico.

Imaginem, portanto, o caso dos doentes do Dr. Faure, que também estavam prestando atenção, ao que com eles se fazia, -mas uma atenção hostil, dispostos a não adormecer.

Evidentemente esse é o extremo. Mas há a hipótese corrente dos que vão para a mesa operatória, cheios de medo, transidos de pavor.

Uma cirurgiã americana, a Dra. Van Hoosen refere que certas operações ela nunca pratica com ciência dos doentes.

Assim, por exemplo, tendo de tratar do bócio exoftálmico, ela faz sempre, no dia seguinte ao da entrada do enfermo, uma encenação como se o fosse operar. Leva-o para a mesa própria, dá-lhe éter até que ele fique inconsciente e poe-lhe então em torno do pescoço um curativo perfeito, como se a operação se tivesse efetuado.

Isso dura poucos minutos. Depois, os enfermeiros procedem com o doente como com um real operado. Só vários dias após, quando o pulso está em bom estado e o doente absolutamente tranquilo, é que se procede à operação, que então se executa, com perfeita ignorância do paciente, com anestesia pelas injeções de scopolaminamorfina.

O que se ver evitar com isso é a emoção, o receio, o choque operatório. E a operadora garante que há no seu modo de agir uma vantagem considerável. A operação de bócio exoftálmico é talvez o tipo daquelas em que o hipnotismo prévio e subsequente terá sempre a mais razoável das aplicações, porque todos recomendam para ela extremos de precaução, que não se tomam em outros casos. A menor emoção do doente representa em casos tais uma complicação extremamente grave.

"Ainda quando o basedowiano deva ser submetido ao tratamento cirúrgico, um tratamento psicoterápico preventivo, que tranquilize o paciente e lhe dê confiança, é necessário - diz o Dr. Roasenda, professor de Neuropatologia da Universidade de Turim.

"Alguns cirurgiões, entre outros, F. Terrier, têm o costume de ocultar aos doentes o dia da operação. É assim que eles os surpreendem uma bela manhã e começam a anestesiá-los, persuadindo-os de que vão simplesmente experimentar neles o clorofórmio ou que essa anestesia prévia é absolutamente necessária para examiná-los.

Esta citação prova como é geral nos cirurgiões a preocupação de preparar o espírito dos doentes que vão operar.

Sente-se bem que, se se pudesse ter absoluta confiança no sono hipnótico para todas as operações, ele devia ser o anestésico preferido. Em vez de se envenenar toda a massa sanguínea e todo o sistema nervoso, com a administração do éter e do clorofórmio, suprimir-se-ia a sensibilidade só no ponto necessário.

Mas, se esse recurso é arriscado, o que se pode é, por assim dizer, praticar a sugestão armada. Armada de um mínimo de veneno – éter, clorofórmio, morfina, cocaína, stovaína, etc.

Daí a vantagem de preparar o doente alguns dias antes, hipnotizando-o, para sugerir-lhe o sono imediato e profundo às primeiras doses de anestésico. É, por força, uma vantagem prodigiosa. A opinião de uma anestesiadora profissional, como a Dra. Alice Magaw, que no tempo em que escreveu a frase acima citada, já havia feito 17 000 anestesiações, deve valer alguma coisa...

Já me aconteceu verificar isso. Certa vez uma pessoa de minha amizade teve de ser operada de apendicite. Eu a hipnotizava frequentemente. Sugeri-lhe que a sua anestesia seria pronta e agradável. Ela durou menos de um minuto.

De outra vez, em que fora preciso extrair-lhe um pequeno tumor do braço, coisa realmente insignificante, eu a hipnotizei e o médico usou de anestesia local.

Em todo caso, não foi mau para a paciente poder contar o seu caso deste modo: "deitei-me doente, dormi um quarto de hora e acordei boa".

Outra pessoa amiga, a quem era preciso extrair vários pedaços de uma agulha, que lhe entrara no braço, quinze anos antes e nele se partira – tendo assistido à primeira operação, quis também ser hipnotizada. A extração só se pôde fazer de três vezes distintas. Da terceira, exatamente a que deveria ser mais dolorosa, o cirurgião ilustre que executou o trabalho, o Dr. Álvaro Ramos, reduziu o anestésico ao mínimo. E o êxito foi completo.

Um caso, em que me é difícil dizer até que ponto tive sucesso, foi o de uma senhora, primípara, que desejava ter o parto sem dor. Infelizmente eu não podia estar a seu lado durante o trabalho, e, por isso ela o fez acordada. É de crer, porém, que as dores tivessem sido muito atenuadas, porque, até o fim, ela recusou a aplicação do anestésico – a lucina, do Dr. Fernando de Magalhães – com receio de picada de seringa de injeções. Não devia ser muito grande uma dor de parto que recuava diante de tão pouco! E tratava-se, torno a lembrar, de uma primípara.

São, porém, numerosos os casos de partos sem dor, graças ao hipnotismo. Numerosíssimos! Tratando-se de multíparas, isso não oferece dificuldade alguma, quando é possível começar as hipnotizações com antecedência e a paciente chega ao sono profundo, embora o sono profundo não seja sempre necessário, porque resultados excelentes têm também sido alcançados em sono levíssimo. Isto, porém, é mais raro. O melhor é, portanto, fazer várias hipnotizações prévias, tão profundas quanto for possível. O Dr. Franke, de Berlim, garante que em tais hipóteses obtém 80 por cento de casos com um sucesso completo e amnésia perfeita.

Há, é certo, agora a facilidade de aplicações de preparados como a já citada lucina, do Dr. Fernando de Magalhães e outros, que suprimem a dor do parto. Os norte-americanos consideram que agora o melhor é a técnica de analgesia colônica sinergética de Gwathmey. Chega-se assim ao que os ingleses chamam o sono crepuscular. Convém, entretanto, não esquecer que esses remédios, embora perfeitamente eficazes, sempre representam no fim de contas um envenenamento do organismo materno e até do organismo do feto.

No livro da Dra. Bertha Van Hoosen, Scopolamine-Morphina Anaesthesia, ela escreve: "Que as injeções são absorvidas pelo feto, as experiências de Holzbach provam decididamente. Ele achou que a scopolamina foi excretada na urina, no colostro e no leite durante os três dias subsequentes às injeções que um quarto de hora depois que estas tinham sido aplicadas à mãe, a droga tinha passado através da circulação placental e aparecia na urina do recém-nascido".

Podem os médicos afirmar que isso não tem perigo algum. Sempre tem um pouco mais que o do hipnotismo. E quando este não servisse senão para diminuir as doses do anestésico, ainda assim seria uma incontestável vantagem.

Há, por fim, o pior nas operações: os dias imediatos a elas.

Sejam quais forem as consequências das mais graves intervenções cirúrgicas, no momento em que elas se fazem os doentes não as sentem: estão sob a ação do anestésico. O pior são as horas, são os dois ou três dias, que se seguem ao trabalho do cirurgião.

Ainda aí a intervenção do hipnotismo é magnífica.

Acima mencionei o caso de uma doente, cuja anestesia eu apressei. Operada de apendicite, assim que saiu da mesa das operações, eu a deixei dormindo durante dois dias, quase ininterruptamente. Tudo com ela se passou maravilhosamente bem. Oito dias depois de operada, estava levantada. Não teve nenhum dos terríveis incômodos que tanto fazem sofrer nos dias imediatos às operações.

Em um trabalho lido na terceira reunião anual (1923) da Sociedade Canadense de Anestesiadores, o Dr. John Buettner tratou da Psicologia na Anestesia, chamando a atenção para a preparação necessária do espírito dos doentes, por ocasião de serem anestesiados. Um ponto curioso do seu estudo foi a importância que deu à circunstância de que a audição é o último sentido que se extingue e

160

o primeiro que renasce no doente. Antes de reabrir os olhos e fazer ver assim que está desperto, o doente já está ouvindo o que se diz. Está num estado meio--hipnótico. O que então se diz diante dele tem uma importância que pode ser considerável. Daí o conselho de aproveitar esse estado, repetindo muitas vezes, perto do ouvido do operado, desde que cesse a administração do anestésico até o acordar, que a operação acabou, tudo correu bem e a pessoa não restabelecer-se rapidamente.[119]

Um dos inconvenientes, mais frequentes das grandes operações abdominais é a longa retenção de urina dos pacientes, que precisa ser removida com injeções de urotropina, glicerina ou outros meios, sempre incômodos, para o doente.[120]

O hipnotismo dá a isso o mais fácil, mais inocente e mais imediato remédio.

Assim, a meu ver, sempre que se tratasse de uma grande operação, sobretudo, quando ela pudesse ser preparada com certa antecedência, valeria a pena hipnotizar o paciente várias vezes, sugerindo-lhe que adormeceria calmamente, sem medo algum, às primeiras doses de anestésico.

Depois, feita a operação, seria o caso de suprimir-lhe quaisquer dores e, melhor ainda, de dar-lhe longos sonos reparadores. Far-se-iam assim desaparecer todas as consequências do choque operatório, diminuir-se-ia o envenenamento do organismo e apressar-se-ia a cura. Durante a Grande Guerra, como já disse anteriormente, observou-se um fato muito significativo: as feridas dos vencedores saravam mais depressa que as dos vencidos. Influência do moral sobre o físico. A sugestão pode chegar a esse resultado.

---

119 Um dos inconvenientes.

120 Louis Michon & Bowier - La rétention d'urine post-opératione, Presse Médicale. 25-11-25.

CAPÍTULO XI

A NOVA ESCOLA DE NANCY

Foi em 1910 que Émile Coué se instalou na cidade de Nancy e começou aí a clinicar.

Émile Coué, que hoje tem perto de 70 anos,[121] foi discípulo de Liébault e durante algum tempo aplicou o hipnotismo. Pareceu-lhe, porém, depois, que a autossugestão é muito mais poderosa que a sugestão e começou sistematicamente a só se ocupar com a primeira.

Do mesmo modo que o grande propagandista das ideias de Liébault foi Bernheim, o grande divulgador das de Coué foi o professor suíço Baudouin.

O livro por este escrito com o titulo Sugestão e Autossugestão teve um grande sucesso. Traduzido para o inglês, o seu êxito ainda foi maior na Inglaterra, do que na França ou na Suíça. Basta para mostrá-lo dizer que uma grave revista literária de Londres, The Nation, chegou a escrever a respeito estas assombrosas palavras: "O livro mais excitante que apareceu depois da Origem das Espécies". E as edições de tal obra se sucederam rapidamente. Em 1922, um autor inglês, Harry Brooks, publicou *The practice of auto-suggestion by the method of Emile Coué.*[122] Tendo aparecido em março, o livro em abril estava no seu 33º milheiro. Este pequeno fato mostra a voga a que atingiu na Inglaterra o que um neologismo de lá chamou o "couésin".

Uma revista literária, o John O' London's Weekly publicou em certa ocasião uma estrofe em francês, de gracejo com a teoria de Coué, e pôs a prêmio a sua tradução para o inglês. A estrofe dizia:

Il était un disciple de Coué,
dont les bas étaient tristement troués.

---

121 Louis Michon & Bowier - La rétention d'urine post-opératione Presse Médicale. 25-11-25.

122 O livro de Baudouln é um volume de 242 grandes páginas, sutil e complicado. O livrinho de Brooks tem apenas 21 páginas. É simples, claro, bem escrito, e de mais, como o afirma Coué, no prefácio que para ele escreveu, representa mais autenticamente o pensamento da Nova Escola de Nancy. Coué publicou uma brochura com o título de La maitrise de soi-même par l'auto-sugestion consciente. Há nele uma conferência do célebre médico, várias cartas e artigos, relatando curas. Vale muito pouco.

Il leur dit: "Mes bons bas,
vos trous n'y sont pas!"
Et les voilà de beauté redoués.

Um correspondente anônimo fez para isso uma adaptação franco-inglesa muito divertida :

A girl had a hole in her stocking,
which showed in a manner quite shocking.
Said Coué: "Declare
that the hole is not there
and perfect the stocking; and clocking!"
She followed the counsels of Coué.
Next day a young elegant roué
threw himself at her feet,
crying: "Pardon me, sweet,
voici à vos pieds je suis cloué!"

O gracejo literário é às vezes uma forma de consagração. Mostra pelo menos a popularidade da ideia, da qual se zomba amavelmente.

Onde, porém o "couéismo" atingiu uma voga formidável foi nos Estados Unidos. Há talvez hoje lá muitas centenas de milhares de pessoas para quem a oração noturna é a fórmula do médico de Nancy – fórmula que mais adiante se encontrará.

Coué, só muito tempo depois, exatamente por causa da repercussão do seu ensino nos Estados Unidos e na Inglaterra, começou a ser tomado um pouco a sério na França. Ninguém é profeta em seu país...

No entanto, uma escritora americana, supondo que Coué era mais prezado na França do que em qualquer outro país, escreve um livro inteiro a fim de explicar porque os fortes nervos dos norte-americanos precisavam de outros processos para serem dominados.[123]

Ilusão patriótica!

A doutrina de Coué, exposta por Baudouin, consiste em dizer que o essencial na sugestão é principalmente a autossugestão e, neste caso, não há necessidade de hipnotismo; basta a prática da autossugestão. Com ela, Coué se gaba de ter tirado resultados milagrosos.

É fácil admitir esses resultados, mesmo sem aceitar a doutrina do médico francês.

Coué faz a sua clínica em uma pequena cidade, como é a de Nancy. Essa clínica é gratuita. Ele recebe por dia centenas de doentes, que são tratados em grupos de trinta.

---

123 Anne Sturges Durys - American nerves and the suggestion - 1923

Harry Brooks descreve a primeira sessão a que assistiu. Havia no jardim contíguo à casa, numerosos doentes, dos quais muitos já eram frequentadores da casa.

Na sala, Coué dirigiu-se primeiro a um homem de meia idade, que naquela manhã chegara de Paris com a filha, expressamente para consultá-lo. Tinha um tremor nervoso constante. Andava com dificuldade. Quando, na rua, alguém o fitava, ficava paralisado, só com o pensar que o transeunte estava notando a sua enfermidade.

Coué ordenou-lhe que se levantasse. Embora com dificuldade, ele assim fez. Coué animou-o, prometeu-lhe melhoras e disse-lhe: "Você tem estado a semear no seu inconsciente más sementes. É preciso agora semear boas. O mesmo poder que lhe produziu esses maus efeitos, produzirá no futuro outros, bons".

Seguiram-se uma rapariga com grandes enxaquecas, um rapaz com olhos inflamados e um agricultor com varizes. A todos Coué prometia que a autossugestão os curaria completamente.

Passou então a um homem de negócios, que se queixou de falta de confiança em si mesmo, de nervoso, de fobias diversas. Coué travou com ele o seguinte diálogo:

- Quando você conhecer o método, não terá mais essas ideias.

- Eu me esforço terrivelmente para afastá-las.

- Você se fatiga. Quanto mais esforços fizer, mais as ideias voltarão. Você transformará esse estado de coisas prontamente, facilmente, e, sobretudo, sem esforço.

- É o que eu quero.

- Exatamente nisso é que está o seu mal. Se Vvocê diz a si mesmo: "eu preciso ou eu quero fazer isto ou aquilo", sua imaginação lhe replicará: "Sim, mas você não pode". Você deve dizer: "Eu estou fazendo tal ou qual coisa". E se a coisa for possível, ela se fará.

Mais para adiante, se compreenderá melhor o que há de um pouco estranho neste diálogo.

Brooks afirma que durante todo esse primeiro estágio do tratamento, as palavras ditas por Coué não eram sugestões. - A verdade, porém, é que só eram isso.

Imagine-se facilmente o que pode ser a situação moral de um doente, que veio de Paris, a várias horas de viagem, só para consultar o grande empreiteiro de milagres. Este não o examina, não lhe pergunta as causas de sua moléstia, os seus antecedentes. Indaga apenas do que se trata e garante-lhe dogmaticamente que o vai curar por um processo, que dentro de poucos instantes lhe exporá.

Mais ainda. Descrevendo a sessão a que assistiu, Brooks refere que Coué se dirigiu a uma mocinha anêmica e empreendeu demonstrar de um modo prático o que ele considera os dois princípios fundamentais do seu método: 1º) que cada ideia, que ocupa exclusivamente o espírito, é transformada em um estado físico ou mental; 2º) que os esforços feitos para dominar uma ideia pelo exercício da vontade só servem para tornar a ideia mais forte.

Coué disse à sua paciente que estendesse os braços em posição horizontal e apertasse as mãos, uma contra a outra, com toda a força, entrelaçando os dedos. Ela assim fez. Fez mesmo isso com tanta energia que seus braços tremiam.

- Olhe para as suas mãos, disse Coué, e pense que você quereria separá-las, mas não pode. Quanto mais as quiser afastar, mais elas permanecerão grudadas uma à outra.

A rapariga fez movimentos convulsivos para desunir as mãos. Nada conseguiu. - Agora, disse Coué, pense consigo mesma: "Eu posso abrir as mãos!". Ela assim fez e obteve um resultado imediato.

É a descrição excelente de uma experiência de sugestão em estado de vigília, sugestão facilitada pela influência do meio em que opera Coué.

Preparado assim o seu pessoal, Coué lhe explica o que deve fazer e que é extremamente fácil.

À noite, quando cada um se deitar, já em posição bem cômoda, deve repetir a meia voz esta fórmula: "De dia para dia, em tudo e por tudo, vou cada vez melhor".

É indispensável não fazer esforço algum. O ideal é ir dizendo, dizendo, dizendo essas palavras e passar da vigília para o sono, Brooks entende, todavia, que bastam vinte vezes. Ele diz que o paciente pode mesmo fazer uma espécie de rosário, dando vinte nós em um barbante, para contar o número de repetições da fórmula.

Nos livros, tanto de Baudouin como de Brooks, essa fórmula assume uma espécie de caráter cabalístico. Ela deve, segundo o primeiro, ser pronunciada religiosamente, ao passo que Brooks acha aquela exigência excessiva, mas sempre reclama que o paciente a diga *com fé*.

É uma nuance muito sutil.

Ao lado dessa fórmula geral, há fórmulas especiais para certos casos. Assim, por exemplo, quando sente alguma dor a pessoa deve ir dizendo: "Está passando... Está passando..." Dirá e repetirá. Nestes outros casos, porém, Coué entende que as fórmulas especiais, sempre muito breves, devem ser repetidas de um modo diverso da fórmula geral: muito, muito, muito depressa, com o máximo possível de velocidade, também à meia voz, de modo que a língua chegue mesmo a atrapalhar-se (*en bredouillant*).

Em francês, a fórmula para fazer diminuir e cessar as dores é "Ça passe... Ça passe..." Em geral, enquanto a pessoa a está dizendo, convém ir friccionando, embora de leve, o lugar dolorido.

A pessoa deve falar tão depressa, tão velozmente, que fica apenas um zumbido: "Sápá... Sápá ... Sápá..." Usando a fórmula portuguesa: "Está passando", repetida com o máximo de velocidade, o que fica é também um estropiamento das palavras: "Tápassan... Tápassan... Tápassan..."

Diz Coué que é necessário agir assim, porque repetindo incessantemente a fórmula, com o máximo possível de rapidez, não se dá tempo a que outra qualquer ideia se instale no cérebro. E sempre que só uma ideia nos ocupa, ela se impõe e se realiza. Forçando, portanto, ela passa realmente.

Como se vê, nada disso é muito difícil. Pode mesmo parecer pueril à força de ser fácil. No entanto, há muito de aproveitável nas ideias de Coué.

Ele criou uma técnica de excelente psicologia.

A regra até agora para os que desejavam aplicar a autossugestão era querer, "querer fortemente" o que desejavam ver realizado. Há uma literatura formidável de livros ensinando a educar a vontade para modificar o indivíduo.

Coué mostra que é um erro. Quando nós pensamos nitidamente em uma ideia, mesmo que seja cmm o intuito de eliminá-la, chegamos a resultado oposto. A ideia que evocamos se realiza em nós cada vez mais fortemente.

Quando, por acaso, alguém diz a si mesmo: "Eu não quero ficar surdo" – é a ideia de surdez que se realiza. O que se deve pensar: "Eu estou ouvindo bem".

Por outro lado, a boa ocasião para o indivíduo fazer essa sugestão a si mesmo é nos momentos de transição da consciência para a inconsciência, na passagem da vigília para o sono. O ideal é, portanto, escolher uma fórmula verbal muito simples afirmando categoricamente o que se deseja e chegar a ir pensando em outras coisas, embora continuando a repetir mecanicamente, já sem dar por isso, a sugestão que se deseja. Há nessas ocasiões um verdadeiro desdobramento da personalidade, e enquanto se está conscientemente voltado para certos pensamentos a sugestão se insinua no inconsciente.

Tudo isto, em teoria, parece sutil e complicado, mas na prática é simples e bem entendido. Até agora, os professores de autossugestão o que procuravam era vencer à valentona as ideias más, que dominavam o nosso espírito. Gritavam-lhes: "Eu quero que vocês desapareçam!" Mas quanto mais lhes gritavam, mais elas resistiam, mais elas se impunham à atenção. Coué, procura dirigir-se ao inconsciente, aproveitando o momento em que entreabre a porta para nos fazer cair no sono.

É positivamente muito hábil.

Por outro lado, ele insiste em que não se pense senão no resultado. Quando se tem uma dor no ventre, e pode ser ou no fígado, ou no apêndice, ou no baço, ou em qualquer outro lugar – o essencial é pensar em que se está livre de qualquer dor, perfeitamente são. Nada prova que o nosso diagnóstico, se tivermos feito algum, seja o mais perfeito. O Inconsciente se incumbirá de achar os meios para o fim que nós temos em vista.

Quando qualquer de nós quer mover um dedo da mão, pensa nesse movimento, como se o estivesse vendo a realizar-se: não evoca um certo movimento de células nervosas no cérebro, a sua transmissão ao longo do braço, a contração de tais e quais músculos e tendões. O Consciente dá ao Inconsciente este problema a resolver: "Mova o dedo" – e o Inconsciente faz para isso as operações necessárias.

E é sempre o melhor. Se, por exemplo, eu quisesse fazer passar uma hemorragia interna por autossugestão, que genero de esforço teria de fazer para que as glândulas suprarrenais segregassem a adrenalina necessária a fim de conseguir aquele resultado?

Se realmente, como querem alguns, a antepituitária é a glândula do trabalho intelectual, como hei de eu me arranjar para figurá-la, produzindo mais ou menos secreção? Ninguém sabe.

Melhor é, portanto, formular apenas o resultado a atingir, que se enuncia como se já estivesse atingido. Nunca se fala no nome do mal que se quer dominar: é uma evocação que se elimina da imaginação. Como ficou anteriormente exposto, nunca se diz: "Eu quero ficar bom de tal ou qual moléstia". Diz-se "eu estou bom".

Tudo isso é muito bem entendido. Quem, por exemplo diz: "Eu não estou paralítico", a ideia que evoca é de paralisia. Pode, como diria um matemático, afetá-la de um sinal negativo. Mas o que faz figura, o que surge como imagem – é a imagem da paralisia, que se quer destruir.

Há em psicologia uma velha discussão sobre negações e afirmações. Alguns asseguram que não há negações. Quando se diz que não se quer qualquer coisa é o mesmo que se dizer que se quer tudo o que não é a coisa em questão: é, portanto, no fim de contas, uma afirmativa, embora enunciada de um modo indiscreto.

Experiências precisas, feitas em laboratórios de psicologia com todo o rigor, mostram, porém, que uma negação é sempre mais lenta a ser evocada que uma afirmação. Se por exemplo, se põe diante de alguém uma série de cores que a pessoa deve tocar assim que se lhe manda, o resultado não é o mesmo quando se enuncia: "branco", "azul", "encarnado", etc., ou "não branco", "não azul", "não encarnado". O paciente da experimentação é sempre mais lento para obedecer à negativa do que à afirmativa.[124] É que há muitos modos de não ser branco, azul

---

124 V. Griffiths - Affirmation and negation in American Journal of Psychology - Janeiro de 1922.

ou encarnado. Dada a ordem em forma de negação, o paciente tem, por assim dizer, dois trabalhos mentais: evocar a cor excluída e, apagando-a, substituí-la por outra.

Da mesma maneira, há muitos modos de não ser paralítico, de não ser surdo, de não ter este ou aquele defeito. Uma criança, evocando a si mesma em pleno vigor, evocar-se-á brincando, correndo, fazendo exercícios rápidos e violentos. Um adulto já fará a evocação de outro modo.

Assim, Coué tem razão. E do seu ensino, bem conforme com as melhores experiências científicas de psicologia, se deve tirar uma regra geral, aplicável por todos os que aconselham, consolam e sugerem, quer em estado de saúde quer em estado hipnótico: usar sempre e só fórmulas positivas; afirmações e não negações.

Coué termina sempre as suas sessões explicando aos doentes que não é ele que os cura: são os próprios doentes que a si mesmos se curam.

E isto é verdade. É, aliás, a conhecida verdade do hipnotismo. Mas apesar de tudo, não é pequena vantagem que eles tenham a sugestão inicial de que lhes dá confiança no que vão tentar.

Aliás, a própria técnica de Coué mostra como o hipnotismo é superior a ela.

Coué procura, por assim dizer, sub-repticiamente, insinuar as sugestões no inconsciente, aproveitando o momento da passagem da vigília para o sono. O hipnotismo, sobretudo quando é complexo e profundo, permite plantar nesse Inconsciente, com toda a franqueza, as sugestões que parecem úteis. Baudouin escreve, acentuando bem as suas palavras, postas em grifo: *"Tudo se passa como se a sugestão devesse, para ter resultado, ser enterrada no subconsciente e como se esse trabalho fosse facilitado, quando o subconsciente vem à tona".*[125]

É a mesma coisa, por outras palavras, que diz um autor norte-americano:

"O hipnotismo provou que a sugestão alcança o Inconsciente mais facilmente durante o sono. Ninguém pode, entretanto, pôr o seu próprio ser em estado de sono e implantar em si mesmo a fórmula a sugerir. Mas o estado do sono deve de algum modo ser aproximado. Esta foi a primeira grande dificuldade que Coué encontrou e que por fim acabou vencendo. Um certo grau de atenção era evidentemente preciso para repetir, embora apenas mentalmente, uma fórmula de sugestão; e a atenção é a antagonista do sono. Além disso, enquanto se está prestando atenção, o Inconsciente se acha sob uma forte censura. Há, todavia, entre a vigília e o sono, um estado intermediário, em que a atenção ainda não foi inteiramente vencida, mas em que já se estão formando fantasias. Em muitas pessoas isto dura apenas tão rápido espaço de tempo que não chegam a dar pela existência desse intervalo. No entanto, ele existe e com uma técnica apropriada

---

125 Op. cit., pág. III.

pode ser prolongado. Uma das descobertas de Coué foi precisamente que a autossugestão poderia ser aplicada durante esse estado com grande eficácia".[126]

A autossugestão de Coué é o trabalho de alguém que, quando se entreabre uma porta, que dá para um campo, esgueira a mão e procura jogar lá dentro uma semente. O hipnotismo abre francamente a porta, vai ao meio do campo, cava o solo no lugar próprio e planta o que julga útil plantar.

A autossugestão é um simples sucedâneo do hipnotismo.

Tem sobre este a vantagem de ser uma espécie de remédio caseiro, que não se precisa encomendar em farmácias: está sempre à mão. Consegue frequentemente resultados extraordinários. De fato, um remédio mais fraco, pode, tomado com regularidade, alcançar maiores resultados que um remédio mais enérgico, tomado de vez em quando, esporadicamente.

Se apenas um dia eu fui ao campo e lá deixei uma semente, embora muito bem plantada, pode bem ser que ervas daninhas a tenham sufocado e impedido de crescer, ao passo que o semeador furtivo, que todas as noites procurava atirar lá dentro algumas sementezinhas, conseguirá talvez, à força de perseverança, perdendo embora a maioria delas, sempre acabar por fazer uma verdadeira floresta, com as que tiverem germinado.

Aqueles a quem Coué conseguiu dar a metodização regular da autossugestão, tornando-a um hábito, um complemento do trabalho mental de cada dia, alcançarão, com certeza, um êxito imenso. O que resta saber é quantos, por si mesmos, desajudados de uma poderosa sugestão inicial, saberão praticar de bom modo a autossugestão, à moda de Coué, e ficarão no costume de repeti-la todos os dias.

De mais, nas emergências graves, quando é preciso acudir de pronto a um mal, quando não se tem tempo de esperar os efeitos educativos da autossugestão, quando o doente não tem a perseverança precisa para empregá-la, – a superioridade do hipnotismo ainda é mais manifesta.

Há um domínio em que as ideias de Coué podem e devem ser aplicadas sistematicamente: é na educação. Aí não existe nenhum dos receios que alguns têm quando se trata do hipnotismo.

Ensina-se à criança a técnica da autossugestão. Explica-se-lhe que, ela pode conseguir de si tudo o que quiser. Expõe-se bem que ela só deve dar a si mesma sugestões positivas: em vez, por exemplo, de dizer: "Eu não serei mais preguiçoso" – dirá: "Eu sou muito trabalhador". Pode-se-lhe dar como norma a fórmula geral de Coué, anteriormente reproduzida, acrescentando apenas: "...e mais estudioso. Ou isso ou o que for necessário. O essencial é incutir na criança a

---

126 F. Pierce – Our inconscious - pág. 106.

ideia de que ela tem uma quase onipotência sobre o seu próprio organismo, sobre a sua mentalidade.

Isso é para todos, na vida, uma grande força: uma força de triunfo.

Coué usa, quer com os adultos, quer, sobretudo, com as crianças, um processo para dar-lhes a impressão de quanto pode a imaginação em luta com a vontade. É a velha experiência do pêndulo de Chevreal; mas que importa em uma excelente sugestão.

Traça-se sobre uma folha de papel uma circunferência, cujo raio seja, mais ou menos, de 15 centímetros. Nela se marcam dois diâmetros perpendiculares. Tudo isso em linhas bem fortes. (Fig.1).

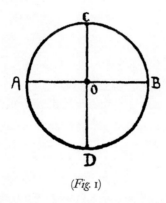

(Fig. 1)

Toma-se um lápis ou caneta e em uma das extremidades amarra-se um fio de linha ou de barbante fino, tendo aproximadamente vinte centímetros de comprimento livre entre o lugar em que está atado ao lápis ou caneta e o botão que deve haver na outra extremidade. Esse botão deve ser pesado, como os que se usam nas fardas, tendo atrás um pequeno aro de metal.

O aspecto disso tudo é mais ou menos o seguinte (Fig. 2):

O experimentador se põe de pé, junto à mesa em que está o papel com a circunferência, de modo que esta tenha voltada para ele o ponto D, ficando, portanto, à sua direita o ponto B e à sua esquerda o ponto A.

Feito isso, encostará os cotovelos ao corpo, tendo, porém o cuidado de não os apertar nervosamente contra ele. Seguirá com as duas mãos, firmemente, o lápis com o botão, de maneira que este fique mais ou menos sobre o ponto o, a pequena altura deste.

A partir desse momento, a pessoa deve seguir com os olhos a linha A B, de A para B e de B para A, com a firme intenção de que o botão não se mova. É, porém, exatamente o que ele fará, tanto mais acentuadamente quanto mais o experimentador não quiser que isso aconteça, sobretudo se quem organiza a experiência tiver dado ao experimentador a sugestão de que ele não poderá impedir o movimento. Depois, este deve passar a pensar na linha de C a D e de D a C, também com o firme desejo de que o botão permaneça quieto. De novo, porém, como se tivesse o malicioso intuito de contrariar aquele que o sustenta, o botão empreenderá fazer o que não querem que ele faça.

(*Fig.* 2)

A experiência se pode prolongar mandando em seguir a pessoa contornar com o olhar a circunferência e, por fim, deter-se no ponto central.

Brooks acha que a primeira vez que se faz essa experiência é melhor estar sozinho, para não ser distraído pela presença de ninguém.

Quando, porém, se manda alguém executar essa prova, tira-se do seu êxito a conclusão de quanto pode a imaginação e de que é inútil lutar com ela "*não querendo*" isto ou aquilo. Se não se quer que o botão oscile de A para B é baldado esforço formular a ideia: "Eu não quero que o botão oscile de A para B". O que se precisa é imaginar o resultado oposto, pensando no botão imóvel sobre o ponto O. Assim, figurando que um certo movimento seja a doença, o que há a fazer não é querer que ela desapareça: é imaginar o estado de saúde que se lhe opõe.

Sobre as pessoas incultas e nervosas, como sobre as crianças, essa pequena experiência faz um grande efeito.

Resumindo o que há de aproveitável nas doutrinas de Coué, o que se pode dizer é o que já acima ficou exposto: o que ele fez de melhor foi achar uma boa técnica para a autossugestão; ele fabricou uma gazua para entrar no Inconsciente.

Em si, a afirmação de que não há sugestões e sim apenas autossugestões é uma afirmação teórica, excessiva. Toda sugestão é uma heterossugestão, porque nós não temos ideia alguma, que não nos tenha vindo do exterior. Isto se diz geralmente em latim, com solenidade: *Nihil est in intellectu quod prius non fuerit in sensu*.[127] Mas toda sugestão é também uma autossugestão, porque, enquanto o Inconsciente não aceita a ideia, ela não se realiza.

A esta afirmação estão chegando quase todos os autores. William Brown, em trabalho posterior à 2ª edição deste livro, faz uma demonstração absoluta-

---

127 *Nada está no intelecto que não tenha passado antes pelo sentido.*

mente idêntica à que estava aqui. O Dr. J. A. Hadfield, docente de Psicologia no Kings College, de Londres, e na Tavistock Clinic for Functional Nervous Disorders, escreve acerca da frase de Coué asseverando que toda sugestão é autossugestão: "Se isso quer dizer que a ideia sugerida vem sempre de dentro, é obviamente falso, porque mesmo um livro de instruções forma uma fonte externa de sugestão".[128] O Dr. Levy-Suhl tem também uma afirmação perfeitamente justa, quando escreve que "toda hipnotização é uma auto-hipnotização ajudada pelo médico".[129]

A distinção teórica não tem, portanto, a menor importância. Se quem está lendo estas linhas se decidir a aplicar o método de Coué, que é que estará fazendo? Uma autossugestão, porque a si mesmo procurará incutir tais e quais ideias. Uma heterossugestão, porque terá aceitado as ideias de Coué, expostas aqui, e, por isso, as vai realizando.

Mas, ainda uma vez se torna a dizer, que o pequeno "truc" de Coué, ensinando cada um a insinuar sugestões dentro do próprio inconsciente é um achado psicológico de valor. Sobretudo na educação infantil pode ter resultados prodigiosos.

Há, para os hipnotizadores, uma lição a tirar do método de Coué.

Ele mostra o valor da perseverança.

Mais de uma vez, neste livro se tem protestado contra o hipnotismo *à la minute*, teatral, espetaculoso, em que o hipnotizador se limita, em sessão, a procurar pôr bom o cliente e não volta a pensar nele.

Sem dúvida, o hipnotismo permite realizar curas maravilhosas, instantaneamente. Mas, ainda nesses casos, convém consolidá-las com a repetição – uma repetição que não precisa ser muito frequente, mas, em todo caso, que deve ser um pouco proporcional à duração e gravidade do mal que se eliminou e cuja eliminação se deseja manter.

E pois que Coué garante ter tirado resultados tão assombrosos de sua fórmula, nada impede todo hipnotizador de dar aos seus pacientes a sugestão de que assim que estiverem para adormecer, todas as noites, repetirão vinte vezes a fórmula de Coué. Não precisarão contar. Quando chegarem à décima, o sono começará a invadi-los. A partir da décima quinta vez, já dirão a frase em pleno sono, perfeitamente adormecidos.

É uma sugestão, que prepara a autossugestão, reforça-a, e fornece ao paciente um meio cômodo para adormecer.

---

128 International Medicai Anual, 1924 - pág. 270.

129 Em artigo da Deubcke medizinische Wochenschrift, de 20 de Junho de 1924, reunido no Journal of American Medical Association.

Um dos entusiastas ingleses de Coué, homem bastante ilustrado e um dos vice-diretores do famoso colégio de Eton, achou para o "couéismo" uma aplicação que pode fazer o seu sucesso no Brasil. Pensa esse autor que por autossugestão seria possível suprimir qualquer sensação atmosférica desagradável.[130]

O fato nada tem de desarrazoado. Um marechal do nosso Exército, célebre pelas suas crenças espiritistas, era homem de imaginação tão forte que, quando sentia muito calor, evocava uma paisagem polar, coberta de gelo, e dentro de pouco tempo sentia tanto frio, que começava a tiritar.

Evidentemente essa cura do calor não está ao alcance de todas as imaginações. Resta aos leitores mais incomodados com as altas temperaturas tentar o processo de Coué, repetindo em dias de grande calor, a toda velocidade, a fórmula: "Estou com frio", que degenerará em "Toucomfri... Toucomfri... Toucomfri..." O Sr. Macnaghten crê na sua eficácia...

Em que aliás não creem esses entusiastas?!

Outro, o Sr. Waters, que é um genuíno expositor das doutrinas do Mestre, porque faz os cursos em inglês, na escola de Nancy, acha também que os pais podem pôr-se de acordo para fixar o sexo do filho que desejam ter e o dia em que ele vai nascer. Nesse caso, porém, o Sr. Waters já não confia só na autossugestão do seu Mestre, aconselha o marido que sugira à mulher o sexo do nascituro, a começar antes da respectiva concepção.[131]

Depois, durante toda a gravidez, a mãe deve praticar a autossugestão, referindo-se sempre ao que tem de nascer pelo sexo que deseja. Assim dirá cada noite as 20 vezes da praxe "couéista". "Meu filho será robusto e sadio" ou "minha filha..." Em hipótese alguma: "Eu quero um filho" ou "Eu quero uma filha". Seguir a regra geral: considerar o seu desejo como já realizado.

Poderá realmente a sugestão hipnótica, dada a tempo, isto é, antes da determinação do sexo, influir nesta? Só a experiência decidirá. Mas a experiência precisaria ser feita em milhares de casos, porque do contrário nada provaria.

Os charlatães há muito tempo exploram remédios para obter crianças de um ou de outro sexo, porque estão sempre certos que terão pelo menos 50 por cento de bons resultados...

---

130 Hugh Macnaghten - Emlie Coué: the man and his work - pág. 2. Macnaghten não duvida também (pág. 45) que por autossugestão, os calvos possam curar da calvície...

131 R. C. Waten - Autossugestion for mothors - todo o capítulo X.

CAPÍTULO XII

O ESTADO HIPNOIDAL

Um psicólogo e neurologista norte-americano, Boris Sidis, julgava ter descoberto um estado especial, inteiramente distinto da hipnose. É o que chamava o estado hipnoidal.

Antes de mais nada, convém dizer que Boris Sidis era um homem de ciência de alto valor. Ele foi dos primeiros, no seu livro The Psychology of Suggestion, a expor certas ideias sobre o subconsciente, que só depois, graças sobretudo a Freud, acabaram por ser aceitas.

O que ele chamava estado hipnoidal é, porém, uma coisa dificilmente definível. O autor o dá como "um estado de repouso, um estado de relaxação física e mental".[132] Por ele passa quem adormece e quem acorda. Constitui o meio termo entre a vigília e o sono. É, em suma, qualquer coisa de crepuscular.

Boris Sidis acreditava que primitivamente os animais não dormiam; permaneciam apenas em uma espécie de sonolência, que é justamente o que constitui o estado hipnoidal. O estado hipnoidal é, portanto, o primordial estado de sono dos vertebrados inferiores.[133]

Quando, porém, o autor o queria explicar melhor, acabava por considerá-lo "caracterizado por uma sintomatologia de vigília, sono e hipnose". E assim, no fim de contas, a característica do estado hipnoidal... era precisamente não ter características.

De vez em quando, ao descrevê-lo, o autor sentia que ia fazendo a descrição de um estado de ligeiro hipnotismo. E logo, depressa, cortando o fio do que estava escrevendo, declarava que não era de hipnotismo que se tratava.

No entanto, a impressão que se tem é de que não se tratava de outra coisa, porque nesse singular estado de repouso, o paciente responde a interrogatórios, tem ataques em que reproduz cenas de sua vida anterior, age, portanto, como um verdadeiro hipnotizado.

---

132 Boris Sidis - Nervous ills, their caule and cure - pág. 91.

133 Op. cit., pág . 96.

O que se nota, quando se leem as declarações de certos médicos, protestando contra o hipnotismo e a sugestão, mas fazendo muito bom hipnotismo e muito boa sugestão, embora com outros nomes, é, como já o dissemos, que, entre a clientela e a verdade científica, eles optam pela primeira. Sabendo que em muita gente há uma grande prevenção contra o hipnotismo, fingem que o repelem; mas servem-no com outras designações. Foi o que todos viram no caso do famoso Dubois, de Berna.

Quando Boris Sidis apresentou o seu estado hipnoidal, ele consistia em um simples repouso, com uma sugestão geral de bem estar. O doente deitava-se, fechava os olhos, procurava (tanto quanto isso é possível!) não pensar em nada.

Ainda assim, era um estado de sugestibilidade incipiente. Mas se o autor faz perguntas, evoca o passado, revive até alucinatoriamente ataques, entramos em pleno sonambulismo, em pleno hipnotismo.

Um autor suíço, Reymond-Nicolet, escreveu uma brochura interessante, prefaciada por Claparede, com o título: *Je me détends*. Ele acha que há um estado especial, em que os indivíduos podem chegar a um relaxamento completo de todos os músculos.

A pessoa deita-se, em uma posição bem cômoda, de costas. Faz isso, procurando abandonar-se como um objeto inerte, como uma coisa sem vida. Toma uma ligeira aspiração, que não chega a acabar: procede como alguém que vai levantar um fardo, mas imediatamente, achando-o muito pesado, o deixa cair, por não querer mais sustentá-lo.[134]

Nesse momento, a pessoa procura mentalmente passar em revista as várias partes do corpo, para ver que elas estão inteiramente flácidas, abandonadas, sem nenhum esforço ou contração.

E é só.

Claparède, o grande psicólogo suíço, cita um artigo do Dr. Hirschlaff, de Berlim, falando exatamente dessa "relaxação intencional de toda a musculatura do corpo". Ele admite os benefícios de um tal estado de torpor, que chama de pseudo-hipnose "porque os pacientes não dormem e sua personalidade não está de modo algum alterada, estado que consiste precisamente em uma relaxação geral de todos os músculos e no qual os pacientes parecem achar-se em uma condição de receptividade especial para as sugestões curativas".[135]

É muito difícil em um caso desses fazer a parte de benefício da ação propriamente muscular e da autossugestão.

---

134 Yellowless - A Manual or Psychotherapy - pág. 172.
135 Raymond Nicollet, págs. 8-9.

Um médico inglês, professor da Universidade de Edinburgo, escreve que há inúmeros casos de pessoas fatigadas e esgotadas terem escapado da neurastenia e de certos estados de ansiedade pela simples prescrição de meia hora cada dia, de repouso, de relaxação absoluta.[136]

Isso deve ser ainda mais eficaz se se obtém o hipnotismo prévio de modo a fazer que, durante esse descanso, o paciente só tenha ideias agradáveis.

Mas do ponto de vista de qualquer médico, quando este não queira ir francamente até o hipnotismo, não se vê inconveniente nenhum em que aplique aos seus doentes o estado hipnoidal ou a cura de relaxação muscular de Reymond-Nicollet e Hirschlaff.

A meu ver, há nisso, se assim se pode dizer, uma forma covarde de fazer o hipnotismo. Covarde entre outros motivos, porque o médico não se arrisca a mostrar a sua incapacidade de obter a verdadeira hipnose. Mas, como daí não pode advir prejuízo para os doentes, é um mínimo que algumas vezes em casos de pouca importância valerá a pena empregar.

---

136 Yellowless -A Manual or Psychotherapy.

CAPÍTULO XIII

PSICANÁLISE[137]

As doutrinas do Professor Freud, de Viena, tem hoje uma tão larga aceitação, que não se compreende a ignorância de qualquer médico a respeito delas.

Como o hipnotismo pode ter uma relação estreita com a psicanálise e, para fazer algumas curas, convém conhecê-la, aqui se resume sumariamente a parte que nos interessa.

Freud afirma que, de um modo normal, desde a infância, nós vamos fazendo uma seleção das nossas impressões, procurando guardar as boas, as que não nos causam desprazer, e repelir as que nos desagradam. As que nos desagradam vão assim caindo automaticamente no esquecimento.

É bem de ver que, se esse esquecimento não chega, em numerosos casos, a ser completo, – de um modo geral, é positivo que nós temos mais dificuldades em evocar uma lembrança penosa do que uma lembrança agradável. Medidas precisas feitas em laboratórios de psicologia experimental puseram esse fato fora de toda dúvida.

Quando se fala em lembranças desagradáveis, não há apenas alusão às de fatos que nos causaram uma dor, física ou moral. As vezes, elas são penosas, porque entram em conflito com ordens a recalcar certos desejos, suprimir certas inclinações.

O trabalho da educação consiste exatamente em dizer à criança o que não deve manifestar. Há um grande número de impulsos egoístas que são assim reprimidos em nome da moral, da religião, das conveniências. "Isso não se faz... Isso não se diz..." – são frases que a criança ouve a cada passo.

Pouco a pouco, graças a isso, no cérebro de cada um de nós se forma o hábito inconsciente de reprimir algumas ideias. Esse hábito é como um censor, que procura não deixar evocar senão os pensamentos que são permitidos.

---

137 Em 1919, eu tive ocasião de expor, em uma conferência feita na Policlínica do Rio de Janeiro, sob os auspícios da Sociedade de Neurologia e Psiquiatria o que é a doutrino de Freud, doutrina então muito pouco conhecida entre nós. Essa conferência está no meu livro Graves e Fúteis, pág. 108 e seguintes. Traduzida para o Espanhol, o Professor Freud a leu e escreveu-me, agradecendo-me e louvando o meu trabalho: "...as kind as it is clever and that I have to thank you for the soul of your writing as for the body of it".

E, assim, as nossas ideias se vão estratificando em duas camadas. Uma é a do inconsciente. Outra a do subconsciente. No inconsciente estão as lembranças, os impulsos, os desejos, que tantas vezes foram reprimidos, a ponto de nunca mais se manifestarem. A bem dizer, eles são enterrados-vivos. Continuam, se a expressão é permitida, subterraneamente uma vida latente. No entanto, mesmo querendo, mesmo fazendo um esforço muito grande para isso, nós não conseguimos evocá-los.

Só em circunstâncias muito especiais é que, às vezes, reaparecem.

Aparecem nos sonhos. Mas aí dá-se um fenômeno curioso: vêm sempre disfarçados, modificados, alterados. Revestem-se frequentemente de símbolos.

Dir-se-ia que à noite, cansado do seu trabalho diurno, o censor – isto é – aquele grupo de preceitos morais que monta guarda às manifestações dos nossos pensamentos – deixa-se um pouco enganar. Certos desejos inconscientes logram revelar a sua existência. Mas ainda assim, para chegar a esse resultado, precisam mascarar-se.

Daí a circunstância de que os sonhos nos parecem extravagantes e disparatados; é que se torna necessário interpretá-los.

O que está no inconsciente só pode ser revelado ou pela interpretação dos sonhos, feita pela psicanálise, ou pela psicanálise, mesmo sem sonhos, – ou ainda pelo hipnotismo – meio aliás de que Freud não gosta.

O subconsciente constitui, pode-se dizer, o depósito de todas as lembranças de que, em dado momento, temos a facilidade de lançar mão, evocando-as à consciência.

É, por exemplo, o que ocorre com a tabuada, com os números de telefones que nós conhecemos, com os nomes de nossos amigos, com uma formidável massa de conhecimentos, em que nós não podemos estar continuamente pensando, mas que estão prontos a acudir ao nosso chamado.

Para se entender a psicologia de Freud preciso se faz ter presente a distinção entre consciente (aquilo em que estamos pensando no momento atual), subconsciente (aquilo em que não estamos pensando no momento atual, mas que, por um ato de nossa vontade, podemos evocar) e inconsciente (aquilo que há tanto tempo foi banido de nossa consciência ou que foi tão energicamente reprovado pelo Censor, que não nos é mais possível, por nenhum ato de vontade, trazer à consciência). Por outro lado, é preciso pensar no Censor.

Não se trata de nenhum mistério. O que age dentro de nós como um censor é o conjunto de prescrições morais que nos habituaram a reprimir sistematicamente certos pensamentos. Esse conjunto acaba por ser uma força instintiva, formidável, que faz automaticamente a seleção das nossas ideias e dos nossos desejos.

De passagem, aludimos acima à expressão simbólica que, às vezes, tomam não só os sonhos, como várias neuroses. É, de fato, muito frequente, que certos pensamentos energicamente reprimidos pelo Censor, se manifestem desse modo. Para dar aqui apenas um exemplo rápido pode citar-se o caso de um indivíduo que tinha praticado uma ação incestuosa deplorável. Com a obsessão dela e o grande desejo de ser considerado inocente, contraíra o hábito de lavar as mãos, a cada instante, maniacamente, como se quisesse que o gesto lendário de Pilatos o limpasse de toda culpa.

É claro que ele não tinha a menor ideia do motivo que o impelia constantemente a essa operação, que se tornara nele uma necessidade imperiosa. Ao contrário, ele a atribuía ao medo dos micróbios e a uma preocupação de higiene. Quando foi possível demonstrar-lhe a origem do seu gesto, ficou curado.

Se daí o indivíduo simbolizou no ato de limpar as mãos o desejo de limpar a consciência de uma falta que praticara, foi ainda um ato simbólico o de um doente de Wilfrid Lay, que ficou cego.[138] Levou assim muitos anos, desafiando a ciência e a paciência dos oculistas, que não lhe descobriam lesão alguma. Por fim, examinado pela psicanálise, verificou-se que a sua cegueira tinha uma só origem: o ódio, que ele votava à mulher. A sua falsa cegueira era um meio de não a ver! Preferia ser cego para tudo a ter de suportar-lhe a vista.

Desde que foi possível reconstituir-se essa causa da sua doença, ficou bom.

Não cabe aqui entrar nas minúcias das doutrinas de Freud. Seria aliás impossível. Mas o essencial é que se tenha a noção de que ele considera a vida psicológica uma luta constante. O fenômeno da repressão domina toda a patologia nervosa.[139] As neuroses são causadas por ideias penosas que foram energicamente reprimidas, desapareceram da consciência; mas, por isso mesmo, lutam para reaparecer. As neuroses não passam de uma consequência dessa luta. Nas obsessões, o que se vê é que o indivíduo, perseguido por uma ideia má, uma ideia que a repressão mantém energicamente no inconsciente, fica obsedado por outra ideia, associada à primeira, embora ele não tenha consciência alguma da associação entre as duas. Essa associação é mesmo, às vezes, puramente verbal e extravagantíssima.

Brill se refere a um caso desse gênero. Para apreciá-lo é necessário lembrar que em inglês, dog é cachorro e God é Deus. O indivíduo tinha feito um ato imoral com um cachorro. Mais tarde, horrorizado do que praticara, começou a ter a obsessão da palavra God – que é o anagrama invertido de dog![140]

---

138 Wilfrid Lay - Man's unconscious conflict – pág. 222. -Stekel - Sex and dreams, pág. 306, diz que um grande número de perturbações da vista são devidas a uma espécie de castigo que os indivíduos inconscientemente a si mesmo impõem, porque viram coisas que não deveriam ter visto.

139 Frink - Morbid fear and compulsions - passim e especialmente pág. 58.

140 Citado por Ernest Jones - Paper on Psycho-analysis -pág. 24.

Admitindo as teorias de Freud, que são hoje muito aceitas, o primeiro trabalho de um neurologista que quer curar um neurótico é o de procurar a ideia oculta, a "ideia traumática", cuja luta está causando todas as desordens. Quando é possível descobrir essa ideia, as coisas se passam como se fosse um tumor oculto que se rasgasse e desinfetasse; a doença desaparece só por isso. Esse processo também se chama método catártico. Como e porque tal efeito se produz a cura das neuroses, com a simples revelação da ideia traumática, é matéria ainda discutida.[141] Mas o fato em si parece incontestável.

Aliás, quem primeiro o pôs em relevo foi Pierre Janet, o que o próprio Freud reconhece.[142] Mas Janet não tirou daí todas as consequências, como Freud. De resto, quando o autor francês publicou o seu trabalho tratando desse assunto, já o autor austríaco tinha feito idênticas observações. Por isso ele chama a primazia de Janet: *"literária"*.

Um e outro, nos primeiros tempos, recorreram, porém, ao hipnotismo para procurar a memória perdida do fato esquecido, causador da neurose. Depois, Freud passou a preferir o que se popularizou com o nome de psicanálise.

Atualmente há muito quem empregue certas substâncias, que põem os pacientes num estado tal, que evocam e revelam os mais escondidos fatos do seu passado. É interessante notar que tais substâncias, entre as quais figura principalmente a scopolamina, são exatamente das que mais se prestam a obter a hipnotização.

Não seria fácil explicar de um modo claro e conciso em que consiste o método da psicanálise. Como, porém, não é este o assunto deste livro, bastam algumas indicações sumárias.

Quando um médico quer empreender a análise psicológica de um doente, tem de se munir de uma dose considerável de paciência. Faz com que o doente se sente, estendido com toda a comodidade, em um aposento absolutamente calmo e senta-se perto dele, mas de modo que o doente não o veja. Pede-lhe, então, que feche os olhos e a propósito, ou de um sintoma de sua moléstia, ou de algum sonho, vá dizendo todas as ideias, que lhe passem pela cabeça, mesmo as que lhe pareçam mais insignificantes ou mais alheias ao caso. Quando, interrogado sobre alguma delas, o doente tem dificuldades em responder ou as associações de ideias custam a produzir-se, essa resistência, é considerada uma prova de que há aí alguma coisa de importante. E o médico volta atrás, insiste no interrogatório, incita o paciente a achar novas associações de ideias.

Um dos mais ilustres discípulos de Freud, mas que depois se separou dele em alguns pontos, Iung, usa, às vezes, um quadro de nomes de objetos que ele

---

141 W. Frink - Op. cit., o cáp. X.

142 S. Freud - A general introduction to Psycho-analysis - pág. 221.

organizou, em que há cem palavras. O paciente deve, ouvindo uma das palavras, dizer imediatamente a primeira ideia que lhe· aparecer no espírito.[143]

As palavras que evocam fatos que o indivíduo – consciente ou inconscientemente – quereria esconder, custam mais a provocar associações. Isso tudo, aliás, é medido cronometricamente, a segundos e quintos de segundo.[144]

Seguindo, porém, fielmente a técnica de Freud, o médico tem de induzir, quase se poderia dizer: de adivinhar o que é e o que não é útil nas repostas que recebe.

O caso não se liquida em uma sessão. Nem em duas... Nem em dez ou vinte... "Porque, diz Brill, não é o tratamento de poucas horas, semanas ou meses que cura. É a elaboração psíquica realizada durante um longo período por alguém plenamente habilitado para isso". E Brill, que é nos países de língua inglesa um dos discípulos mais autorizados de Freud, o tradutor de quase todas as suas obras para o inglês, avalia, em média, uma cura psicanalítica em três anos.

É, portanto, um trabalho que requer do médico em muitos casos uma sagacidade quase divinatória e uma paciência heroica. De mais, em geral, só convém a ricos, que podem pagar consultas médicas constantes durante anos a fio!

A aplicação da psicanálise tem além disso numerosas limitações. O próprio Freud as indica, enumerando entre outras a da idade. Após cinquenta anos, em regra acha que os pacientes não têm a plasticidade necessária para a aplicação do processo.

Uma das coisas que mais irritam alguns dos psicanalistas é dizer que no processo de que usam há uma larga parte de sugestão. A verdade, porém, é que há.

Para se sugerir a alguém uma ideia não se precisa nem formulá-la claramente, nem ordenar-lhe a crença. Os inquisidores da idade-média, que buscavam a verdade, sugeriram muitas vezes a pobres criaturas ignorantes que elas eram feiticeiras. Sugeriram tão bem que as vítimas dessas sugestões, ab-

---

143 Iung - Analytical Psychology - pág. 94: The association method.

144 Um ilustrado médico, que fez a critica da 2ª edição deste livro, achou absurdo esta técnica, porque, segundo disse, as associações de ideias se fazem de um modo rigoroso e fatal. É um engano. Qualquer ideia pode associar-se a muitas outras. Quando se diz diante de alguém alguma palavra, a pessoa evoca imediatamente outra. Mas se, dizendo essa, teme comprometer-se, arreda-a e dá uma diversa. É exatamente porque precisa de tempo para fazer essa manobra psíquica, que o período de reação aumenta.

Em outros casos, como a palavra que surge como associada à que se dá é desagradável, porque está presa a um grupo de fatos cuja evocação é penosa, a associação se faz mais lentamente, porque está demonstrado que nós gastamos mais tempo para evocar o que é doloroso ou incomodo.

É bom notar que a técnica de Iung tem sido empregada até para a descoberta de crimes pela polícia de vários Estados norte-americanos, com êxito.

.solutamente involuntárias confessaram crimes imaginários e foram, por isso, queimadas.

É verdade que, durante o primeiro tempo do processo de psicanálise, o médico, dizendo uma palavra qualquer limita-se a perguntar ao paciente: "Que é o que acode ao seu espírito, quando ouve esta palavra". Mas a própria escolha da palavra já pode ser uma sugestão.

É preciso – em outro ponto o dissemos – pensar na sugestão, como se pensa na existência dos micróbios, que estão em toda parte. As sugestões constituem uma espécie de micróbios psicológicos, contra os quais as desinfecções são quase impossíveis.

De mais, há duas espécies de sugestão no caso do tratamento pela psicanálise: as que se fazem, no fim dos longos interrogatórios sofridos pelo doente, quando o médico lhe declara ter descoberto a causa do seu mal e lhe anuncia a cura (e aí, a sugestão, em maior ou menor escala, é inevitável) e as que se fazem no correr dos interrogatórios.

Se um doente se submete durante um, dois, três anos, a vir confessar a um médico os pormenores mais secretíssimos da sua vida, é porque tem nele confiança. Quando, portanto, o médico lhe assevera que achou a causa de sua moléstia, essa afirmação não pode deixar de ter uma grande força sugestiva, embora talvez não faça senão corroborar a ação curativa da psicanálise. A sugestão é oními moda.

Iung, um dos primeiros e mais ilustres sectários de Freud, que, por certas divergências, acabou por constituir-se chefe da Escola de Zurich, escreve honestamente: "Para uma inteligência crítica não é possível admitir (is unthinkable), que a sugestibilidade e a sugestão possam ser excluídas do método catártico. Elas se acham presentes em toda parte e são atributos humanos universais, que estão em ação mesmo em processos como o de Dubois e o dos psicanalistas, que julgam estar trabalhando de um modo exclusivamente racional. NENHUMA TÉCNICA, NENHUMA ILUSÃO PREVALECE AQUI; O MÉDICO AGE, QUEIRA OU NÃO, E TALVEZ PRIMORDIALMENTE GRAÇAS A SUA PERSONALIDADE -ISTO É, PORTANTO, GRAÇAS A SUGESTÃO. No tratamento catártico, o que há de muito mais importante para o paciente do que a destruição de suas velhas fantasias é o fato de estar tantas vezes com o médico, a confiança e a fé, quer nele pessoalmente, quer no seu método. A fé, a confiança em si e talvez mesmo a dedicação com que o médico faz o seu trabalho são coisas muito mais importantes para o paciente, embora pertençam ao número das causas imponderáveis, do que a ressurreição das velhas ideias traumáticas".[145]

---

145 Iung - Colreted papers on analytical psychology, pág. 149. É bom notar que as palavras, postas

Não se precisa mesmo discutir o fato: o próprio Freud escreveu: "É inteiramente exato que a psicanálise trabalhe também por meio de sugestão, como outros meios terapêuticos".[146] O que ele acha é que ela vai mais longe.

No mesmo sentido escreve também o Dr. Putman, professor de neurologia da Universidade de Harvard, que foi dos primeiros e dos mais ilustres propagandistas da psicanálise nos Estados Unidos, quando diz que o tratamento pela psicanálise é uma espécie de educação. A mais longa parte do benefício que se pode tirar dele é obtida, não tanto pela descoberta de uma ou várias causas ocultas deste ou daquele sintoma particular, mas pelo desenvolvimento geral do caráter, que vai gradualmente resultando da remoção de inibições...".[147]

Alguns autores têm mesmo ido mais longe e achado que muitas vezes, embora de perfeita boa-fé e sem querer, alguns psicanalistas sugeriram aos seus pacientes histórias inteiramente falsas. Jacoby cita, por exemplo, o caso de uma mulher que confessou a Freud certos erros de sua mocidade e depois, a Lowenfeld, disse que tudo isso era mentira.[148] Resta saber, porém, até que ponto esse caso é probante porque nada demonstra que a paciente tenha falado mais verdade da segunda que da primeira vez.

Krotschmer, o grande psiquiatra alemão, escreve: "Enfim a hipnose é um fator auxiliar importante não somente do tratamento analítico. Graças à hipermnésia que provoca, pode-se notavelmente descobrir às vezes, durante a hipnose, complexos psíquicos, lembranças de infância, que a exploração no estudo de vigília não é capaz de nos tornar acessíveis ou só nos torna acessíveis de um modo bem difícil".

E mais adiante: "Experiências patogênicas, tendo uma forte carga afetiva, podem então, surgindo, tornar-se atuais com uma força por assim dizer explosiva e uma vivacidade dramática: uma tal *abreação* de complexos durante a hipnose pode dar ao doente um alívio e uma melhora consideráveis, sem que se possa dizer exatamente em cada caso, se foi a descarga afetiva "catártica" ou a ação sugestiva em relação com a hipnose que contribuiu mais para produzir esse resultado. De qualquer modo, foi este "método catártico" de análise psíquica e de abreação durante a hipnose, tal como aplicado primitivamente por Breuer e Freud, que forneceu o ponto de partida para a psicanálise em estado de vigília, elaborada por Freud. Hoje ainda, esse método catártico, sob a sua forma primitiva, é francamente empregado, com sucesso, por certos médicos. (Método de Frank)".[149]

---

aqui em destaque, estão no livro de Iung.

146 Freud - Ma vie et la Psychanalyse - pág, 66.

147 J. J. Putman - Human motives, pág. 132.

148 G. W. Jacoby - Suggestion and psychotherapy. pág. 293.

149 No livro de Oskar Pfister - The plychoanalytical method - pág. 139, livro prefaciado por Freud,

Seja como for, não me parece provado que o hipnotismo não tenha aplicações, quer em concorrência com o processo de Freud, quer em cooperação.

A cooperação se pode admitir de vários modos.

Em primeiro lugar, fazendo o que Freud fazia no principio: hipnotizando o paciente e procurando descobrir por perguntas diretas a ideia traumática, que produziu a neurose.

Vários médicos psicanalistas continuaram a empregar este processo, embora também adotando o das livres associações. Rivers, por exemplo, diz: "Outro e talvez mais legítimo modo de usar a hipnose é no interesse do diagnóstico. Experiências associadas ou esquecidas podem ser recuperadas mais rapidamente por meio da hipnose do que pelo processo da livre associação, da análise dos sonhos, outros meios de ganhar acesso para o inconsciente. Esse uso do hipnotismo, como um instrumento de autoconhecimento, perturba muito pouco o princípio de confiança em si mesmo, porque o processo hipnótico dá apenas o conhecimento da parte sobre a qual é baseado o processo terapêutico".[150]

O que há de mau em tal processo é que se precisa para usar de tal meio que o paciente atinja um alto grau de hipnotização: o sonambulismo.

Foi porque esse grau nem sempre é alcançado que Freud preferiu mudar de sistema. Resta saber, porém, se ele empregasse o sono prolongado, se não obteria melhores resultados.

Em segundo lugar, um bom recurso de fazer o hipnotismo concorrer para a psicanálise é o de sugerir ao doente que ele terá sonhos, que se relacionem com a causa de sua moléstia.

Crichton-Miller conta o seguinte fato:

"Tratava-se de uma moça de 24 anos. Durante cinco anos ela sofreu de dor no lado esquerdo da cabeça, dor que durante dezoito meses foi gradualmente aumentando de intensidade. Quando eu a vi pela primeira vez, em outubro de 1909, ela se achava em um estado de sofrimento agudo e consideravelmente deprimida. Achei que a dor era histérica e experimentei a sugestão hipnótica. A moça era uma ótima paciente; mas o resultado foi praticamente nulo. porque, embora durante o sono hipnótico eu conseguisse diminuir o tormento, ele voltava, mais terrível do que antes, cerca de meia hora após. Decidi-me a procurar a causa real da doença. Dei, no sono hipnótico, à minha paciente, ordem de sonhar com alguma coisa que tivesse relação com a sua moléstia. À terceira experiência, ela sonhou com um copo de água, em cima de uma mesa. A dor aumentou ainda quando ela se levantou o que me fez crer que o sonho tinha alguma íntima conexão com a doença. Nas noites seguintes ela teve outros sonhos e, afinal, subitamente, percebeu a que é que eles se prendiam,

---

o autor reconhece que na prática do hipnotismo pode ser multo útil à psicanálise. Kretschmer - Manual théorique et pratique de paychologie médicale - pág. 451-452.

150 Rivers - Medicine, Magic and Religion - pág. 13.

mas recusou-se energicamente a revelar-me do que se tratava. A situação ficou assim sem modificação durante três meses, quando, graças à minha constante afirmação de que não lhe poderia fazer nenhum bem enquanto não se decidisse a uma confidência completa, ela me contou, com todos os pormenores, a seguinte história:

Pouco mais de cinco anos antes, tinha estado com alguns amigos no sul da África e, desde o primeiro encontro, ficara apaixonada por um rapaz, visitante habitual de sua casa. Suas esperanças foram, porém, rapidamente desacoroçoadas depois que tiveram a primeira entrevista, porque ficou sabendo que o rapaz já era noivo. Quando fez essa descoberta, estava sofrendo de uma pequena nevralgia do lado esquerdo do rosto."[151]

Como a lembrança penosa permanecia indelével, no seu inconsciente, a nevralgia, que tão acidentalmente se lhe associara, permanecia também. Bastou a explicação do fato para fazer desaparecer o mal.

Aí está, portanto, um dos modos pelos quais o hipnotismo pode ir em auxílio da psicanálise: sugerindo sonhos, que se prendam diretamente à causa da doença. E para isso, aliás, não se precisa que o sono seja muito profundo.[152]

Em terceiro lugar, quando se queira aplicar rigorosamente a técnica de Freud, não será mau pôr o paciente em um estado de leve torpor, em que ele não atenda a nenhuma excitação exterior e deixe as associações de ideias se produzirem livremente.

Mas é um excesso dos freudistas, mesmo admitindo todas as suas técnicas, repelir o hipnotismo para a cura de certas nevroses.

Tomem, por exemplo, um caso de obsessão.

Os casos de obsessão curados pelo hipnotismo são tão numerosos que alguns autores vão ao ponto de considerar a sugestão hipnótica o meio mais idôneo para a respectiva cura. É, portanto, fora de dúvida que o hipnotismo pode curar as obsessões.

Ora, esses casos são sempre de *ideias reprimidas* – para usar a técnica de Freud, que também os cura pela psicanálise.

Como se chega a resultado nos dois casos?

No da psicanálise, procurando saber qual a ideia traumática, revelando-a ao doente e, assim, pondo termo ao mal.

No hipnotismo, pondo ao pé da ideia obsidente uma sugestão de imobilidade, de incapacidade de prejudicar.

Os psicanalistas profe, sam por este meio um desdém infinito, Grantem que isso não é sério. Asseveram que assim não se oroeura a causa da moléstia; mas apenas se removem os sintomas.

---

151 Crichton-Miller - Hypnotism disease - pág, 151.

152 Ver mais adiante as notas clinicas sobre a histeria.

Que imnorta? - Cura-se! É o essencial. O paciente não sente mais nada. A ideia obsidente era uma desordeira que estava fazendo arruças no cérebro. Um freudista procura expulsá-la. Mas para procurá-la leva três anos ou mais! Um hipnotizador despacha para dentro do cérebro, em alguns momentos ou em alguns dias, um soldado, cuja presença basta para que a desordeira se acomode. É verdade que a desordeira continuou lá. Mas continuou, reduzida ao sossego, quietinha.

Os focos de tuberculose, nos pulmões, se curam de dois modos. Uns se abrem, se esvaziam e, desinfetados, não fazem mais mal. Outros, a natureza mesma os cerca, os enquista, os isola de tudo mais. É frequente, na autópsia de pessoas sãs, encontrar esses focos tuberculosos enquistados.

No caso das obsessões, como em todas as neuroses que podem ter sido produzidas por ideias traumáticas reprimidas, dá-se alguma coisa de análogo. A cura psicanalítica é o foco que se abriu e se esvaziou. A cura hipnótica é o foco mórbido que o hipnotizador cercou de uma defesa sugestiva, enquistando-o, isolando-o.

No fim, chega-se ao mesmo resultado: mas com o hipnotismo, em alguns dias e com a psicanálise, em alguns anos.

Kempf – um dos grandes neurologistas americanos e aliás também adepto da psicanálise, é um pouco mais liberal que seus confrades e, comparando o método psicanalítico e o método sugestivo, chega à conclusão de que o primeiro procura reduzir os desejos mórbidos ou o que Freud e Janet chamariam "as ideias traumáticas", enquanto o método sugestivo busca reforçar a personalidade para resistir a elas.

É, mais ou menos, o que nós aqui dizemos. Kempf tem, porém, uma tecnologia especial e faz os desejos mórbidos partirem do sistema nervoso simpático, que ele chama autonômico. Grasset diria que eram ideias do "polígono" ou do "psiquismo inferior". Outros dirão, sem querer fazer localizações anatômicas, que se trata de ideias inconscientes.

Mas Kempf escreve: "Ambos os métodos têm méritos esplêndidos, que um advogado parcial de qualquer deles quereria provavelmente desdenhar no outro".[153]

Stekel confirma: "A hipnose em certos casos dá resultados satisfatórios. Eu a emprego, quando quero evitar a psicanálise, que reservo para os casos mais sérios. O psicoterapeuta precisa não ter ideias preconcebidas...[154]

---

153 Kempf - Psychopathology - pág. 733.
154 Stekel - Psychoanalysis and Suggestion Therapy - pág. 36.

De qualquer modo, porém, é indispensável que o hipnotizador – que todo médico enfim – se lembre, sempre de que tem de empreender curas de nervosos, que talvez o caso dependa de ideias traumáticas, de repressões. E, portanto, desde que ele não consegue resultado com o hipnotismo simples, precisa ver se chega à descoberta da ideia obsidente, que é a razão profunda, ou como fez Crichton-Miller, à sugestão de sonhos que se relacionem com a causa do mal.

De passagem, eu ouso dizer minha impressão sobre aquele caso. Se o médico inglês conseguia suprimir a dor durante os períodos de sono hipnótico, bastava que os prolongasse para talvez chegar ao êxito. Um sono prolongado de alguns dias, ou talvez, se tanto fosse preciso, de algumas semanas, conseguiria o resultado, que só foi obtido depois de quase seis meses.

O Dr. William Brow acha que, de um modo geral, pode-se sempre, quando se tenha feito um tratamento pela psicanálise, passar a um tratamento pela sugestão para ajudar o doente a vencer certas dificuldades nervosas que são, por assim dizer, mecânicas.[155]

A psicologia de Freud, nas suas linhas gerais, parece-me fora de dúvida. Ela é, além de tudo, essencialmente fecunda.

A psicanálise pode obter e obtém grandes resultados; mas o hipnotismo, ora servirá como seu adjuvante, ora como seu concorrente, cegando frequentemente ao mesmo resultado com muito menos esforço e em muitíssimo menos tempo.

Alguns dos autores que contestam o valor do hipnotismo fazem-lhe objeções, a que falta lógica.

Assim, por exemplo, Tridon, no seu livro - *Psychoanalysis, its history, theory and pratice* - acusa o hipnotismo de não fazer curas definitivas. Conta, em apoio disso, a história de um doente de Déjérine, a quem deram UMA sugestão hipnótica a fim de se curar de uma hemiplegia. O resultado foi imediato. Seis meses depois, porém, o doente recaiu. Um exame psicanalítico mostrou que a hemiplegia voltava periodicamente como um recurso inconsciente do organismo do doente para obter um período de descanso.[156]

O que, porém, Tridon não conta é quanto tempo durou a cura psicanalítica. Por outro lado, um hipnotizador que se contenta com uma ou duas sugestões, e, vendo-as realizadas, não procura consolidar a cura, é positivamente um sujeito que não sabe o seu ofício.

---

155 Stekel - Psychoanalysis and Suggestion Therapy - pág. 36.

156 Tridon – Op. cit., pág, 222.

Tridon acha que mesmo as longuíssimas curas pela psicanálise devem ser depois continuadas, durante largos períodos, por meio de visitas periódicas aos especialistas.

Exatamente de igual modo se deve proceder nas curas pelo hipnotismo que, mesmo assim, serão sempre extraordinariamente menos longas.

CAPÍTULO XIV

APLICAÇÃO CLÍNICA

*A alguns casos mais vulgares
ou mais interessantes.*

ALCOOLISMO

Das diversas intoxicações a mais fácil de curar é o alcoolismo. Todas as estatísticas de especialistas são muito animadoras.

Milne Bramwell dá:

Tratados	- 76
Curados	- 28
Melhorados	- 36
Sem sucesso	- 12

Quackenbos:

Tratados	- 400
Curados	- 320
Sem sucesso	- 80

Estão incluídos neste último número os que desistiram do tratamento, em meio dele.

Tokarsky diz que de 700 casos curou cerca de 80 por cento. Wonds fala em 70 por cento.

São porcentagens magnificas.

Entre nós, o Dr. Domingos Jaguaribe, médico em São Paulo, fez também uma larga aplicação da sugestão hipnótica ao alcoolismo, com o mais brilhante êxito.

De um modo geral, a sugestão pode muito contra o alcoolismo. Não convém, entretanto, tratar os que a ele se entregam como simples doentes, a quem basta dar um remédio. É necessário juntar às sugestões propriamente contra o álcool, estímulos morais.

Por outro lado, em nenhum outro caso se deve esperar tão logicamente recaídas. O velho adágio francês "quem bebeu – beberá" – é profundamente verdadeiro. Assim, mesmo depois de obtido o sucesso, é útil exigir que o paciente volte ao consultório do médico ao menos uma vez por ano.

Embora se tenha dito que as curas são fáceis, isso não quer dizer que sejam instantâneas. Há muitas assim; mas não constituem a regra.

Hilger, por exemplo, cita o caso de um seu cliente, vendedor de bebidas, que ingeria por dia além de um litro de cognac (excusez du peu!), várias outras bebidas.

Durante dez dias, ele foi ao consultório do médico duas vezes por dia; depois, durante um mês, uma vez por dia; no mês seguinte, duas vezes por semana e afinal, a partir daí, uma ou duas vezes por mês.[157]

Sem ir tão longe, Wingfield diz que, em geral, ele trata os alcoólicos uma vez por dia, durante os oito primeiros dias: duas ou três vezes por semana, durante algumas semanas mais (on the few following weeks) e, por fim, numa última semana, uma ou duas vezes.[158]

O cliente de Hilger ficou completamente curado, embora continuasse a exercer o seu comércio e a embebedar os seus clientes. Abstinha-se, porém, de tocar em uma gota de álcool.

É bem de ver que esse caso tinha todas as dificuldades, das quais não era a menor a de viver o paciente no meio da tentação do seu vício, que ele explorava nos outros. Mas, ainda em casos diferentes, mesmo quando se tem um sucesso imediato, não se deve ficar em uma ou duas sessões: convém ir mais longe, por algumas semanas, espaçando pouco a pouco as sessões.

O hipnotizador deve sugerir ao paciente o horror moral e o horror físico do vício. Dizer-lhe que ele vai passar a detestar o álcool, porque sente que lhe arruína a saúde e a situação social. Pintar-lhe a degradação dos bêbedos e garantir-lhe que sendo, como é, um homem de bem, de bons e nobres sentimentos, só o álcool lhe faz mal.

Sugerir-lhe então o horror físico da bebida, dizendo-lhe que ela lhe causará daí por diante uma profunda repugnância. Sempre que chegar à boca qualquer bebida alcoólica ainda das mais fracas – como a cerveja – a boca e a garganta lhe arderão como se estivesse a ingerir um verdadeiro cáustico e terá uma dor imensa, a ponto de não poder continuar. Sentir-se-á, se quiser persistir, sufocado. Além disso, achará em todas as bebidas alcoólicas, mesmo nas que outrora lhe pareciam mais deliciosamente perfumadas, um mau cheiro insuportável, que

---

157 Hilger - Hypnosis and suggestion. pág. 99.

158 Wingfield - An introduction to the study of hipnotism. pág. 166.

lhe dará vontade de vomitar. Não terá, portanto, nenhum desejo de beber e não sentirá, por isso mesmo, nenhuma privação.

Forel e Lloyd Tuckey insistem enfaticamente que é uma tolice (Forel diz: "an absolutely idiotic and harmful undertaking...") querer passar um bêbedo habitual a um bebedor moderado. Ou a supressão completa, ou nada. As meias medidas são de uma ineficácia absoluta.

Uma afirmação curiosa de Wingfield, que não achei aliás em nenhum outro lugar, é a de que em geral se considera mais difícil de curar o alcoolismo das mulheres que o dos homens.[159] Wingfield assevera que sua prática lhe permite essa afirmação. Até nisso serão as mulheres mais teimosas que os homens?

ANEMIA E CLOROSE

Quando se pergunta aos médicos, que não conhecem o hipnotismo e suas possibilidades, para o que julgam que ele pode servir – aquilo a que primeiro aludem é à histeria. E nenhum menciona a clorose e a anemia. No entanto, a histeria é exatamente uma das doenças em que a aplicação do hipnotismo nem sempre é fácil. E em compensação, a clorose e suas perturbações cedem com uma facilidade estupenda.

"Eu tratei, diz Wetterstrand, alguns casos que cederam em poucas sessões, quando os preparados de ferro tinham sido empregados durante meses sem dar resultado".[160]

O tratamento hipnótico, afirma Hilger, pode ser extraordinariamente útil em "casos típicos de clorose".[161]

Van Renterghem e Van Eeden contam que, tratando de anêmicos, por causa de outras doenças, curaram, de passagem a anemia. Nos casos em que foi só a anemia e a irregularidade da menstruação o fim do tratamento, o resultado não se mostrou inferior.[162]

E muito outros autores, que não reúnem em conclusões teóricas as suas observações, dão exemplo de casos curados sempre com uma rapidez e eficácia dignas de nota.

---

159 Wingfield - Op. cit., pág. 168.
160 Wetterstrand - Op. cit., pág. 135.
161 Hilger - Hypnosis and suggestion. pág. 205.
162 Hilger - Hypnosis and suggestion. pág. 205.

Em primeiro lugar, há a mencionar nesses casos a facilidade da hipnotização. Todos a mencionam. Em geral, os pacientes tornam-se mesmo excelentes sonâmbulos

Depois, os sintomas mais visíveis, entre os quais a palidez, o cansaço, a fraqueza, as perturbações dispépticas, a inapetência, as dores de cabeça, as diversas nevralgias, as palpitações e a leucorréia: tudo cede com a mais estranha rapidez.

Wetterstrand escreve: "Parece digno de nota que uma perturbação tão teimosa como a leucorréia, perturbação que desafia todos os remédios, possa desaparecer tão depressa pelo tratamento sugestivo".

E todos chegam às mesmas verificações.

Forel narra a cura de uma rapariga, criada de servir, que sofria de uma menstruação excessivamente abundante. Estava de tal modo, que ia abandonar o trabalho, exausta. Tinha perdido o apetite. Sua anemia era espantosa.

Levada ao grande médico suíço, ele a hipnotizou imediatamente e depois de verificar que era extremamente sugestível, ordenou a suspensão imediata da menstruação, tocando-lhe no ventre e explicando-lhe que o sangue ia refluir para os braços e as pernas.

Dentro de poucos minutos a sugestão teve êxito: a menstruação cessou.[163]

Em outro ponto deste livro, eu citei o caso de uma paciente minha a quem numerosas vezes eu tenho dado e suprimido a menstruação: dado, quando ela está em atraso; suprimindo, quando é excessiva. Suprimir é sempre mais fácil que dar.

Certa vez, estando incomodada, essa paciente viu alguém despejar no fogo de uma lareira uma garrafa de petróleo. A imprudente criatura, que isso fez, esperava que, derramando o líquido a certa distância, nada sucederia. Mas a chama ganhou a garrafa rapidamente e houve mesmo uma possibilidade de incêndio. Minha paciente, que assistia à cena, ficou aterrada. A menstruação cessou imediatamente. Teve uma suspensão brusca. O rosto estava quase violáceo. Em uma agitação febril, como uma louca, passeava de um lado para outro.

Foi nesse momento que eu cheguei.

Minha paciente não queria que ninguém soubesse que eu a hipnotizava. Tomei-a com o pretexto de levá-la a uma farmácia. Pedi às demais pessoas que não nos acompanhassem e desci com ela (estávamos no 4.º andar de uma casa, em Paris) os 103 degraus que nos separavam da porta. Nunca eles me pareceram tão numerosos!

Felizmente, passava um automóvel fechado. Era noite. Eu disse ao motorista que me levasse durante cinco minutos para onde quisesse e voltasse ao ponto de partida.

---

163 Forel - Hypnotism or Suggestion and Psychotherapy. Pág. 217.

Foi no automóvel que eu hipnotizei a doente, ordenei-lhe que ficasse com os pés e as mãos quentes (eles estavam gelados) e que a menstruação voltasse.

E assim sucedeu. Dez minutos após, quando remontávamos os 103 degraus, ela ia inteiramente restabelecida, pensando apenas na mentira que seria necessário pregar para explicar tão súbita transformação. Serenamente, garantiu que tomara uma cápsula e ficara boa. Felizmente, na alegria de revê-la contente e sã, ninguém se lembrou de perguntar que medicamento havia na cápsula...

Este caso é apenas apontado para mostrar com que facilidade se pode fazer o que fez Forel ou o que fiz eu, intervindo em tudo o que concerne à menstruação de qualquer paciente.[164]

Mas, na cura da clorose, não se pode proceder, em geral, com essa rapidez teatral.

O que o médico tem a fazer é sugerir à clorótica, que ela vai passar a ter muito apetite, vai digerir de um modo perfeito, não terá mais nevralgias, nem cansaço. Se há leuconéia, vale a pena ordenar que diminuirá muito no dia imediato, será quase nada no seguinte e desaparecerá no terceiro. Se há supressão de regras, vale a pena fixar o dia em que reaparecerão. Não convém, entretanto, fazê-lo senão para daí a duas ou mais semanas, mas num dia bem certo. Será útil provocar uma autossugestão da doente, dizendo-lhe o hipnotizador que sabe que ela vai ser de novo menstruada dentro dos mais próximos trinta dias, mas ignora a data exata e quer que ela diga. Se ela disser, aceita-la como uma decisão fatal e irrevogável. Se ela não disser, sugeri-la:

– Admira que não esteja vendo que a data da sua primeira menstruação será a...

É indispensável verificar se há constipação de ventre – o que é infinitamente provável. Se há, removê-la sugestivamente.

Em resumo, não se trata para a cura da clorose, de mandar pintar de ver-

---

164. Um dos críticos da 2ª edição desta obra, aludiu com grande ceticismo a este fato. Não parece, entretanto, que me seja muito espantoso.

Por uma felicidade, que raras vezes na vida prática ocorrerá, eu apareci no momento exato em que a amenorreia acabava de produzir-se. Tratava-se além disso de uma pessoa que eu tinha o hábito de hipnotizar e chegava no sono profundo.

Caso a amenorreia já estivesse por assim dizer instalada no organismo desde algum tempo, não acredito que o resultado tivesse sido tão pronto. Perderia pelo menos algumas horas.

Se o meu crítico, que aliás foi gentilíssimo com este livro, quisesse falar desta observação, o que poderia dizer é que não pode servir de modelo, porque bem raramente se achará este conjunto raríssimo de circunstâncias: o hipnotizador habitual de uma pessoa que é hipnotizável profundamente, chegando exatamente no instante preciso em que a sua paciente acaba de ter uma emoção tal, que lhe causou suspensão de regras.

O caso de Forel tem infinitamente mais valor quo o meu.

melho, por sugestão, os glóbulos de sangue. Trata-se de dar apetite e regularizar a digestão em todas as suas fases. Nada de misterioso, oculto e sensacional.

E, no entanto, isso vale mais que todas as hemoglobinas, todos os fenos, todas as drogas que se dão aos doentes e que, frequentemente, têm como único resultado, arruinar-lhes o estômago.

"É precisamente na clorose que o tratamento hipnótico dá os resultados mais favoráveis" – diz Hilger.[165]

Lloyd Tuckey conta o caso de uma paciente que tinha chegado à extrema anemia. Ele a fez tomar ferro, despachou-a para uma estação de mar, tentou tudo sem resultado.

Afinal, decidiu-se a hipnotizá-la. Sucesso imediato. Durante um mês, repetiu as sessões três vezes por semana. Deu-lhe apetite; a prisão de ventre cessou; fez voltarem-lhe os mênstruos, ele que não havia vestígio algum nos últimos meses e, no princípio do mês seguinte, à primeira hipnotização, a rapariga pôde voltar ao trabalho, corada e forte.

Lloyd Tuckey conclui essa observação dizendo: "este é apenas um dos numerosíssimos casos de anemia que eu tenho tratado pelo hipnotismo e, em geral, depois que todas as outras medicações falharam. Qualquer pessoa que faça essa experiência em tais casos concordará com a asserção de Liébault de que a sugestão hipnótica não está longe de ser um específico no tratamento da anemia simples".[166]

ASMA

A etiologia da asma é discutida. Muitos autores admitem mesmo que há diferentes espécies, cada qual com uma origem diversa.

Um médico, dos mais ao corrente das novas doutrinas sobre a anafilaxia e o choque hemoclássico, escreve: "Há perto de dois mil anos Aretheu de Capadócia dizia: *Só os deuses estão certos da verdadeira natureza da gota.* Hoje se poderia dizer o mesmo de hemicrania, irmã da gota, da asma e da gravela, aos olhos da maior parte dos médicos".[167]

Na reunião anual de 1925 da British Medicai Association, um dos médicos falava no "mistério da asma", ao passo que outro, o Dr. Hurst, asseverava que o único meio de alguém curar-se dessa moléstia era nunca a ter tido...

---

165 Hilger - Op. cit., pág. 205.

166 Lloyd Tuckey - Treatment by hipnotism and Suggestion, pág. 328.

167 Dr. Nast - La migraine - pág. 30.

Seja, porém, qual for a causa da asma, e principalmente na forma que se chama asma nervosa, a sugestão hipnótica pode intervir eficazmente produzindo a cura.

Van Eeden e Van Renterghem mencionam casos, dos quais três de asma dos fenos, com duas curas completas e uma melhora notável, e três de asma bronquial, dos quais dois curados e um melhorado.

Dizem esses autores: "Nada mais impressionante nem mais persuasivo para um principiante em psicoterapia do que ver a sugestão, em um acesso de asma, restabelecer a calma. Há muitos anos, quando eu estava ainda nos meus primeiros ensaios de hipnotismo, tive a felicidade de tratar uma senhora de cerca de 70 anos, que era nefrítica e estava incomodada do pior modo com um acesso de asma.

Lembro-me perfeitamente um dia, chamado às pressas para lhe fazer uma injeção de morfina, única coisa que a aliviava. Achei esgotada a que existia em casa. A angústia respiratória era muito grande. Precisava-se pelo menos de meia hora para fazer vir o medicamento. Propus à doente hipnotizá-la. Ela aceitou e eu não fui o menos espantado ao vê-la cair em um sono tranquilo depois de alguns passes e palavras consoladoras. Sugeri-lhe, ao princípio com alguma hesitação e depois com uma ousadia e convicção cada vez maiores, a desaparição dos sintomas e em menos de cinco minutos o acesso foi inteiramente suprimido e a doente continuou a dormir um sono calmo e pacífico.

É inútil acrescentar que, a partir de então o hipnotismo passou a substituir as injeções de morfina".[168]

Eu compreendo tanto melhor o que diz o médico holandês, quando fato análogo sucedeu comigo.

A bordo de um vapor, em que eu vinha dos Estados Unidos para o Rio de Janeiro, hipnotizei uma senhora, a quem suprimi o enjoo. Falou-me nisso, como era natural, nas ociosas conversas do paquete.

Certa noite, muito tarde, fui acordado. Vinham pedir-me que tentasse hipnotizar uma menina de 10 anos, que estava com um terrível acesso de asma.

Tentei fazê-lo, aliás, com pouca esperança de êxito, porque alguém, em outra ocasião, por gracejo, tinha metido medo à pequena, dizendo-lhe que eu a hipnotizaria e ela não poderia mais acordar. A menina, à vista disso, criara por mim verdadeiro horror.

Não obstante, embora a tivesse encontrado num indescritível estado de angústia, que fazia pena ver, consegui imediatamente hipnotizá-la e cortar-lhe o acesso, rápida e completamente. Deixei-a dormindo até pela manhã.

---

168 (1) Van Renterghem e Van Eeden - Psychothérapia, pág. 239.

Meus honorários de curandeiro foram magníficos: a antipatia que a menina tinha por mim converteu-se em uma boa amizade.

Os autores acima citados resumem assim a sua experiência: "É nossa opinião que na asma nervosa a sugestão hipnótica constitui o remédio por excelência e seu emprego se impõe ainda como agente sintomático e paliativo nas outras variedades".

Pensando como o Dr. Brugelmann, é também nossa opinião "que temos o direito, e é mesmo de nosso dever, sugerir a cura, mesmo nos casos duvidosos".[169]

Em todos os hipnólogos (Forel, Hilger, Moll, Crichton-Miller, Lloyd Tuckey, etc.) há numerosos casos de asma curados pela sugestão pura e simples.

Mas, de um modo geral, sempre que o médico seja chamado em pleno acesso de asma, poderá fazer recolher o doente, preparando-o para dormir e, já no leito, ministrar-lhe uma injeção de Sedol, aproveitando a ocasião para dar-lhe as boas sugestões. É bom não esquecer que o Sedol não é remédio para ser repetido, pelo perigo da morfinomania.

O procedimento a ter nesses casos está indicado no capítulo dos processos hipnóticos, onde se fala do emprego da morfina.

Na reunião da British Medical Association, de 1925, a que acima já se aludiu, o relator sobre a questão da asma, embora sem tratar em especial do hipnotismo, não se esqueceu de dizer que em todos os casos há sempre que pensar na psicoterapia.

DOR

O que mais se pede a quem hipnotiza é que suprima tais ou quais dores. Hipócrates deixou dito que acalmar a dor é uma obra divina.

As vezes, porém, pode ser também uma obra imprudente.

De fato, a dor, por si, não é uma moléstia: é o sintoma de um mal que não raro, só por ele se revela.

Assim, nem sempre vale a pena ir logo suprimindo qualquer dor, sem indagar bem o que ela traduz. Acontece mesmo muitas vezes que, por não fazer isso, o hipnotizador suprime o mal apenas transitoriamente, porque a causa persiste. Manda-se a dor passar – e ela passa. Dentro de algum tempo, porém, volta. Aliás, nada mais natural. É como se se desse qualquer droga química: ela produz, no momento, o seu efeito de sedação, mas, assim que esse efeito se esgota, o mal reaparece.

---

169 Op. cit., pág. 240.

A vantagem que o hipnotismo oferece é que, descoberta a causa da dor, o médico deve atacar essa causa com a medicação própria, mas suprimir desde logo o sintoma doloroso. Uma velha afirmação de lógica assegura que suprimida a causa, desaparecem os efeitos. Empregando o hipnotismo pode-se quase dizer que, mesmo antes de suprimir a causa, já os efeitos desapareceram.

É bom, entretanto, notar que, às vezes, ainda quando a causa persiste pode eliminar-se a dor. Tudo está em examinar se vale a pena fazê-lo. Há casos em que vale: assim, por exemplo, nas dores produzidas pelo cancro e por outras moléstias incuráveis.

O hipnotizador nunca deve tentar hipnotizar pela primeira vez uma pessoa no momento em que ela esteja sofrendo uma dor. Pode ter sucesso. Mas pode também a dor não permitir que o doente adormeça e o insucesso completo de uma primeira hipnotização é quase uma dificuldade muito séria para as outras tentativas. Nesses casos, como nos de dores provenientes de moléstias incuráveis, e que, portanto, são constantes, é conveniente suprimi-las, primeiro com um anestésico e tentar durante a fase de calma a hipnotização.

Um anestésico hipnótico, muito fácil de administrar, é o Allonal-Roche, fazendo o doente tomar, de uma vez, 3 a 4 comprimidos. Pode-se perguntar para que serve a sugestão, se o Allonal pode bastar. Serve para suprimir melhor a dor e para de outras vezes dispensar qualquer droga.

Um conselho útil é que, mesmo quando se hipnotiza correntemente qualquer paciente, não se dê nunca a sugestão simples e desejada. Melhor é dizer, por exemplo, à pessoa que vão fazer-se sobre o lugar dolorido um certo número de passes -20 ou 38 ou 100. Esfrega-se então a mão muito de leve, contando lentamente: 1, 2, 3, 4... E, de espaço a espaço, se garante: "a dor está passando... a dor já é menos da metade do que era... a dor já é quase nada... a dor já cessou..." Vale a pena, se se trata de um sofrimento muito agudo, ir até 100 ou mais, fazendo os passes muito devagar, muito docemente. Esses contatos fixam melhor a atenção. Se se trata de uma dor de cabeça, ou mesmo de outras, pode-se, em vez de fazer passes, soprar. A pessoas menos instruídas, dir-se-á que se vai aplicar o "sopromagnético". A palavra "magnético" tem um grande prestígio...

É fora de questão que, por si só, a ordem do hipnotizador pode bastar; mas não há inconveniente em reforçá-la com esses pequenos recursos acessórios, que servem para prender a atenção. Aliás esses recursos acudiram espontaneamente há muitos séculos, talvez até há muitos milênios, a todas as mães, que curam com eles as dores dos filhos pequeninos, por um processo puramente sugestivo.

Lembrando isto e pensando no que dissemos no capítulo referente aos ensinamentos de Coué, pode-se aplicar às crianças o sistema deste.

Dir-se-á à criança que feche os olhos (o que é bom para evitar distrações) e que vá, ela mesma, friccionando de leve a parte dolorida e durante esse tempo dizendo incessantemente: "Está passando... Está passando..." A pessoa, que estiver ao lado dela a acompanhará, apressando cada vez mais a ladainha, "Tápassan... Tápassan... Tápassan..."

Em regra, são apenas os adultos que garantem a melhora; mas, juntando ao que eles dizem a própria afirmação repetida da criança, obtém-se (eu o posso afirmar, com larguíssima experiência) muito melhores resultados. A criança, ocupada com o repetir incessante da frase, deixa de chorar e junta a autossugestão à sugestão. Em poucos instantes, a dor passa.[170]

Dezenas de vezes tenho encontrado minha netinha, com dois anos e meio de idade, de olhos fechados, a resmungar o "Tápassan... Tápassan...". Tendo batido em qualquer lugar, assim está afugentando a dor. E quando lhe acontece esquecer esse remédio, e vir procurar-me, queixando-se, - em vez de acariciá-la, eu a repreendo, lembrando-lhe que depende dela nada mais sentir, o que, de fato, ocorre dentro de poucos minutos, sem que frequentemente tenha havido tempo das suas lágrimas secarem . ..

O processo é, aliás, aplicável a adultos.

ENJOO

Qual seja ao justo a causa do enjoo, que muitas pessoas sentem, quando embarcadas, é ainda questão discutida. Não se conhece para o caso nenhum remédio que se possa chamar específico, embora não faltem preparados farmacêuticos que se apregoem úteis para tal fim.

Nada, entretanto, mais fácil de passar com a sugestão hipnótica. Rara tem sido a viagem feita por mim, em que não haja curado alguém.

É preciso ter observado o estado lamentável em que ficam as pessoas que sofrem intensamente desse mal, para ver como ele é, às vezes, sério. As senhoras mais ciosas da sua elegância perdem toda a noção do decoro, agarradas à amurada dos navios, vomitando. Algumas passam assim longas viagens de muitos dias, num estado deplorável.

Em uma das minhas travessias, a caminho para Nova York, ia a bordo uma mocinha de origem italiana. Do Rio a Barbados, ela enjoou todos os dias.

Como, sistematicamente, não me ofereço nunca para hipnotizar alguém, nada dizia. Mas, conversando com o médico de bordo, que me confessava haver es-

---

170 V. G. Mayo - Coué for children - passim.

gotado os seus recursos, aconselhei-o que usasse o hipnotismo. Ele me explicou que nunca o empregara e não podia, portanto, empregá-lo. Horas depois, disse, porém, à doente que me pedisse para hipnotizá-la. E acedendo ao seu desejo, assim fiz.

Poucos minutos após, passeava ela pelo tombadilho, boa. Tinha perdido mais de vinte dias de viagem em tempo de guerra, que durou trinta e cinco dias, num verdadeiro suplício, que poderia ter desaparecido em alguns instantes.

Melhor seria para as pessoas que receiam enjoar fazer-se hipnotizar antes de qualquer viagem por mar.

Foi o que eu fiz com uma senhora de minha amizade que nunca viajou e que, empreendendo pela primeira vez uma longa travessia, nada teve, apesar de haver o navio em que viajava apanhado um temporal formidável, logo no dia seguinte ao embarque dela. Os que a bordo ficaram sem enjoar foram muito poucos.

Em quase todos os autores ingleses há numerosos casos de enjoo tratados pelo hipnotismo. É muito natural que se encontrem de preferência em escritores de tal nacionalidade, porque os ingleses são grandes viajantes. Castro Alves disse mais:

> Porque a Inglaterra é um navio,
> que Deus na Mancha ancorou.

FRIGIDEZ
(absence of sex feeling)

A falta de prazer sexual é muito mais frequente do que se pensa nas mulheres, mesmo nas profissionais do amor. Estas iludem o homem simulando o prazer; mas é muito vulgar que ou nada sintam, ou não vão além de uma vaga excitação agradável.

No casamento, isso é vulgaríssimo. Em regra, o rapaz, que, em solteiro, só lidou com profissionais, está habituado a não se preocupar com o prazer de sua companheira. Parece-lhe normal que ela chegue a bom resultado ao mesmo tempo que ele. E, se se trata de pessoa de poucas exigências sexuais, que não repete o ato, não faltam mulheres que passam até a vida inteira, mesmo tendo numerosos filhos, sem saber o que é o verdadeiro prazer sexual. Os amantes são muitas vezes os que se encarregam dessa educação.

E isso com tanto maior frequência quanto são muitas vezes as grosserias da primeira noite de casamento que tornam a mulher, ou para sempre refratária a todo prazer do amor, ou pelo menos para as carícias do marido.[171]

---

171 Ver todo o capítulo X do livro dos Drs. Lafargue, e Allendy - La psycho-analyse et les

Na literatura médica não faltam referências a esse fato. Mesmo no romance, ele tem figurado muitas vezes, com análises, um tanto cruas, mas exatas. Le cadet, o romance de Jean Richepin, gira todo sobre esse dado.

Nos casos de que me ocupei, dei simplesmente às pessoas em questão a ordem de que desde os primeiros afagos se sentiriam muito excitadas e que essa excitação iria progressiva e rapidamente aumentando até chegar a uma explosão final, que coincidiria com a do companheiro.

Poucos autores aludem a casos dessa natureza. Wingfield trata, porém, disso, mencionando que o mal é geralmente curável com facilidade. Ele teve quatro clientes de que o removeu prontamente e duas em que não pôde vencer a repugnância pelo marido.[172]

Para muitos médicos, se o hipnotismo serve para alguma coisa, é exatamente para o tratamento da histeria. No entanto, os grandes hipnólogos, Wetterstrand e outros, reconhecem que é exatamente aí onde o seu emprego se torna frequentemente menos fácil.

É preciso distinguir entre a grande histeria e os seus pequenos acidentes, isto é, os casos em que a moléstia se manifesta por um só sintoma, sem ataques (afonia, tosse nervosa, cegueira histérica, vômitos, etc.) e que são, em geral, muito fáceis de curar. As vezes, eles não resistem mesmo à primeira sugestão, sobretudo quando se obtém o sono profundo. É por isso que, em uma frase já anteriormente citada, vimos Grasset dizer que a histeria "é o triunfo do hipnotismo para as manifestações localizadas e estreitas".

Mas a grande histeria, com todo o seu cortejo de complicações, nem sempre é fácil de suprimir. Convém, em todo caso, que o médico não esteja convencido de que vai apenas fazer um passe de mágica, dando uma ordem e vendo a doença eclipsar-se. É necessário ter perseverança.

Para começar, há necessidade de um conselho. Às vezes, quando se hipnotiza alguma grande histérica, ela tem um ataque no momento da hipnotização. Isso provém da emoção que o caso lhe produz.

Deve acrescentar-se que o fato é extremamente raro, principalmente se se procedeu com a prudência aconselhada no capítulo deste livro acerca dos processos hipnóticos, mostrando primeiro ao doente que o hipnotismo é uma operação simples e inócua. Desse modo, se evitará qualquer emoção.

Mas, de qualquer maneira, se o ataque se produz, é necessário impedir que qualquer pessoa presente diga seja o que for – e continuar a hipnotização e as sugestões, mesmo através das fases mais violentas, até que o ataque tenha chegado ao seu termo. Nem por isso as sugestões serão menos eficazes.

---

nevroses: la frigidité de la femme.

172 Wingfield - An introduction to the study of hypnotism - pág. 178.

Milne Bramwell teve uma cliente, que durante as primeiras hipnotizações tinha sempre ataques. A partir da terceira semana, ela se foi aquietando e acabou por ficar inteiramente boa.[173]

A terceira pessoa que eu hipnotizei foi uma negra histérica, que teve um grande ataque. Embora nessas remotas épocas eu fosse então – há disso mais de trinta anos! – muito inexperiente, quis a minha boa sorte que eu nesse dia tivesse lido um artigo de Bernheim a tal respeito; pude, assim, aplicar com eficácia os seus ensinamentos.

O que o médico pode fazer quanto aos ataques correntes das histéricas, se eles são muito frequentes, é espaçá-los: dar a sugestão que dentro de certo prazo não se poderão produzir e, quando se produzirem, serão muito mais fracos. Pouco a pouco, aumentar esses prazos e acabar por extinguir a doença.

É bom notar que isso, às vezes, se obtém desde o primeiro dia; mas será melhor que o médico, embora apregoando ao doente essa confiança, não a tenha realmente.

Um sistema excelente é perguntar ao próprio doente, em estado de sonambulismo, quando será o seu último ataque. Não se trata com isso de obter uma profecia; mas uma autossugestão. Como, porém, o paciente poderia dar uma data muito remota, convém não lhe deixar a imaginação inteiramente livre:

- Eu sei que seus ataques vão cessar e vai ficar inteiramente bom dentro de muito pouco tempo. Não posso, porém fixar o dia. Mas, você, no estado em que se acha, poderá fazê-lo com perfeita segurança. Concentre-se um pouco e vai ver com toda a nitidez, qual será a data do seu último ataque. Qual será?

Se a pessoa se cala, insistir:

- Diga! Veja! Veja bem! Não tem cálculo nenhum a fazer. Vai ver surgir na sua imaginação o dia preciso em que a moléstia tem de acabar. Diga! Está vendo uma folhinha: leia a data. Veja o mês! Veja o dia!

Quando o paciente dá uma data qualquer, deve-se aceitá-la como se ele tivesse feito uma profecia e como se isso fosse uma revelação interior, uma fatalidade inelutável. A autossugestão, reforçada pela sugestão, é quase onipotente em cada organismo.

Está bem de ver, que se a data é muito remota – de alguns anos, por exemplo – convém, ao contrário, protestar, dizendo que o paciente viu mal e reclamar outra data. Pode-se, pelo menos, dizer que ele viu mal o ano:

- Também eu estou vendo a data que está dentro da sua cabeça. O dia está certo, o mês está certo, mas o ano é este mesmo (ou o próximo). Veja bem! Veja nitidamente! note como estão escritos os algarismos 1... 9... ?... ?

---

173 Milne-Bramwell -Hypnotism and treatment by suggestion – pág. 33.

Mais vale aceitar o prazo que o paciente dá, mesmo que seja de um ano (o máximo possível), do que procurar precipitar os acontecimentos, destruindo a autossugestão...

Isso não impedirá que se continue o tratamento, espaçando os ataques dentro desse tempo e reduzindo-os ao mínimo de intensidade.

Um doente de histeria é, em grande parte, - alguns até dizem que é totalmente - um doente de autossugestões mórbidas. Nada melhor para destruí-las de que uma boa autossugestão curativa.

Durante todo o período que faltar até o dia fixado para a cura, convém insistir na data fatal, a data profética, a data inelutável. Dizer, por exemplo, ao paciente:

- Sempre que Você olhar para qualquer folhinha, terá logo a ideia de quantos dias faltam para a sua cura. É uma lembrança que você não poderá reprimir, pensando com alegria que o fim da sua doença se está aproximando.

Quando um sintoma cessa durante o sono hipnótico para reaparecer depois, é conveniente deixar o paciente hipnotizado por algumas horas. O sono longo e profundo suprime, às vezes definitivamente, o mal. Quebra o hábito do organismo.

★ ★ ★

Uma sugestão a dar e que convém, de um modo geral, sobretudo quando se trata de doenças nervosas, é a de que o paciente *"que ficar bom, não deseja mais continuar doente"*.

A primeira vista este conselho parecerá até cômico. Pois há alguém que deseje estar doente! - Há; o fato é frequentíssimo, embora inconsciente.

A moléstia é para muitos um meio de se eximirem a certos deveres, um recurso para não enfrentarem situações embaraçosas ou para atraírem a atenção. As crianças simulam, às vezes, conscientemente, incômodos diversos para não ir à escola, para não dar lição. O inconsciente, que raciocina sempre de um modo infantil, usa com frequência do mesmo recurso.

Desperto, com perfeita boa-fé, o doente procura médicos e garante-lhes que só aspira à cura. Inconscientemente, no entanto, o que ele deveras quer é continuar doente. Daí a conveniência de se ordenar ao seu Inconsciente que ele vai realmente *querer ficar bom.*[174]

Já me foi dado lidar com vários pacientes a que se aplicavam maravilhosamente as observações acima.

---

174 Ver entre inúmeras citações possíveis, em Stekel - The depths of the soul, o capítulo Refuge in disease e em A . Adler - The nearotic constitution - pág. 61.

Cito apenas um caso, como exemplo. Tratava-se de uma mocinha, filha de um negociante, e que tinha vários outros irmãos e irmãs. Era culta e gostava de boa leitura. Durante algum tempo aprendeu piano e canto e estava convencida de que poderia exibir-se em grandes concertos ou talvez mesmo no teatro. Seus sonhos, em que muitas vezes figurava como uma grande prima-dona, mostravam bem a persistência da sua aspiração. A partir, porém, de certa data, começou a ficar tão nervosa que não podia cantar diante de ninguém: chegava, em tais ocasiões a ficar inteiramente afônica. No entanto, os especialistas declaravam que ela não tinha nada na laringe. Acusava também insônias persistentes, garantindo que, durante anos, dormira apenas – e isso era manifestamente um exagero – uma ou duas horas por noite.

Ora, o que havia era simples. Elogiada por amigos complacentes, tomando a sério os elogios, a que se referia, tivera a esperança de ser uma grande cantora. Mas, de fato, o seu fiozinho de voz agradável não lhe dava direito de aspirar a tanto. Quando reconheceu tal fato, o seu Inconsciente lhe sugeriu o pretexto da doença. Por que ela não era uma grande artista? Por ser nervosa. Essa resposta satisfatória satisfazia sua vaidade e resolvia a questão.

Por outro lado, sendo a mocinha nervosa da família, todos a cercavam de carinhos e mimos. Era a rainha da casa. Pais e irmãos se esmeravam em satisfazer-lhe vontades e caprichos. Bem vistas as coisas, convinha-lhe muito mais ser doente (sobretudo das imaginárias doenças, que acusava) do que ser sadia. Neste último caso, ela teria, por assim dizer, de entrar na forma e ser uma filha, como as outras. Sendo, porém, "doentinha", tudo se fazia por ela.

A propósito, é bom notar que muitas doenças nervosas são apenas o meio de um irmão manter a sua superioridade sobre os outros, de uma pessoa da família tomar ascendência sobre as demais.

Ficou dito acima que, em geral, quando a histeria se limita a um só fenômeno (amaurose, surdez, contratura, etc.), é fácil de curar. As vezes, porém, essa facilidade não existe. Convém, apesar disso, insistir sem esmorecimento. Mas, se, de todo não se chega a resultado algum depois de certo tempo, deve-se crer que se está diante de alguma "ideia reprimida", como se diria na técnica freudiana.

O hipnotismo é um remédio como outro qualquer. Um grande remédio, naturalmente indicado nos casos de histeria, mas não infalível, como aliás nenhum outro, sobretudo tratando-se de uma doença, cuja etiologia está longe de ser indiscutível.

Quando, porém, as sugestões simples falham, será o caso de ver se é possível tirar algum proveito dos ensinamentos do Prof. Freud e aplicar, ao menos, em parte, um processo qualquer para descobrir a "ideia traumática" que pode ter causado a doença.

Naturalmente, o melhor sistema seria aplicar integralmente a psicanálise. Mas isso não é fácil, nem para os médicos, nem para os doentes. Pode-se, entretanto, tentar alguma coisa nesse sentido. O exemplo do Dr. Crichton-Miller, a que se aludiu no capítulo sobre a doutrina de Freud, é uma sugestão talvez aproveitável.

Para isso, pode-se interrogar o doente a causa da sua enfermidade, perguntando-lhe qual foi a emoção que lhe deu origem. E quando daí não advenha, como é possível, nenhuma informação útil, é ainda o caso de apelar para os sonhos, dizendo ao doente que ele vai ter sonhos que se relacionarão com a origem do seu mal.

Muitas vezes, quando se dá essa sugestão, o doente vem declarar que não sonhou. E embora isso não seja exato, o doente pode ser sincero. Deve-se, por tal motivo aconselhar-lhe uma técnica muito simples e eficaz.[175]

Dir-se-lhe-á que ponha à sua mesa de cabeceira papel, lápis e um despertador. Faça o despertador marcar a hora que lhe convier: mas assim que ele tocar, sem hesitação tome imediatamente o papel e, na cama mesmo, antes de ter empreendido qualquer trabalho de toilete, vá escrever o sonho que estava sonhando.

Garanta-se ao doente que, por força, despertado assim bruscamente, ele estará sonhando alguma coisa. E assegure-se que o sonho se relacionará fatalmente com a causa da moléstia.

O doente deve trazer o que tiver escrito, tal como o tiver feito no momento de acordar, sem nenhum retoque ou modificação. Ainda que a coisa lhe pareça ou banal ou desconexa, absurda e descosida – trazer assim mesmo. Mas ainda: deve, de noite mesmo, assim que tiver acabado de escrever, dobrar o papel e não mais tornar a ver. Quando o médico o receber, deve ler em voz baixa a narração, e logo após pedir ao doente que lhe conte o sonho. Irá notando cuidadosamente os pontos que o doente esqueceu ou alterou. Esses são exatamente os mais importantes, porque o Inconsciente procura fazer desaparecer tudo o que se prende com a moléstia. E, por aí, num estudo bem feito dos sonhos, ele se trai.

O médico, isolado com o paciente, fa-lo-á sentar-se comodamente, bem à vontade, fechar os olhos e ir-lhe-á perguntando que ideias lhe acodem ao espírito a propósito das diversas cenas e personagens do sonho – especialmente do que constar da narração escrita e tiver sido omitido na narração oral posterior.

Por essas perguntas, com habilidade, pode chegar a resultado.

Os freudistas fazem isso com o paciente em estado de vigília; mas achando-se ele em estado hipnótico, tudo leva a crer que o êxito será ainda maior.

---

175 Tridon - Psychoanalysis and behavior - pág. 204.

Se tiver a ventura de achar a lembrança da emoção que causou a doença, o hipnotizador fará sentir ao paciente que todo o seu mal veio dessa emoção e que, portanto, agora, explicada a origem, ele nada mais terá.

A afirmação corrente dos psicanalistas é que tal revelação basta para pôr termo à doença. É o que eles chamam o *método catártico*.

★ ★ ★

Há ainda o emprego da scopolamina ou do éter, que se tem feito para a descoberta dos "complexos" ou da ideia traumática reprimida. O Dr. Emile Mira dá primeiro uma injeção de meconato de morfina e scopolamina e, uma hora depois, uma injeção de sonífero. Trata-se no fim de contas de um estado de sonambulismo obtido quimicamente, durante o qual a pessoa responde de um modo automático a verdade a tudo aquilo que se lhe pergunta.[176]

É também um excelente estado para se darem sugestões.

Outro processo, para descobrir a emoção geradora da doença é o que emprega a escrita automática.

Dá-se ao doente um lápis e diz-se-lhe que sua mão vai escrever qual foi a causa do seu primeiro ataque, e contar o que nessa ocasião mais o tinha impressionado. Ele não saberá o que está escrevendo.

Assentada a mão do paciente sobre o papel, o hipnotizador começará a distrair-lhe a atenção. Que o papel seja bem grande e esteja bem fixado, para que o doente possa escrever à vontade. Que, por outro lado, o braço esteja comodamente apoiado, de modo a mover-se o mais facilmente possível. O hipnotizador pode então pedir ao paciente que recite alguma poesia, - ou que faça cálculos mentais, que lhe irá propondo, - ou que diga a tabuada...

O essencial é não permitir que o doente preste atenção ao que sua mão está fazendo.

Se depois de se ter tido a maior paciência, esperando, a mão se conserva inerte por muito tempo, estimulá-la com um pequeno empurrão ou mesmo obrigá-la a escrever as primeiras palavras: "Eu vou dizer o que me fez ficar doente...".

Mas, durante todo o tempo obter que o paciente esteja sempre falando, ou respondendo a perguntas, ou recitando coisas diversas.

---

176 Dr. R. E. House -The use of scopolamin in criminology. - Ibidem - The drug scopolamin. - Dr. P. R. Vessie - Scopolamin Work in Psychiatrie Work - H. Claude Dorel et G. Robin - Un nouveau procédé d'investigation psychologique (Encéphale, vol. 19, n. 7, Juillet - Aout, 1924). E. Mira – Un nouveau métode d'exploration du subconscient - (Anuais de Ciences Médiques - Gener. 1926).

É muito possível que, nessas condições, o automatismo da mão nos traga a revelação do que está no Inconsciente.

O insucesso de um dia não é motivo para não voltar à carga.

Resumindo:

1°) sempre que a histeria se limita a um só sintoma como, por exemplo, a cegueira, a surdez, uma contratura, vômitos, etc. – a cura pela sugestão é, em geral, facílima;

2°) quando se trata de grande histeria, com ataques, convém espaçar os ataques e diminuir-lhes a intensidade até se poder sugerir a cura total;

3°) em todos os casos, sempre que se possa obter a autossugestão do doente, marcando ele próprio a data da sua cura completa, provocar essa autossugestão e reforçá-la energicamente, proclamando-a infalível;

4°) querendo ver se se descobre a causa profunda do mal, pela aplicação parcial dos princípios da psicanálise, sugerir que o paciente terá sonhos referentes à causa do mal;

5°) essa revelação é também possível pelo emprego de certos meios químicos (scopolamina, eterização, onirismo barbitúrico, etc.), e da escrita automática.

IMPOTÊNCIA

Que a impotência seja uma das doenças mais vulgares basta para prová-lo a abundância de anúncios nos jornais tanto médicos, como simplesmente noticiosos.

O autor de um dos melhores livros a este respeito, o Dr. Vecki[177] diz: "O tratamento psíquico é indispensável em todas as formas de impotência, exceto a orgânica. O tratamento psíquico forma a introdução e o fim de todos os outros meios de tratamento".

Em numerosíssimos casos a sugestão hipnótica é amplamente bastante. Em certa ocasião, por motivo ocasional, inteiramente fortuito, faltou a alguém a sua capacidade viril. Isso é suficiente para lhe criar o temor de novos encontros. E a impotência está firmada.

Uma simples sugestão em sentido contrário basta para destruir a primeira.

É aliás bom notar que, afora esse recurso, pouco resta. Na abundância dos remédios, a que acima se fez referência há uma prova disso... Os melhores, segundo parece, ainda são os extratos orgânicos: a opoterapia. Há, entretanto,

---

177 Vecki - Sexual impotence - Ver a 6ª edição, ou alguma posterior, se já houver.

até mesmo aparelhos para suprir a ereção. O famoso ”erector” de Paul Gassen, que, num processo célebre, tece em seu favor o depoimento de Kraft-Ebing, e o "penile splint" do americano Dr. William, figuram na lista. Resta, porém, saber se mesmo esses não agem em grande parte por sugestão.

De sugestões maléficas produzindo a impotência não faltam exemplos. Os feiticeiros, ou que se dizem tais, um pouco em toda a parte, usam a operação que se chama em França "nouer l'aiguillette". Ela consiste em tornar impotente um indivíduo qualquer. Faz-se principalmente contra os noivos na noite do casamento.

É claro que, se o noivo suspeita que lhe aplicaram a tal sorte de feitiçaria e se se deixa impressionar com isso, os fantásticos e inexistentes poderes do feiticeiro agem por sugestão e produzem efeitos completos.

O paciente médico, a quem eu aludo mais abaixo e que clinica em uma cidade de Minas, me disse que isso é corrente no sertão do Brasil e que na cidade em que ele vive há uma feiticeira, que se gaba de ter tido muitos sucessos desse gênero.

Esses feiticeiros e feiticeiras, que assim exploram a credulidade dos tolos, são não poucas vezes, os primeiros a acreditar na eficácia dos processos que empregam. Ees ganham das suas práticas, umas vezes com o que lhes dão os inimigos das vítimas que os pagam para esse fim: outras vezes das vítimas, que os recompensam para que eles suspendam os seus nefastos encantamentos. Mas ainda há uma terceira hipótese, também frequente: é quando as vítimas, exasperadas, liquidam os feiticeiros à força de pancada... Não raro o fazem injustamente, porque certos espíritos crédulos lhes atribuem intenções que eles não tiveram. O desfalecimento dos que em tais casos se supõem visados por qualquer feiticeiro, foi muita vez um acidente puro e simples de emoções, que, segundo parece, é frequente nas noites de núpcias.

Várias vezes tive ocasião de ser instado para tratar casos dessa ordem. De uma o paciente era um médico. Moço, forte, muito inteligente, muito instruído, tivera, um dia, um desfalecimento e passara a impotente. Noivo havia dois anos, adiava a cada instante o casamento por causa dessa miséria aparente.

O Dr. Vecki diz muito bem: "Suprimir o medo, restaurar a confiança do doente em si mesmo, constitui a cura em muitos casos da neurastenia sexual. Mas isto é muitas vezes de execução difícil, principalmente com pacientes que já se meteram a ler obras que se dizem de ciência popular. A dificuldade ainda sobe mais, tratando-se de médicos... Eu com eles encontro infalivelmente quase insuperáveis obstáculos".[178]

---

178 Vecki - op. cit., pág. 299.

O caso acima citado era bem característico, porque se tratava de um médico, espírito admiravelmente lúcido, que analisava melhor do que ninguém o que lhe sucedia. Mas isso não bastava para suprimir o mal.

Por um lado, a sugestão e por outro, o uso de injeções hormo-orqueínicas, puseram-no bom.

De outra vez, era uma pessoa realmente deprimida por excessos de trabalho e de fumo e por irregularidades de vida. O médico que o tratava dava-lhe injeções com doses crescentes de estriquinina, e eu, a pedido desse médico, lhe sugeria a desaparição da impotência.

Em pouco mais de um mês ficou bom.

O terceiro foi mais rápido.

Certa vez, ao ir ter um encontro, lembrou-se de súbito que tomara uma refeição pouco antes e o medo por isso fez com que perdesse toda a capacidade genital. Sua companheira, um pouco insultada com o insucesso dos seus encantos, zombou do rapaz. O caso lhe fez profunda impressão. Nunca mais conseguiu ter ereções.

A coisa já datava de três anos. Em uma sessão, ficou, porém, inteiramente bom. E, segundo me disse depois, o seu primeiro cuidado ao sair de junto de mim foi ir provar à sua zombeteira amiga, que ainda estava forte e válido...

Há uma causa profunda de certas impotências, que mais de uma vez a psicanálise tem revelado: é a de que se declara por motivo de alguma ideia criminosa, geralmente incestuosa, fortemente reprimida.

Ferenczy conta um caso típico. É a história de um homem, que desde a adolescência ficara impotente. Não tinha, entretanto, lesão alguma orgânica. Quando pretendia efetuar o coito, era disso obstado pela ejaculação prematura. Assim foi até os 32 anos.

O médico que o tratou suspeitou que devia haver alguma ideia reprimida, ou, como também se diz na técnica freudiana, algum complexo.

Esse doente era perseguido por sonhos eróticos, nos quais via sempre, de costas, uma mulher despida, de formas avantajadas.

O fato de se ver em sonhos de costas ou com o rosto por qualquer forma velado ou coberto, uma mulher, é sempre sinal de que se trata de alguém, que a pessoa que sonha não tem o direito de possuir. É, em geral, mãe, filha ou irmã.

No caso em questão, a análise mostrou que era uma irmã. Estava o paciente nos primeiros dias de sua adolescência, quando um dia, viu a irmã despida. Sentiu bruscamente um grande desejo sexual. Ou, se não chegou a sentir o desejo, pensou pelo menos na possibilidade de satisfazê-lo com ela. Acudiu-lhe, porém, o horror da hipótese. Daí lhe nasceu a impotência.

Que mecanismo psicológico há nesses fatos? Parece que o Inconsciente raciocina, dizendo que, se a pessoa tivesse toda a capacidade genital, seria capaz de ir até a prática de atos incestuosos. E o horror do incesto a torna impotente.

Ferenczy cita outro caso em que a ideia traumática foi a possibilidade de incesto com a mãe.[179]

Um médico brasileiro me referiu um fato mais ou menos do mesmo gênero. Um sujeito quis um dia violar uma cunhada. No momento mesmo em que estava prestes a executar o ato, pensou na indignidade que ia cometer e viu-se fisicamente impossibilitado de o levar adiante. Isso o encheu de horror por si mesmo. Teve, porém, a impressão louca de que era um sátiro, um fecundador tão formidável de tudo e de todos que não queria sequer olhar para as mulheres, porque até o seu olhar as podia tornar mães. E assim, chegou a uma forma bizarra de impotência por excesso de potência, evitando qualquer contato para não engendrar uma proliferação infinita de vidas.

O médico húngaro[180] assevera que fatos deste gênero são frequentes. Ele os trata, naturalmente, sendo como é, um psicanalista fervente, pela psicanálise. Stekel também afirma e exemplifica abundantemente que não se pode exagerar a frequência dos casos em que a impotência deriva do medo que o indivíduo tem de si mesmo, acreditando que, se fosse potente, poderia cometer verdadeiros crimes.[181]

Na clínica hipnótica, quando alguém ache um caso muito rebelde, que resista longamente às sugestões simples (o que aliás é infinitamente raro, desde que se obtém o sono profundo), pode, embora não aplique integralmente o método de Freud, aproveitar um pouco os ensinamentos. Para isso é naturalmente indicado tentar o que se diz sobre o emprego dos sonhos e da escrita automática na nota referente ao tratamento da histeria.

Mesmo, porém, sem ir até aí, o que se pode é, quando se veja que o caso não cede, apesar de não haver um motivo orgânico, tentar obter um sono bem profundo, recorrendo se tanto for mister, a qualquer dos recursos químicos (clorofórmio, éter, sonífero, etc.) Talvez isso baste, para que as sugestões ordinárias se tornem mais eficazes. E podem formular-se as sugestões, mais ou menos, nestes termos:

– Você teve, em certa ocasião, uma tentação sexual incorreta e imoral. Viu que era um verdadeiro crime que ia cometer e daí nasceu a sua impotência: foi um

---

179 Ferenczy - Contribuition to psycho-analysis - The analytical Interpretation of psycho-sexual impotence.

180 Ferenczy é perito médico-legal dos tribunais húngaros.

181 Stekel - The homo-sexual peuroeis - pág. 18.

meio que o seu espírito achou para impedi-lo de ter ideias dessa natureza. Mas esse meio é absurdo e excessivo. Você tem perfeita força de vontade para resistir às tentações de qualquer modo criminosas. Você vai, nos seus sonos, se lembrar nitidamente do desejo criminoso, que deu causa à sua doença. Desde já, porém, Você está inteiramente curado, inteiramente restaurado na sua capacidade viril. Se, por acaso, você tivesse ainda algum novo desejo criminoso, ver-se-ia incapaz de realizá-lo. Mas incapaz de realizar só a ele. Para todos os desejos legítimos ou toleráveis, você nunca terá impotência alguma.

Milne-Bramwell chama a atenção para os casos de impotência, que derivam da homossexualidade. O doente só sente atração por pessoas do seu próprio sexo. Para as do outro é absolutamente impotente.

Nestes casos, que são aliás os que mais resistem à cura, o essencial a tratar é a homossexualidade. Como, porém, os doentes, que vêm queixar-se de impotência, nem sempre aludem a este ponto, vale a pena interrogá-los a respeito.

INSÔNIA

Pensando na insônia, é necessário distinguir a que acompanha certas moléstias – e é necessário ser tratada com elas – e a que constitui, por assim dizer, a doença essencial.

No congresso anual, de 1925, da British Medical Association, vários médicos, entre os quais o eminente Sir Maurice Craig e o Dr. Hutchison, denunciaram como um espantalho sem razão de ser o medo que alguns têm de consentir no emprego de medicamentos para fazer dormir, com receio de que os doentes fiquem com o hábito de recorrer a eles. Um dos congressistas mostrou bem que há um hábito mais terrível, que se deve combater a todo o custo: o hábito de não dormir.

É raro que a insônia deixe de existir em todas as neuroses, ou de um modo permanente, ou por acessos.[182]

Wetterstrand tem o cuidado de fazer bem a distinção acima exposta. A insônia que acompanha certas moléstias, como a tuberculose e outras, é quase sempre facílima de remover pelo hipnotismo.

A insônia, que se pode chamar essencial, que é enfim a doença principal, sobretudo em certos estados de esgotamento profundo, mostra-se, às vezes, mais rebelde.

Wetterstrand cita, por exemplo, um caso dos mais difíceis. A doente, exausta por moléstias anteriores e por desgostos, não conseguia adormecer. Fo-

---

182 A. Adler -The pratice and Theory of individual Payehology – pág. 183.

ram necessárias quatorze sessões para chegar a esse resultado. O médico principiou por obter que ela não pudesse mover a mão, o braço... Depois dessas catalepsias parciais, obteve uma pequena anestesia. Foi assim, vendo, pouco a pouco, que estava ficando sob o domínio do hipnotizador, que a paciente acabou por aceitar a sugestão de sono.

Não é preciso querer produzir logo um sono profundo e longo. O Dr. Herrero, médico espanhol, diz: "...as curas da insônia se verificam em todos os graus da hipnose e até mesmo sem chegar a determiná-la nos doentes que resistem".[183]

O melhor é fazer a sessão de hipnotismo à tarde entre as 2 e as 5 horas e sugerir à pessoa que à noite, a uma hora que se fixará, adormecerá então normalmente.

Certa vez, eu tive a visita de um médico. Meses antes ele fora atacado de gripe. Clinicando em uma cidade do interior, tinha muito trabalho. Não pôde, portanto, fazer a convalescença que lhe era necessária. Daí uma insônia que a nada cedia.

Disse-me que receava ficar doido. Pediu-me que o hipnotizasse.

Fi-lo. Eram 4 horas da tarde. Mandei que às 7 horas sentisse um sono irresistível. Salvo caso de perigo: incêndio, entrada de alguém no quarto ou outra circunstância idêntica, só poderia acordar no dia seguinte às 9 horas da manhã.

O sono que eu obtivera fora muito superficial. Apesar disso, a sugestão teve êxito. Sucedeu mesmo um episódio engraçado. Ele não me contara que vira, antes de procurar-me, um colega que lhe receitara, para as 7 horas, um longo banho morno e uma porção de valeriana.

O resultado é que às 7 horas, quando quis tomar o banho, mal o pôde fazer: os olhos se cerravam. Teve de sair imediatamente e, sem tomar o remédio receitado, dormiu até o dia imediato um sono reparador, que o pôs inteiramente bom.

– Em Paris, certa vez, eu recebi a notícia de que uma moça, que eu conhecia e hipnotizava, estava doente, no Hotel-Dieu. Fui vê-la.

Muito enfraquecida, não conseguia dormir e mal se alimentava.

Felizmente, ela estava no leito nº 1, junto, portanto, à parede. Só assim eu me animada a fazer o que fiz, praticando o delito de exercício ilegal da medicina em um hospital estrangeiro. Mandei-a voltar-se para o lado da parede, que era o lado em que eu me achava, e disse-lhe que dormisse.

Na vasta enfermaria, em que uma grande multidão entrava e saía naquele dia de visitas, ninguém deu por isso. Ordenei à minha paciente que nessa noite dormiria profundamente, houvesse o que houvesse, salvo apenas o caso de algum perigo pessoal. Nenhum outro barulho a acordaria.

---

183 El hypnotismo y la suggestion, pág. 543

A ordem foi cumprida.

No dia seguinte, quando ela despertou, a primeira coisa que ouviu foi a censura de sua vizinha de leito, que a declarava uma desalmada:

– Vaus êtes une sans-coeur.

Por que? Porque uma das doentes da enfermaria tivera uma crise dolorosíssima, que a fizera gemer e chorar toda a noite, até, pela manhã, sucumbir.

Minha hipnotizada, a insone pobrezinha que nunca dormia, foi a única que dormiu nessa noite!

– É, porém, preciso contar com casos mais difíceis. Aí é uma das hipóteses em que mais se indica o emprego do clorofórmio, do éter, do sonifeno, do alonal ou de outro qualquer hipnótico.

Wetterstrand, que lançava mão do recurso do clorofórmio em casos tais, teve com ele muito sucesso.

Tendo de hipnotizar alguém para a cura da insônia, pode-se aproveitar para lhe dar a preciosa faculdade de adormecer quando quiser. Dir-se-lhe-á, por exemplo, que sempre que desejar dormir, bastará que, de olhos fechados, murmure baixinho entre os dentes, – "eu durmo... eu durmo... eu durmo..." – e à décima ou vigésima vez o sono virá. Convém acrescentar que esse sono será um sono normal, do qual o paciente poderá acordar quando quiser ou quando for necessário. Vale a pena firmar bem que ele não se julgue hipnotizado por esse processo.

Talvez, porém, ainda melhor, seja ensinar-lhe a fórmula de Coué, a que aludimos no capítulo sobre a Nova Escola de Nancy, aconselhando-lhe que a empregue como dissemos ao final daquele capítulo.

Hugh Macnaghten um dos apóstolos ingleses do "couéismo", vice-diretor do famoso colégio de Eton, e de cujo livro tratamos no lugar próprio, chegou ao seu entusiasmo, porque, depois de ter, durante anos, passeado pelo mundo afora com uma insônia desesperadoramente rebelde, que nada curava, curou-se em poucos dias com o método de Coué.

Uma doente de Wetterstrand, que ele hipnotizara com o uso do clorofórmio, tomou espontaneamente o hábito de evocar o cheiro deste anestésico sempre que queria adormecer. É um recurso que se pode sugerir sem inconveniente, quando se tenha feito uso daquela droga.

LOUCURA

Pode o hipnotismo influir em casos francos de alienação mental? A questão é debatida mesmo entre hipnólogos célebres e geralmente resolvida pela negativa.

De fato, como várias vezes o fizemos ver, quanto mais são é um cérebro, mais fácil é de ser hipnotizado. Assim, a hipnotização das grandes histéricas já apresenta muito maior dificuldade do que a de pessoas normais. Resta saber se a de loucos será apenas mais difícil ou totalmente impossível.

Um grande médico francês, Voisin, gabou-se, entretanto, de ter hipnotizado algumas centenas de loucas, curando algumas e melhorando outras. Voisin era diretor de um asilo de alienados. Aplicava para conseguir os seus fins recursos de uma energia que espanta. Assim, por exemplo, a uma louca ele meteu em camisola de força, segura a cabeça por enfermeiros que lhe mantinham abertas as pálpebras. Sobre os olhos, durante três horas a fio, Voisin fez convergir uma lâmpada de magnésio!

A louca berrou, esbravejou, cuspiu no médico, mas, como ele se mantivesse inflexível, acabou cedendo, abatendo sua energia, adormecendo. E Voisin deu-lhe então as sugestões que o caso pedia.

Voisin nunca fazia experiência com os seus doentes. Usava frequentemente do sono prolongado por horas, dias e até semanas.

Forel, criticando as afirmações de Voisin, sem, entretanto, as pôr em dúvida, porque a probidade científica do ilustre médico sempre foi inatacável, disse que provavelmente as doentes eram histéricas.

Mas o próprio Forel, mais tarde, acabou citando casos indiscutíveis de loucura, em que ele próprio obtivera bons resultados. Em um, tratava-se de um doente que se julgava dirigido por um espírito, que regulava sua vida e o obrigava a fazer as coisas mais absurdas; em outros, tratava-se de um paranoico, com delírio de perseguição.[184]

Milne-Bramwell diz muito bem que afinal as sutilezas de diagnóstico pouco importam. O essencial é saber se é possível melhorar ou curar pobres diabos, que passam anos inteiros em asilos e hospícios, usam de uma linguagem torpe, recusam alimentação, atacam parentes e amigos e têm alucinações. Pouco importa que os chamem de histéricos. Para todos os fins práticos, eles são perfeitamente loucos.

Voisin os melhorava e às vezes os curava. Isso é o que se deve procurar fazer.

A prática de Voisin durou 18 anos. É alguma coisa de respeitável.

Mas por que – há quem pergunte – outros não têm conseguido o mesmo?

Em primeiro lugar, a afirmação é inexata: outros têm tido também casos, não tão numerosos, mas bastante eloquentes.

---

184 Milne-Bramwell - Op. cit., pág. 220.

Em 1897, o Dr. Woods, médico do Hoxton House Asylum, publicou a seguinte estatística:

10 casos de melancolia (em 8 havia alucinações).

Resultado: 6 curados, 3 melhorados, 1 sem efeito.

1 caso de mania puerperal. Curado.

3 casos de mania, 1 curado, 2 melhorados.

1 caso de demência. Insucesso total.

Outros médicos, Brémaud (de Brest) Velander (da Suécia), LiébeauIt, Benot e Milne-Bramwell mencionam também casos bem sucedidos.

Assim, as afirmações de Voisin não são únicas.

De mais a mais, os que as contestam não têm autoridade para fazê-lo. Para isso seria preciso que se tivessem colocado nas mesmas condições em que Voisin se pôs, repetindo as suas experiências do mesmo modo. Ora, a maior parte dos médicos não têm paciência. Eles despacham o expediente, às pressas, e quando o doente não se deixa curar em poucos minutos, logo o declaram incurável. Assim nós vimos Grasset pontificando que, para se hipnotizar qualquer pessoa, devem apenas fazer-se duas tentativas de cinco a dez minutos.

Voisin, para obter resultado, precisou tentar a hipnotização de vários loucos durante três horas a fio, repetindo o processo cotidianamente, por diversas semanas.

Não se sabe de outros experimentadores, sobretudo dos que lhe contestam as afirmações, que tenham revelado igual constância.

Em casos desesperados, quando o hipnotismo aparece como a única esperança, porque não ir até o processo do Dr. House ou o de Trousseau ou mesmo o do Padre Faria? Notem que aqui se diz: "em casos desesperados". Há, de fato, hipótese em que tudo é lícito tentar para salvar o doente. Não é uma dessas que ocorre quando alguém tem a obsessão do suicídio?

Assim, essas afirmações do grande médico francês estão de pé. Os que as refutam não têm o direito de fazê-lo, porque não repetiram as suas tentativas, com a mesma perseverança.

Milne-Bramwell, de cujo excelente livro eu resumo este debate, lembra que Voisin nunca começava por dar sugestões curativas. Ao princípio, ele fazia apenas os doentes dormirem durante uma ou duas horas. Por outro lado, empregava frequentemente o sono prolongado durante semanas, o que em todas as loucuras agitadas e agressivas não pode deixar de ser manifesta vantagem. Nos casos de ataques de manias, associados ao período menstrual, esse recurso é magnífico.

Não se precisa, de certo, hoje recorrer aos meios de Voisin para conseguir a hipnotização na loucura. A aplicação da eletricidade estática, em largas efluviações sobre a cabeça ou o emprego quer da morfina, quer de outros recursos químicos, resolveria o problema mais suavemente.

A paciente do Dr. Herrero, a quem aludimos no capítulo sobre processos hipnóticos, paciente que era aliás bem difícil, e que foi adormecida graças ao clorofórmio, era uma louca, sofrendo de mania.

Convém acrescentar que ninguém afirma que a proporção dos loucos curados pelo hipnotismo seja colossal. Voisin julgava poder apenas hipnotizar 10 por cento dos pacientes em que tentava aquele recurso. Em todo caso, mesmo essa cifra é digna de respeito.

★ ★ ★

Uma nota curiosa é que o emprego recente do sono produzido pela scopolamina, em casos de loucura,[185] para obter o que na técnica freudiana se chama a revelação dos complexos, importa na criação de um verdadeiro sonambulismo, por processo químico.

MORFINOMANIA

Teophilo Gautier, querendo mostrar a pobreza da imaginação humana, lembrou que ninguém tinha ainda podido inventar um oitavo pecado mortal.

Parece que o grande poeta francês não tem razão. A morfinomania, que é um vício – e portanto um pecado – representa, realmente, uma invenção moderna, que cabe na lista clássica dos 7 pecados mortais.

Foi o médico Wood quem propôs que se empregasse a morfina, em injeções hipodérmicas para acalmar a dor. Pouco depois, em 1875, se fazia a primeira comunicação de que esse benéfico recurso tinha, para muita gente, degenerado em um vício abominável. Essa comunicação foi feita por Levinstein à Sociedade de Medicina de Berlim.[186] Hoje essa praga se generalizou de um modo extraordinário.

A morfinomania é um dos vícios mais difíceis de suprimir, mesmo pelo hipnotismo. Não há paralelo entre o seu caso e o do alcoolismo.

Em primeiro lugar, convém saber que os morfinômanos não são facilmente hipnotizáveis. Depois, é sabido que a supressão do veneno lhes causa, nos primeiros momentos, sofrimentos atrozes.

---

185 P. R. Vessie - Scopolamin sleep in psychiatric work. – Passim.

186 Dr. Bertran Rubio - Hypnotismo y suggestion - pág. 183.

215

Há duas opiniões entre os hipnólogos que se têm ocupado com esse caso. Uns opinam que a supressão deve ser feita gradualmente. Outros a preferem brusca.[187]

Crichton-Miller expõe assim o seu método: "Faz-se com que o paciente entre em um estado comatoso ou semicomatoso, dando-lhe sedativos poderosos, e nesse momento, quando ele está sem o desejo de tomar a droga, usa-se a sugestão para abolir o costume de tomá-la. Essas sugestões procuram, por um lado, associar à morfina todas as sensações más que o doente experimente e, por outro lado, dar--lhe o desejo de, por exemplo, beber café forte. Ao mesmo tempo, se diz que, de futuro, qualquer preparação de ópio em vez de lhe proporcionar uma sensação de calma lhe suscitará um grande mal-estar, que irá até o desejo de vomitar."

Curioso de saber quais eram os "sedativos poderosos" a que o médico inglês se referia e em que dose os dava, escrevi-lhe a tal respeito e ele teve a gentileza de me responder, mandando-me um trabalho, que anteriormente publicara no British Medical Journal, de 19 de novembro de 1910.

A maneira pela qual ele administra o remédio está sintetizada no quadro que vai adiante.

Durante os três primeiros dias, ele vai dando doses de morfina, em injeções, e de bromureto de sódio, em porções. Estas são constantes: sempre de 5 gramas cada uma. As de morfina vão progressivamente diminuindo. No fim do terceiro dia se para. O doente acha-se então em estado semicomatoso. Nele fica por mais três a seis dias, durante os quais é necessário alimentá-lo a leite, com intervalos regulares, e colocá-lo no urinol, de tempos a tempos, para esvaziar a bexiga e os intestinos.

Assim que o doente vai recuperando a sensibilidade e já compreende o que se lhe diz, é o bom momento para hipnotizá-lo. O Dr. Crichton-Miller elogia muito, nesses casos as hipnotizações coletivas.

Seja como for, esse é o momento crítico. Preciso se torna saber dar as sugestões apropriadas com energia e constância – e manter os doentes fiscalizados.

O Dr. Crichton-Miller não acredita que se possa fazer nada de sério senão em casas de saúde apropriadas, com enfermeiras bem treinadas. Como regra, parece-lhe que o tempo de uma cura deve ser de nove semanas, durante as quais é indispensável procurar distrair o doente, o mais possível. Mas, como se vê, o grande esforço é o dos primeiros dias para quebrar o hábito vicioso.[188]

Crichton-Miller acha que o hipnotismo chega a ser quase o específico ideal para a morfinomania. Sua carta, escrita onze anos após o seu artigo, me diz

---

187 Moll - Hypnotism - pág. 308.

188 Crichton-Miller - Treatment of morphinomania by the combined method - pág. 4.

que, depois de se ter obtido o estado comatoso, chega-se a suprimir a morfinomania com uma rapidez, que surpreende.

Atualmente, ele emprega menos bromureto e dá largas doses de hioscina: não indicou, porém, de quanto elas eram.

No seu livro, o Dr. Crichton-Miller citava o caso de uma senhora de quarenta anos, tuberculosa, que por causa da tosse se habituara a tomar doses de morfina, que subiam a 35 centigramas por dia. A supressão foi de uma facilidade rara. Nada de sedativos. Só se empregou a sugestão hipnótica. Entre outras coisas lhe foi sugerido que a morfina, em qualquer dose ou forma, a poria imediatamente doente.

Cerca de seis meses depois, ela teve uma forte hemorragia e a enfermeira, sem a consultar, deu-lhe logo uma injeção de morfina. A paciente daí a poucos minutos vomitou abundantemente.

Outros escritores citam casos diversos de cura, insistindo na dificuldade de se obter a hipnose profunda; mas não dizendo nada de original. Só quem dá um método próprio, que ele põe muito em relevo, é Wetterstrand, o grande e consciencioso médico sueco, que por ocasião de publicar o seu livro já tinha tratado 14 casos de morfinomania.

Ele refere um, em que tentou hipnotizar certo morfinômano durante dez sessões seguidas sem alcançar absolutamente nenhum resultado. Só a partir de então é que foi obtendo algum sucesso e ao fim de 34 sessões o doente veio espontaneamente trazer-lhe a seringa hipodérmica.

Aí, porém, nada fez de original.

O método especial de Wetterstrand para a cura da morfinomania é o do sono prolongado.

Ele o aplicou pela primeira vez em uma doente que estava tratando havia dois anos, sem êxito. Propôs-lhe adormecê-la por três semanas e ela aceitou. Dormiu duas noites e um dia – e acordou, faminta da sua droga predileta. Wetterstrand lhe deu então uma injeção pequena. Tornou a adormecê-la – e adormecida a manteve por três semanas.

Quando acordou, acordou curada.

Wtterstrand escreve: "Caso me perguntassem se este tratamento pode ser seguido e repetido contra o morfinismo, creio que responderia afirmativamente. Empreguei o sono prolongado em três outros casos e obtive bons resultados. Continuarei no futuro a proceder assim.

Nem sempre é preciso que o sono seja profundo. Parece melhor que o médico visite frequentemente o doente, porque assim o sono se torna cada vez mais profundo e eu creio que, com esse sistema, se chega a bom resultado mais facilmente.

De um modo geral, este tratamento pode ser continuado com facilidade maior em hospital".[189]

Compreende-se, aliás, o motivo do sucesso deste sistema: a grande dificuldade a vencer é a de quebrar o hábito do vicioso; dificuldade que é formidável, sobretudo nos primeiros dias. O sono prolongado remove o mal.

Nenhuma droga poderia conseguir este resultado.

NEUROSE HOMOSSEXUAL

Tinha aparecido a segunda edição deste livro, quando me procurou jovem advogado de um dos Estados do Norte. Vinha por indicação de um médico seu amigo, que o aconselhava a isso.

Resisti um pouco; mas confesso que a curiosidade do caso deu-me o desejo de ocupar-me com ele.

O paciente tinha 24 anos. Formara-se havia apenas um ano em uma das nossas Faculdades de Direito e habitava no Estado em que nascera em companhia da mãe, viúva.

Disse-me que ultimamente tinha começado a sentir uma verdadeira paixão homossexual por um menino de suas relações. Não tinha atração alguma por mulheres. Sentia o que nisso havia de mórbido e procurava dominar-se. Não o conseguia. A tentação doentia obsedava-o. Daí contínuas insônias. Perdera os seus hábitos de trabalho e pensava frequentemente no suicídio. Poderia o hipnotismo curá-lo?

O meu desejo de tirar a limpo essa possibilidade veio principalmente de que eu acabara de ler a tradução do livro de STEKEL - The homo-sexual neurosis, que então aparecera nos Estados Unidos.[190]

Stekel considera que na maior parte dos casos – ou, se não na maior parte, ao menos em um grandíssimo número, o homossexualismo provém de certas impressões de infância. Uma das mais comuns é a que recebem certos filhos muito queridos, sobretudo de mães formosas, que vivem num excessivo carinho materno.

A imagem da mãe se lhes fixa de tal modo, indelével e inconscientemente, no espírito, que é deveras a só pessoa por quem sentem um afeto profundo. Mas porque há nisso todo o horror do incesto, não lhes sendo lícito possuir a

---

189 Wetterstrand - L'hypnotisme et ses applications à la medicine pratique -pág. 130.

190 O livro de Stekel chama-se em alemão Onanie und Homo-sexual ts. Eu o li em Inglês desdobrado em dois: Bi-sexual love e The homo-sexual.

única mulher que realmente amam, desistem de amar mulheres. Chegam por aí ao homossexualismo.

Há ainda outro mecanismo psíquico tendente ao mesmo resultado: é o caso de filhos cujos pais maltratam as mães. Testemunhas desses fatos, em uma idade na qual muitos pensam, enganados, que as crianças nada entendem, o horror do procedimento dos pais faz com que não queiram imitá-los. E porque não desejam imitar as relações entre homem e mulher que viram entre o pai e a mãe, evitam esse mal possível, não querendo saber de mulher alguma.

É bom dizer que eu não estou defendendo a teoria de Stekel. Nem aliás a minha defesa ou o seu ataque lhe dariam ou lhe tirariam valor. Há aqui apenas uma exposição das ideias do grande médico vienense.

Não se precisa acentuar que todos aqueles raciocínios, se passam na cerebração inconsciente do indivíduo; ele não tem a menor noção dos fatos, que só a psicanálise revela.

E só a psicanálise as cura na opinião do autor austríaco, que formalmente declara ser inútil o emprego do hipnotismo. "O método terapêutico apropriado não pode nunca ser o hipnotismo".[191]

Mas Kraft-Ebing, no seu velho e clássico tratado de aberrações sexuais, tem numerosos casos de homossexualidade curados pela sugestão hipnótica.[192]

Buscando saber quem tinha razão, eu quis experimentar.

O caso, que se me oferecia, podia entrar na teoria de Stekel, porque o paciente passara a infância junto da mãe, que era e é formosíssima.

Logo depois do casamento, ela partiu daqui para o Norte. O pai viveu apenas quatro anos após o casamento. Durante esse tempo tornou-se um alcoólico, dado a cenas de violências. Maltratava frequentemente a mulher.

Assistira o meu paciente a alguma dessas cenas? – Não me soube dizer imediatamente. Dias depois, porém, me mostrou uma carta da mãe, a quem mandara perguntar o fato, em que ela referia uma daquelas cenas: o pai entrara em cena, não só embriagado, como tão excitado que a mulher, cheia de terror, se trancara com o filho em um quarto. Furioso, o ébrio procurou arrombar a porta, do que só depois de muitos esforços vãos, desistiu.

Pode-se imaginar a impressão dessa cena terrível, que deve ter ficado na memória da criança. Se, portanto, o que é lícito chamar a etiologia psicológica su-

---

191 Stekel - The homo-sexual neurosis - pág. 305.

192 Kraft-Ebing – Psychophatia Sexualis – Trad. francesa

gerida por Stekel é, às vezes, verdadeira, o caso de que me ocupava tinha todos os requisitos para entrar nele.

Hipnotizei o paciente, sem nunca aliás obter sono profundo, com esquecimento ao acordar.

Mas apesar disso o êxito foi completo.

Sugeri-lhe, primeiro, o fim de suas insônias, que passaram imediatamente. Procurei dar-lhe sonhos eróticos femininos e finalmente tive a satisfação de vê-lo curado e restituído à sua profissão.

Kraft-Ebing é que tem razão!

Sem dúvida, eu expus ao paciente a origem possível do seu caso; mas isso não importava em fazer psicanálise, porque não obtivera pelos processos de Freud revelação alguma.

Logo ao primeiro dia em que experimentamos o hipnotismo, pedi-lhe que me trouxesse sempre os sonhos que tivesse.

Ele me trouxe um, em que havia certas coisas curiosas, que se relacionavam evidentemente com o tratamento.

Sonhara que eu o perseguia. Correndo, achava de espaço em espaço um muro. Aproximando-se do muro, via que onde ele acabava, começava a pequena distância, mais atrás, outro. E havia assim uma série.

Em dada ocasião, procurei amarrá-lo com correntes. Ele se debatia, perguntando-me irritado, se eu estava louco ou se aquilo era um novo tratamento. Acordou nessa ocasião.

Em todo o sonho, eu aparecia com a cabeça de meu irmão, Dr. Maurício Medeiros, que é médico. O paciente tinha a certeza de que comigo é que estava falando, mas via apenas distintamente a fisionomia do meu irmão.

Embora eu tenha recentemente o costume de pedir sempre os sonhos dos pacientes, não me meto a fazer psicanálise barata, de amador, a não ser quando a interpretação do sonho seja evidente e, sobretudo, possa servir como sugestão.

Aí se achavam bem essas combinações. A fusão de minha personalidade com a de meu irmão vinha de que o paciente o conhecia. Procurando a mim, como se eu fosse médico, quando na minha família o médico era outro, fundia o que estava agindo naquela qualidade e o que a tinha de fato – É o mecanismo da condensação, a que Freud alude frequentemente.

Por outro lado os obstáculos que iam surgindo a cada passo eram manifestamente os que o tratamento tinha de vencer.

Seja, porém, como for, a cura se fez. É o essencial.

OBESIDADE

Certo dia, eu tive a surpresa de me encontrar diante de um latagão, extremamente gordo e forte, que me pedia para hipnotizá-lo. Trazia-me a apresentação de um amigo médico.

– Mas que é que o Sr. tem?

– Sofro do coração; sofro, sobretudo, de obesidade.

– E que pode o hipnotismo fazer num caso desses?

O doente tinha lido este livro e recitou-me a frase do capítulo sobre as aplicações terapêuticas da hipnose, em que se diz que ela pode servir sempre, mais ou menos, para tudo.

Era forçar-me ao silêncio. Disse-me que o pior dos seus males era a obesidade e alguns médicos, tanto daqui como do Estado em que residia, lhe diagnosticavam moléstias do coração e até mesmo gordura neste. Tendo 1,78 de altura, pesava 103 quilos. Mostrou-me o que lhe haviam receitado e disse-me que lhe tinham aconselhado que fizesse exercício, ao menos andando cada dia duas horas. Declarava, porém, que isso lhe era impossível, porque, saindo do estabelecimento comercial em que estava e onde o seu serviço era eminentemente sedentário, não tinha tempo para nada.

Tentei hipnotizá-lo e tive a satisfação de adormecê-lo rápida e profundamente logo no primeiro dia.

Sem muito saber (humildemente o confesso) o que devesse fazer nessa primeira vez, disse-lhe apenas durante o sono, que ia ensinar-lhe uma fórmula para ele repetir todas as noites, vinte vezes a fio. Assim que começasse a repeti-la, sentiria um indescritível bem-estar em todo o organismo, bem-estar cada vez maior ao passo que continuasse a repetição da fórmula. Insisti em que teria uma impressão maravilhosa de melhora, com a profunda e absoluta convicção de que ia ficar bom, diminuindo a excessiva gordura, deixando de ter palpitações. A vigésima repetição, dormiria calmamente até o dia seguinte. – E a fórmula que lhe ensinei foi a de Coué.

No dia seguinte, assegurou-me que passara admiravelmente.

Hipnotizei-o de novo, mandei que continuasse a usar da fórmula de Coué e disse-lhe que todas as manhãs assim que acordasse faria, durante quinze minutos, exercícios de respiração, como eu lhe explicaria. Desde que tivesse terminado a sua toilete matutina, sentir-se-ia incomodado enquanto não fizesse os exercícios: o mesmo lhe sucederia à tarde, antes do jantar, enquanto não tivesse executado esses exercícios. Isso constituiria para ele uma necessidade urgente, imperiosa, a que por preço nenhum poderia furtar-se.

Quando acordou, ensinei-lhe o que deveria fazer. Diante de uma janela aberta ou ao ar livre, tomaria largas inspirações, regulares e lentas, e expiraria com a mesma lentidão. Para exercitar as inspirações lentas e profundas, melhor seria começar ritmicamente, fazendo três largas inspirações a seguir e depois três expirações. Cada inspiração, deveria durar, mais ou menos, um segundo, Quando já pudesse executar esse programa, passaria a fazer, primeiro seis inspirações, em dois grupos de três, com o intervalo de um segundo: primeiro três, depois a pausa, depois outras três, no mesmo ritmo. Só então expiraria, Após haver acertado bem esse compasso, passaria então à inspiração de nove segundos, divididos em três grupos de três.

– E o Sr. acha que isso tem importância? - perguntou-me ele, sorrindo ceticamente e começando a achar-me ridículo.

– Uma importância decisiva. Aliás o senhor terá para medi-la um meio iniludível: a sua balança.

Ao fim de uma semana, em que nada mais fizera senão isso, entrou no meu escritório radiante: a balança acusava, de fato, que ele diminuíra dois quilos.

Juntei então às sugestões anteriores apenas uma, que só faria duas refeições por dia e que essas seriam frugalíssimas: abolição completa de farináceos e mesmo de pão; redução ao mínimo de bebida; ao almoço, um pouco de peixe e um bife; mas sem molho ou acompanhamento de qualquer espécie. Era o que o seu médico lhe havia indicado.

– Mas eu morro de fome! – exclamou o meu doente. E acrescentou: - sinto muito; mas creio que vou desobedecer-lhe.

Eu insisti:

– Tenho absoluta certeza de que não vai. Ao contrário do que pensa, não lhe será possível deixar de obedecer-me.

De fato, eu lhe sugerira que só comeria o que eu lhe dissesse e isso sem fazer sacrifício nenhum, porque não teria apetite para mais. Não desejaria comer senão o que eu lhe prescrevera. A ideia de tomar mais alimento lhe causaria invencível repugnância.

E o programa se cumpriu religiosamente. O paciente me contou que em um dos gracejos habituais da casa de pensão em que vivia verem o seu prato encher-se e esvaziar-se. Quando ele se limitou a servir-se de um pratinho modesto, ninguém cabia em si de espanto – e enquanto uns perguntavam se estava doente, outros indagavam se estava apaixonado.

O mais espantoso foi, porém, ele mesmo, ao sentir que não tinha apetite, senão para o que eu prescrevera.

E assim passamos outras três semanas. Ao fim delas, diminuíra mais 5 quilos! Estava com 91. Sentia-se alegre, bem disposto, sem palpitações.

Como tivesse de voltar para S. Paulo dentro de quinze dias, pensei em uma suprema experiência: submetê-lo ao método de Guelpa, por três dias. Esse método, os médicos o sabem, consiste em um jejum absoluto, acompanhado todas as manhãs de um purgativo salino. Jejum – torno a dizê-lo – absoluto: só um mínimo de água.[193] Tendo conhecido uma pessoa que o aplicava frequentes vezes, eu sabia que era perfeitamente praticável e indiscutivelmente útil.

Só revi o meu paciente nove dias depois, antevéspera da sua partida para o seu Estado. Estranhei-lhe a ausência. Tivera alguma coisa?

– Foi bom que o Sr. me dissesse que não devia pagar-lhe nada e que nem mesmo me aceitaria qualquer presente.

Franzi o rosto, um pouco admirado daquela alusão descabida. Mas o paciente continuou:

– Estou lhe dizendo isso, porque, se precisasse pagar a qualquer médico, não sei como o faria: o Sr. arruinou-me, tive de mandar fazer toda minha roupa nova.

Estava com 87 quilos!

Fora isso o que o impedira de sair de casa. Hipnotizei-o pela última vez: confirmei-o no hábito de repetir a fórmula de Coué, no hábito de fazer exercícios respiratórios (que ele então fazia durante meia hora de manhã e meia hora à tarde) e no regime de comer pouco.

E deixei-o bom, feliz, alegre, divertindo-se com o espanto que iria causar aos seus conhecidos, que não queria por preço algum que soubessem ter ele sido hipnotizado. Fazia desse segredo uma questão capital.

★ ★ ★

É interessante comentar esta observação. Foi o hipnotismo que fez essa cura?

Tudo está em saber o que se entende por tal pergunta. Evidentemente se eu dissesse ao paciente que no dia seguinte estaria bom, perderia tempo. Seria um pouco difícil derreter-lhe 16 quilos de banha por sugestão. Dei-lhe, porém, a fazer exercícios respiratórios, estabeleci-lhe uma dieta e obtive que empregasse o método de Guelpa.

Para isso, dir-se-á, não era preciso hipnotismo. É porém, um engano.

Nada há tão formidavelmente poderoso como tudo o que concerne à respiração.[194] Basta fazer este raciocínio: qualquer remédio, por mais fraco que seja,

---

193 Dr. Goelpa - La méthode Guelpa.

194 Hoper-Dixon - The art of breating - Harry Campbell - Respiratory exercises in the treatment

tomado 20 vezes por minuto, não pode deixar de ser poderosíssimo. A respiração é esse remédio: toma-se de 18 a 20 vezes por minuto.

Se um indivíduo está doente do coração, pode bem ser porque os pulmões não funcionam bem. O coração, na sua tarefa de mandar o sangue para eles, acha um obstáculo acima do natural. É forçado assim, 20 vezes por minuto, 1200 vezes por hora, 28.800 vezes por dia a lutar contra um embaraço. Desde, porém, que exercícios respiratórios convenientes abriram as vesículas pulmonares dando-lhes facilidade de movimento, o coração vê a sua tarefa imensamente facilitada e recebe aliás um sangue melhor, mais oxigenado.

Quando se queira pensar no que representam ações mínimas, incessantemente reproduzidas, pode-se lembrar a colossal imagem de São Paulo, em Roma. É uma formidável estátua de bronze. No entanto, seu pé está gasto pelos beijos dos fiéis, há vários séculos.

Pode alguém calcular que porção mínima de bronze levou cada fiel nos lábios, ao dar um beijo? Certo que não. No entanto é positivo que alguma há de ter sido para que a estátua de bronze fosse assim ficando puída pelos lábios dos crentes.

É uma influencia desse gênero, para bem ou para mal, que exerce uma boa ou defeituosa respiração 22.800 vezes por dia, 10,5 milhões de vezes por ano!

Mas, pode alguém dizer, que, para se fazer exercícios de respiração não se precisa de hipnotismo.

– Não, de certo. O que há apenas é que, se um médico os receita, perde em geral o tempo. O doente não o toma a sério.

É bem conhecida a psicologia da infinita maioria dos doentes. Eles só têm confiança em remédios visíveis e tangíveis. Um remédio escuro e amargo inspira mais confiança do que outro transparente e insípido. Um desinfetante precisa feder, ter um cheiro violento. O sucesso da água oxigenada está em que os doentes a veem "ferver" sobre as feridas.[195]

É exatamente por isso que, apesar da seu formidável poder, os exercícios de respiração são tão pouco receitados. Quando algum médico os quer prescrever, manda fazer certos exercícios de ginástica. E como esses sempre se veem, se percebem claramente, sobretudo, se são executados com aparelhos, chegam, às vezes, a ser levados a efeito. Mas isso é raro e não acontece com os exercícios puros de respiração.

---

of dissease - Dr. Schozaburo Otabe - The science and art of deep breathing.

195 WiIIlam Forbusch - How the doctor looks to the layman - (Journal of American Medical Association, n. 22-12-23).

O hipnotismo, no caso que se está aqui analisando, serviu apenas para criar a necessidade, a vontade imperiosa de o doente fazer aqueles exercícios, à hora certa, por uma duração certa.

O que curou o doente não foi, diretamente, o hipnotismo, foram os exercícios respiratórios. Mas os exercícios respiratórios não teriam sido feitos sem o hipnotismo.

Foi também a dieta.

É bem provável que 90% dos obesos se curassem só

com uma dieta apropriada. Os médicos perdem, entretanto, o tempo a receitá-la. Em geral, os doentes não lhes obedecem; continuam a comer o que lhes apetece, embora prontos a tomar todos os remédios – tiroidina à frente, mesmo quando ela é formalmente contraindicada para emagrecer.

No caso do meu doente, o que fez a sugestão hipnótica foi tirar-lhe o apetite. A dieta não se tornou para ele um sacrifício. Eu lhe disse claramente que, desde que tivesse comido o pouquinho que era necessário, sentiria um tão profundo bem-estar, uma tão plena satisfação, que não desejaria comer mais nada e não faria com isso sacrifício algum. Teria até espanto e nojo, vendo alguém comer muito.

Privar-se de alimento como remédio, embora desejando comer, pode ser uma tortura. Não era o que sucedia com o meu doente, que não tinha a impressão de privar-se de nada: ficava amplamente satisfeito com a décima parte (o calculo é dele) do que comia outrora. Outrora, entretanto, ele mesmo me disse que, às vezes, tendo devorado um jantar opíparo, tinha pena de não poder comer ainda mais!

Quanta senhora elegante, que deseja emagrecer, não se sente incapaz de resistir aos prazeres da mesa e se em pequena parte resiste é, ainda assim, fazendo real sacrifício! Uma oportuna sugestão faria muito mais pela sua saúde e pela sua elegância do que a tiroidina, que ela toma.

Resta o método de Guelpa. Ele é eficacíssimo em um grande número de doenças. Não se acha, porém, muita gente com o heroísmo necessário para um jejum absoluto de três dias ou mais. Esse heroísmo passa, entretanto, a ser uma coisa sem mérito algum, para quem foi convenientemente hipnotizado. Em último recurso pode-se até fazer com que a pessoa fique, durante a maior parte do tempo, inteiramente adormecida, descansando.

Deixando, portanto, de lado o efeito possível da fórmula autossugestiva de Coué, é lícito dizer que o meu doente não se curou pelo hipnotismo: o que o pôs bom foram os exercícios de respiração, a dieta e o método de Guelpa.

Mas como nem exercícios de respiração nem a dieta (que lhe fora em vão recomendada por todos os médicos que o haviam tratado) ele faria sem o hipnotismo, bem vistos estes autos, quem o curou sempre foi o hipnotismo...

★　★　★

E que parte pode ter tido a fórmula de Coué?

Talvez muita. Dita simplesmente, por alguém que não foi previamente hipnotizado a fórmula célebre raramente terá efeito, a não ser em pessoas muito autossugestionáveis; mas dita depois de hipnotizações reiteradas e, portanto, com uma fé profunda, a situação é diferente.

– Como, porém, a autossugestão pode emagrecer alguém?

– De um modo muito simples: aumentando a secreção da glândula tiróide: em vez de comprar tiroidina na drogaria, fabricá-la dentro do próprio organismo.

PRISÃO DE VENTRE

Um grande médico inglês disse de quem soubesse curar a sífilis e a prisão de ventre que conheceria nove décimos da medicina.

Diante da sífilis, o hipnotismo quase nada pode fazer. Quando muito, conseguirá melhorar passageiramente um ou outro sintoma.

Diante, porém, da prisão de ventre, a situação é muito melhor. Esse mal, que para uns é apenas um pequeno incômodo, para muitos chega a ser uma verdadeira doença. Ela figura, entretanto, no número das que mais facilmente cedem à sugestão.

Forel, que estuda longamente as suas causas, diz que, de todo modo, "a constipação habitual do ventre deve ser considerada um hábito patológico do sistema nervoso central".[196] Daí a influência que sobre ele pode ter o hipnotismo.

E o grande médico suíço escreve em outro ponto: "Todos sabem quantas pessoas sofrem de constipação e como essa desordem funcional pode tornar-se grave e dolorosa. A muitos isso tira todo o valor à vida. A Humanidade tem maior benefício em ver tais perturbações removidas do que em ocupar-se com o diagnóstico e o tratamento de moléstias incuráveis como a apoplexia, a paralisia geral dos loucos e outras idênticas, contra as quais todo o peso dos nossos conhecimentos se revela desesperadamente impotente".[197]

Forel cita um autor alemão, Delius, que, em 84 casos de constipação curou pelo hipnotismo 67, melhorou 13 e só não conseguiu nada em 4. Já é uma bonita estatística. Há outras idênticas em quase todos os hipnotizadores.

---

196 Forel – Op. clt., pág. 229.
197 Forel - Hypnotism or suggestion and psychoterapy – pág. 235.

Convém, quando o médico tenha de tratar um caso destes, seguir certas normas, que Forel indica. E não é mau completá-las com um conselho de Crichton-Miller.

Em primeiro lugar, vale a pena hipnotizar o paciente tão profundamente quanto for possível. Sugerir-lhe então que no dia seguinte e em todos os demais, de manhã, terá um grande desejo de evacuar. Esse desejo se tornará imperioso assim que começar a escovar os dentes.[198]

É bem claro que só se faz esta última sugestão para dar à outra uma espécie de ponto de apoio, de modo que a primeira ação sirva de meio mnemônico para a segunda.

Convém dizer ao doente que talvez no primeiro dia a defecação não seja ainda muito fácil; mas que, apesar disso, se produzirá e se repetirá então, cada vez mais espontaneamente, nos dias imediatos.

Além do hábito vicioso do intestino, pode haver outras causas de constipação, algumas até de ordem anatômica, a que, nesse caso, é preciso atender - nunca, porém, com o emprego de purgativos. É pelo menos esse o conselho de Forel.

Os psicanalistas mostram que em alguns neuróticos a constipação habitual é, em parte, desejada inconscientemente, porque a saída das fezes, quando acumuladas, lhes proporciona um verdadeiro gozo sexual. É uma espécie de autopederastia de dentro para fora.[199]

Por estranha que seja esta afirmação, a verdade é que figura em quase todas as obras dos que se têm dedicado à psicanálise.

Em geral, dizem ainda eles, são as crianças que tinham essa, tendência, que, passando a adultos, conservam o hábito de ler jornais e até livros no momento em que vão defecar: é um modo de continuar o prazer da evacuação, fazendo-o durar mais tempo.

Brill, expondo ideias de Freud e tentando explicá-las, diz que as pessoas que revelam o autoerotismo anal são metódicas, econômicas e teimosas.[200]

Mas, tratando apenas dos casos correntes, sem a indagação de tão estranhas causas, convém não esquecer as regras abaixo:

- sugerir a evacuação regular a uma hora certa, de preferência pela manhã;

---

198 Crichton-Miller - Hypnotism and disease - pág. 195.

199 "The retention of fecal masses at first international in order to utilize them, as it were, for masturbatic excitation of the anal zone, is at least one of the roots of constipation so frequent in neuropath". - Freud - The contributions to the theory of sex.

200 Brill – Psychoanalysis – pág. 32

- ligar essa sugestão a um ato qualquer que se pratique todas as manhãs: nenhum melhor que o hábito de escovar os dentes;
- dizer ao paciente que talvez no primeiro dia as coisas não se passem muito facilmente, mas que a facilidade aumentará dia a dia;
- proibir que, no momento em que vai evacuar, se ocupe com leituras ou com qualquer outra coisa;
- repetir essas sugestões durante um certo número de dias consecutivos.

TIQUES

É realmente formidável, o número de pessoas que têm frequentes movimentos espasmódicos, ora da face, ora, da cabeça, ora de outras partes do corpo. É, porém, na face que mais se nota isso.

Há pessoas que, de instante a instante, mordem ou os lábios ou a parte interna das bochechas. Há outras que piscam violentamente os olhos. O tique célebre de Napoleão, que consistia em levantar os ombros, é dos menos frequentes. Em muitas pessoas, porém, esses trejeitos se tornam profundamente ridículos e em algumas os tiques são dolorosos.

De um modo geral, o tique "teve ao princípio uma razão de ser, um fim. Esse fim é indicado por uma causa à qual é quase sempre possível remontar e que dá a explicação da reação motora. Mais tarde a causa desaparece, ao passo que o gesto por ela provocado persiste. Pela circunstância de não ser aparente, não se deve concluir que não tenha nunca existido".[201]

Meige e Freindel, a quem pertencem as apreciações que acabam de ser lidas, estudam os vários meios de cura dos tiques. Entre eles falam da sugestão hipnótica – mas infelizmente falam para dizer um despropósito: que a sugestão só é verdadeiramente aplicável aos histéricos...[202]

É o velho preconceito...

Não obstante, esses autores são os primeiros a dizer que os tiques são raros entre os histéricos e a citar vários casos de tiques curados por grandes hipnólogos, que não acharam nos doentes nenhum sintoma de histeria!

Wetterstrand, Van Eeden, Van Renterghem, Moll, Tatzel e outros, numerosos, citam casos, em que ninguém descobre vestígio algum de tal doença. E são os mais variados que é possível desejar.

---

201 Meige et Feindel - Les tics et leur traitment - pág. 174.

202 (2) Op. cit., pág. 537.

Tatzel tratou de um magistrado, cuja boca e pescoço eram a cada instante entortados espasmodicamente de tal modo que ele mal podia falar. A cabeça era sacudida para traz e para diante com força. Isso lhe tornava a alimentação ora um pouco difícil, ora até impossível. Teve, por tal motivo, de abandonar o seu cargo.

Alguns meses de tratamento o puseram bom.[203]

Van Renterghem, em um caso de tique doloroso da face, que já durava havia três anos, começou por usar simultaneamente a aconitina e a sugestão, mas acabou limitando-se a esta última e obtendo a cura completa.

Em outro caso, a paciente estava com um tique doloroso havia já 26 anos.[204]

Wetterstrand narra a história de um menino de 10 anos, que tinha "movimentos espasmódicos incessantes dos músculos da face. Fazia contorções da boca, levantava as sobrancelhas e as pálpebras, remexia rapidamente com os lábios; desse modo, os músculos da face estavam em movimento". Seis sessões bastaram para o pôr bom.

Ainda o grande médico sueco narra o fato de uma formosa moça de vinte anos, "cujos traços eram desfigurados por movimentos convulsivos. Sua boca estava em perpétuo movimento, suas sobrancelhas se contraíam e não ficavam quietas um só momento".[205]

Wetterstrand usou de um processo que ele empregava frequentemente com pacientes muito sensíveis. Antes mesmo de hipnotizar a sua doente, que manifestava uma grande incredulidade sobre o êxito da intervenção, começou por sugerir-lhe que o braço dela estava cataléptico: não o podia dobrar nem mover. Tendo assim dado uma prova do seu poder, hipnotizou-a e, logo à primeira sessão, obteve uma grande diminuição de intensidade dos espasmos. Dez sessões além dessa completaram o tratamento, restituindo a calma e a beleza a um rosto que durante muitos anos estivera desfigurado.

Já me aconteceu curar em uma só sessão uma moça, que estava com o sestro de morder o lábio. Disse-lhe que não o fizesse mais; acrescentei que, se insistisse, cada vez que mordesse o lábio, sentiria uma dor agudíssima.

É preciso, contudo, nem sempre esperar que as coisas se passem assim tão rapidamente. Tatzel precisou meses e Wetterstrand semanas para levar a bom termo alguns tratamentos.

E ainda quando tudo pareça ter ficado sanado, convém insistir alguns dias mais, consolidando a obra feita pela sugestão.

---

203 Hilger - Hypnotism and suggestion – pág. 80.

204 Van Renterghem et Van Eaden - Plychothérapie - pág. 260.

205 Wetterstrand - Op. cit., pág. 74 a 76.

Nos casos crônicos, não é raro que haja reincidências. As vezes, após uma emoção violenta, o tique volta. Uma nova aplicação da sugestão hipnótica repõe as coisas em boa ordem.

Cumpre, entretanto, dizer que não faltam casos resistentes à sugestão. Valerá a pena aplicar-lhes o que se escreveu sobre a psicanálise e a escrita automática no parágrafo sobre a histeria.

A este propósito é bom advertir que nem sempre a causa que os doentes dão aos seus tiques é verdadeira, mesmo quando eles estão de perfeita boa-fé. A verdadeira está fortemente reprimida no Inconsciente. A que parece real ao próprio doente é um artifício mental com que ele esconde uma lembrança por qualquer motivo penosa.

Quando se quer suprimir um tique ligeiro, não doloroso, pode-se mandar que a pessoa não mais o tenha; mas que se, apesar da ordem, for fazendo o movimento espasmódico, sinta uma dor muito forte e não possa continuar. A dor torna-se assim uma advertência útil.

TIMIDEZ

A timidez, tão bem estudada por Hartenberg em um livro célebre, é para muitos uma verdadeira doença.

Ela vai desde a pequena hesitação modesta e normal até a impossibilidade formal de agir em casos, de que muitas vezes depende a fortuna e a dignidade.

Há de fato, pessoas que, a todo propósito e principalmente sem propósito algum, coram de um modo intenso, desde que se acham em presença de outras. Parece sempre que acabaram de ser surpreendidas na prática de algum crime.

Muitas, por isso, perdem colocações excelentes ou deixam de pleiteá-las, quando as poderiam desempenhar perfeitamente bem.

É uma velha desculpa de estudantes vadios dizer que não respondem aos examinadores por "serem muito nervosos". Mas ao lado dos vadios há os realmente nervosos, que não são aprovados ou não têm a nota que merecem pela excessiva timidez.

O que os franceses chamam "le trac" e que a gíria portuguesa chama "o caroço" é um fenômeno frequente, mesmo com grandes oradores e atores: no momento de enfrentarem um auditório, ficam de tal modo comovidos que a voz lhes falta.

Ora, para tudo isso, em regra, o hipnotismo fornece um remédio imediato. Basta, às vezes, uma sessão para fazer desaparecer o receio de um tímido. Há em vários especialistas, menção de terem sido procurados por oradores e artistas, nas vésperas de exibições de que se arreceavam. E o medo desapareceu.[206]

No prefácio deste livro, eu citei dois casos de timidez curados por mim: o de uma aluna, realmente nervosa, a quem dei a coragem necessária para enfrentar uma mesa examinadora, que lhe causava terror, e a de uma moça, mais do que nervosa, declaradamente histérica, muito tímida, e a quem infundi ânimo preciso para figurar em uma audiência, judiciária, num processo de que era autora, e em que depôs com um sangue frio estupendo.

É bem de ver que, se se pode dar a serenidade precisa a um aluno para responder aos examinadores ou a uma cantora, para cantar um trecho de música, não se lhe pode fornecer hipnoticamente a ciência do que não saiba...

Em Nova York sucedeu-me suprimir a timidez de uma rapariga, em circunstâncias bem curiosas.

Era moça e bonita. Vivia com um sujeito que a espancava. Criada da casa em que eu habitava, veio uma vez preparar o meu cômodo em um visível estado de comoção. Perguntei-lhe o que tinha e disse-me que se tratava de dor de cabeça. No momento, confessou-me que a sua dor era causada por ter sido espancada pelo amante.

Incitei-a a que não se deixasse esbordoar sem reagir. Replicou-me que bem deseajva seguir meu conselho, mas que o amante era muito forte.

Tive então ideia de hipnotizá-la. O sucesso foi imediato.

Sugeri-lhe que, quando o amante a espancasse, "sua mão se levantaria" e espancá-lo-ia também. Lembrei-lhe que o mordesse, o arranhasse, se agarrasse aos seus cabelos (as grandes armas femininas!), e, se, houvesse alguma coisa perto dela, atirasse sobre o seu agressor. Falando-lhe no meu deficiente inglês, eu lhe repeti que ela ficaria "como uma leoa".

Nada lhe disse, quando acordou, do que eu lhe sugeria. Repeti, porém, as ordens em dias sucessivos.

Afinal, ela entrou, certa vez, no meu cômodo, arranhada contundida, mas radiante de alegria. O amante quisera dar-lhe e ela repelira energicamente a sua audácia. Foi uma luta terrível, que esteve quase a tornar-se trágica, porque a rapariga chegou a atirar um vaso de bronze sobre o seu algoz.

---

206 Quackenboa - Hypnotism in mental and moral culture - pág, 245 e seguintes, fala de pianistas e cantores, a quem ele deu a mais absoluta confiança em si mesmos.

O interessante é que, narrando-me a luta, me dizia, olhando para a mão direita, como se fosse uma pessoa que tivesse agido por conta própria: "Minha mão se levantou e bateu-lhe". E várias vezes voltou à comparação, que eu só fizera durante o sono, dizendo-me que ficara como uma leoa: "as a lioness". Evidentemente, a imagem se lhe gravara, nitidamente, na imaginação.

Daí a dias, deixei Nova York. A última coisa que perguntei à minha paciente, foram notícias do amante. Ela me replicou apenas: "Agora, ele me respeita!" E era de ver o tom de desafio com que dizia isso! Deveras, a ovelha tinha passado a leoa. Uma leoa agradecida, porque não pude impedi-la de tomar bruscamente minha mão e beijá-la.

Mesmo, porém, quando não se pense em empregar o hipnotismo para dar às mulheres o subversivo conselho de espancar os maridos, a supressão da timidez é, em numerosos casos, a possibilidade de fazer a felicidade de muitos infelizes, a que ela causa tormentos incríveis.

Livro composto pela Globaltec na fonte IM FELL Double Pica
e impresso em novembro de 2020